U0192835

摩擦起电科学与技术

王道爱　周　峰　著

科学出版社

北京

内 容 简 介

摩擦起电是一种常见的物理现象,两个物体摩擦或接触-分离就会产生摩擦起电。由摩擦起电引起的静电效应,在机械、轻工等领域有着广泛的应用,但同时也给石油输运、工业生产等带来安全隐患,对人们的生活及安全造成不利影响。近年来,摩擦电作为一种绿色能源,其收集和利用受到广泛关注。本书以摩擦表界面的起电原理为出发点,全面、系统地介绍摩擦表界面的起电过程、影响因素,摩擦电的收集、利用及测试方法等基础理论与知识;重点阐述与摩擦学及表界面科学相关的界面接触、黏附、剥离、材料磨损、材料转移、润滑、表面润湿性等条件对摩擦起电的影响,对其技术应用进行详细论述。

本书可作为摩擦磨损、摩擦起电方向研究与开发科技工作者的参考书,也可作为高等院校表界面科学、材料学等相关专业师生的参考书。

图书在版编目(CIP)数据

摩擦起电科学与技术/王道爱,周峰著. —北京:科学出版社,2024.1
ISBN 978-7-03-074501-9

Ⅰ.①摩… Ⅱ.①王… ②周… Ⅲ.① 电学–研究 Ⅳ.①O441.1

中国版本图书馆 CIP 数据核字(2022)第 257856 号

责任编辑:祝 洁 / 责任校对:崔向琳
责任印制:赵 博 / 封面设计:陈 敬

科学出版社 出版
北京东黄城根北街 16 号
邮政编码:100717
http://www.sciencep.com
三河市春园印刷有限公司印刷
科学出版社发行 各地新华书店经销
*
2024 年 1 月第 一 版 开本:720×1000 1/16
2024 年 11 月第二次印刷 印张:13 1/4
字数:260 000
定价:168.00 元
(如有印装质量问题,我社负责调换)

序

自 1966 年 Peter Jost 提出摩擦学 (tribology) 的概念至今，在近 60 年的时间里，摩擦学取得了巨大发展并展现出勃勃生机。如今，摩擦学的研究范畴可涵盖从原子尺度的摩擦到宏观的地壳运动，其机理研究也从单一尺度拓展到多物理场的耦合作用，交叉学科的特点越来越明显。作为一门"年轻"的学科，摩擦学整体呈现出"多元化、精细化"的发展趋势，除了传统的摩擦、磨损与润滑，摩擦过程中伴生的物理、化学、电子和能量传递等过程也成为摩擦学研究的重要组成部分。特别是随着机械工程装备的发展，摩擦界面的电子激发与作用行为对摩擦副的摩擦学性能及表面功能发挥着越来越重要的作用。以摩擦起电作为研究探针，对这些摩擦界面现象和摩擦过程进行更深入的研究，将有助于摩擦本源等问题的解析和摩擦界面性能的不断提升。

摩擦起电是人们最早观察到的电学现象，它与摩擦过程相伴相生，存在密切的内在联系，人们对摩擦的认识也伴随着对摩擦起电的认识而发展。近年来，随着材料制备与表征技术的进步，摩擦起电的研究展现出新的生命力，在揭示摩擦本质及与表界面相关的物理机制、传感设计与能源收集等方面快速发展，相关研究已遍及机械工程、能源材料、物联网、生物医学等诸多领域。同时，随着机械工程装备向微型化、智能化等方向的发展，材料界面设计与调控成为材料性能提升（如减摩、抗磨、耐蚀、防静电等）和新材料与器件研发（如芯片、微纳器件等）的重要途径，而界面的静电作用及其影响在这个过程中发挥着越来越重要的作用，相关领域的研究者迫切需要同时具备基础性和应用性内容的参考书籍。

该书作者王道爱研究员和周峰研究员在中国科学院兰州化学物理研究所固体润滑国家重点实验室做了大量关于摩擦表界面行为和摩擦物理的研究，在摩擦起电机制及表界面行为调控的关联研究中积累了较丰富的经验，同时也培养出一批从事相关领域研究工作的博士和硕士。《摩擦起电科学与技术》一书在广泛收集国内外新文献的基础上，总结了他们团队在摩擦起电、静电防护及表界面行为相关研究方向的成果，经过系统分析整理撰写而成，力求全面及时地反映相关研究领域的新进展。这是一本详细介绍摩擦起电及静电防护科学与技术的书籍，具有理论性、先进性和实用性，是我国比较全面反映界面摩擦电及表界面行为关系的一部代表性科学专著。

"路漫漫其修远兮，吾将上下而求索"。我相信，《摩擦起电科学与技术》的出版将使更多的摩擦学和表界面科学研究人员获取系统、前沿的知识，为相关应用提供科学与技术基础。同时，随着摩擦学和表界面科学研究的不断发展，表界面的摩擦起电方向的研究也必将在未来的基础研究和技术应用中焕发出新的光彩。

中国科学院院士
发展中国家科学院院士   刘维民

前　言

摩擦起电从发现至今已有几千年的历史。近几十年来,随着摩擦学、表界面科学的研究发展,人们对摩擦起电的认识也逐渐加深,这为表界面科学、摩擦学、能源材料科学的发展提供了新的方向,研究摩擦起电的机理和调控,探索摩擦起电应用的新方法成为研究者们关注的重要方向。

本书全面阐述了界面的摩擦起电行为并介绍界面摩擦起电的机制、调控及应用。第1章介绍摩擦起电现象与定义及摩擦起电的研究历史,展示摩擦电研究的必要性和发展态势;第2章介绍摩擦起电的原理,包括摩擦起电序列、能带理论、固–液界面起电理论、半导体参与的摩擦起电机制、击穿放电、摩擦起电与摩擦化学等机制;第3章介绍摩擦起电与表界面行为的相关性,包括摩擦学及与表界面科学相关的界面接触、黏附、剥离、材料的磨损和转移、润滑、表面润湿性等条件对摩擦起电的影响,并从表界面行为角度对摩擦起电理论进行补充;第4章介绍摩擦起电的影响因素,包括材料本性、环境因素、特殊空间环境等,另外结合作者多年的研究经验,介绍摩擦起电调控原理和方法;第5章介绍作者团队近几年在摩擦起电利用方面的应用实例,包括在能源收集、自驱动传感检测、智能润滑监测、减摩抗磨、油水分离等领域的应用等;第6章介绍摩擦起电涂层设计及应用,包括有机涂层、有机–无机复合涂层、功能一体化涂层的涂层设计原理、改性方法等内容,以及自供电防腐防污涂层的应用等;第7章介绍静电防护技术与方法,包括防静电涂层与喷剂的设计原理;第8章介绍摩擦起电常用的测试仪器及方法;第9章对摩擦起电未来的发展方向进行展望。

本书由中国科学院兰州化学物理研究所王道爱研究员和周峰研究员组织撰写,并负责全书的审定和统稿工作。参与本书各章节素材收集和整理的人员有中国科学院兰州化学物理研究所张立强、冯雁歌、刘玉鹏、于童童以及摩擦物理与传感课题组的研究生,中国海洋大学刘盈副教授参与了本书的校正工作。

本书从摩擦学的角度向读者介绍摩擦起电与表界面科学的关系,力求全面及时地反映该领域的研究进展,以达到交流研究经验、推动摩擦起电科学与技术发展的目的。由于摩擦起电科学与技术发展迅速，其理论体系和技术都有待进一步完善，同时限于本书篇幅和作者专业知识，书中难免存在一些不足之处，敬请广大读者批评指正。

作 者

2023 年 3 月

目　　录

序

前言

第1章　绪论 ··· 1

　1.1　摩擦起电现象与定义 ····························· 1

　　1.1.1　摩擦起电现象 ······························· 1

　　1.1.2　摩擦起电定义 ······························· 2

　1.2　摩擦起电的研究历史与进展 ····················· 5

　　1.2.1　摩擦起电相关的早期实验装置 ··············· 5

　　1.2.2　摩擦起电的早期研究 ························· 6

　　1.2.3　摩擦起电的进展 ····························· 7

　1.3　摩擦起电与静电的危害 ························· 9

　　1.3.1　基于静电力吸引或静电力排斥的危害 ········· 9

　　1.3.2　基于静电积累和释放的危害 ················· 10

　　1.3.3　摩擦起电对摩擦的影响 ····················· 11

　1.4　摩擦起电的应用 ······························· 12

　参考文献 ··· 12

第2章　摩擦起电的原理 ······························· 15

　2.1　电子转移理论 ································· 16

　　2.1.1　金属与电介质材料之间的摩擦起电 ··········· 17

　　2.1.2　两种电介质材料之间的摩擦起电 ············· 18

　　2.1.3　金属与半导体之间的摩擦起电 ··············· 20

　　2.1.4　金属与金属材料之间的摩擦起电 ············· 22

　　2.1.5　固–液界面接触的电子转移理论 ············· 24

　　2.1.6　电子云重叠理论 ····························· 25

　　2.1.7　摩擦电序列 ································· 26

　2.2　离子转移理论 ································· 28

　　2.2.1　固–液界面的离子转移理论 ················· 28

　　2.2.2　固–固界面的离子转移理论 ················· 31

　2.3　材料转移理论 ································· 32

2.4 其他理论 ··· 35
　　2.4.1 压电效应 ··· 36
　　2.4.2 热电效应 ··· 36
　　2.4.3 摩擦发光效应 ···································· 37
参考文献 ··· 38

第 3 章 摩擦起电与表界面行为 ····························· 41
3.1 表界面行为概述 ······································· 41
3.2 界面接触与摩擦起电 ································· 43
　　3.2.1 界面接触的几个模型 ·························· 43
　　3.2.2 界面接触对摩擦起电的影响 ··················· 45
3.3 界面黏附与剥离起电 ································· 46
　　3.3.1 黏附行为 ··· 46
　　3.3.2 剥离起电的影响因素 ·························· 48
3.4 界面的摩擦、磨损及其对摩擦起电的影响 ········· 54
　　3.4.1 摩擦起电与摩擦学 ···························· 55
　　3.4.2 摩擦运动条件对摩擦起电的影响 ··············· 56
　　3.4.3 磨损对摩擦起电的影响 ························ 59
　　3.4.4 材料转移对摩擦起电的影响 ··················· 61
3.5 润滑介质参与的摩擦起电 ··························· 62
　　3.5.1 表面润湿性 ······································ 62
　　3.5.2 几种润滑状态 ··································· 63
　　3.5.3 润滑介质对摩擦起电的影响 ··················· 65
参考文献 ··· 67

第 4 章 摩擦起电的影响因素与调控 ······················· 71
4.1 材料对摩擦起电的影响 ······························ 71
　　4.1.1 材料组成对摩擦起电的影响 ··················· 71
　　4.1.2 表面修饰对摩擦起电的影响 ··················· 74
　　4.1.3 表面结构对摩擦起电的影响 ··················· 76
4.2 环境因素对摩擦起电的影响 ························· 77
　　4.2.1 温度对摩擦起电的影响 ························ 78
　　4.2.2 湿度对摩擦起电的影响 ························ 79
　　4.2.3 气氛对摩擦起电的影响 ························ 80
4.3 特殊空间环境下的摩擦起电影响因素 ··············· 82
　　4.3.1 真空度对摩擦起电的影响 ······················ 82
　　4.3.2 原子氧辐照对摩擦起电的影响 ················· 84

4.3.3　紫外辐照对摩擦起电的影响 ·············· 86

4.4　摩擦起电器件设计对摩擦起电输出的影响 ·············· 89

4.4.1　摩擦起电器件模型 ·············· 89

4.4.2　电荷储存层对摩擦起电的影响 ·············· 90

4.4.3　导电电极对摩擦起电的影响 ·············· 91

4.4.4　曲率对摩擦起电的影响 ·············· 92

4.5　摩擦起电的调控 ·············· 94

4.5.1　摩擦起电调控方法 ·············· 94

4.5.2　摩擦起电调控实例 ·············· 98

参考文献 ·············· 101

第 5 章　摩擦起电的应用及其实例 ·············· 103

5.1　摩擦起电在能源收集中的应用 ·············· 103

5.1.1　基于固–固界面摩擦起电的应用 ·············· 104

5.1.2　基于固–液界面摩擦起电的应用 ·············· 107

5.1.3　两相流摩擦起电 ·············· 108

5.1.4　基于人体运动的能量收集及应用 ·············· 110

5.1.5　其他应用 ·············· 116

5.2　摩擦起电在自驱动传感检测中的应用 ·············· 119

5.2.1　摩擦电信号用于自供电传感检测 ·············· 119

5.2.2　摩擦电信号用于危险预警 ·············· 124

5.3　摩擦起电在摩擦学中的应用 ·············· 127

5.3.1　常见的润滑失效及监测方法 ·············· 127

5.3.2　基于摩擦电的摩擦状态监测及预警 ·············· 128

5.3.3　摩擦电在摩擦调控领域中的应用 ·············· 136

参考文献 ·············· 138

第 6 章　摩擦起电涂层的设计及应用 ·············· 142

6.1　有机摩擦起电涂层 ·············· 143

6.1.1　树脂改性涂层 ·············· 143

6.1.2　添加功能填料涂层 ·············· 145

6.1.3　表面结构涂层 ·············· 147

6.2　有机–无机复合摩擦起电涂层 ·············· 149

6.2.1　微弧氧化–氟化复合涂层 ·············· 149

6.2.2　微弧氧化–（溶胶–凝胶）复合涂层 ·············· 150

6.2.3　阳极氧化–氟化复合涂层 ·············· 152

6.3　摩擦起电功能一体化涂层 ·············· 153

6.4 摩擦起电涂层的应用 ·························· 156

    6.4.1 海洋能收集 ··························· 156

    6.4.2 自供电防腐 ··························· 159

    6.4.3 自供电防污 ··························· 162

参考文献 ·································· 163

第 7 章 静电防护技术与方法 ······················ 165

7.1 静电概述 ···························· 165

7.2 常用的防静电方法 ······················ 167

7.3 新型防静电技术 ······················· 170

    7.3.1 基于摩擦起电界面原位中和技术 ············· 170

    7.3.2 结构防静电技术 ······················ 172

    7.3.3 表面组成调控技术 ····················· 174

    7.3.4 多功能助剂技术 ······················ 176

    7.3.5 摩擦电原位利用技术 ··················· 177

7.4 防静电技术发展趋势 ····················· 178

参考文献 ·································· 179

第 8 章 摩擦起电测试技术 ······················· 181

8.1 与摩擦起电相关的参数 ···················· 181

8.2 摩擦起电测试方法与测试仪器 ················· 183

8.3 摩擦起电测试技术的趋势 ··················· 194

参考文献 ·································· 195

第 9 章 展望 ····························· 196

第1章 绪 论

摩擦起电是自然界和日常生产生活中普遍存在的现象。因为物体之间的摩擦或者相对运动总是不可避免的，所以摩擦起电也总是伴随摩擦随时随地发生着。在我国的中小学教材中，通常以丝绸摩擦玻璃棒和毛皮摩擦橡胶棒为例来介绍摩擦起电的基本概念。虽然人们发现摩擦起电已有几千年的历史，但是直到现在，也未能完全知悉摩擦起电的本质。近几十年，随着微纳科学、摩擦学、表界面科学的研究逐渐深入，人们对摩擦起电有了新的认知，逐渐发现了摩擦起电未曾被了解的一面，这为表界面科学、摩擦学、能源等领域的发展注入了新的动力。

1.1 摩擦起电现象与定义

1.1.1 摩擦起电现象

生活中，摩擦静电吸引现象是最容易被人们感知到的一种摩擦起电行为。例如，用塑料梳子打理头发时，摩擦可使干燥的头发与梳子之间产生静电，导致发丝之间携带同种电荷，产生静电斥力而分散开来，梳子也会因静电吸引力黏附纸屑等轻微物体。又如，将吹起来的气球在化纤衣服上摩擦数次，可轻松地黏附在墙壁上，这也是气球和衣物之间摩擦产生的静电吸引力造成的。在干燥的冬季，衣物摩擦产生的静电会导致头发"散乱"；静电的释放会使人们在触摸门把手时遭受"电击"；在夜晚脱掉毛衣时会看到因静电释放产生"火花"，让人感到不适，严重时甚至还会引发心血管疾病，影响生活质量。

自然界中的闪电也是一种摩擦起电现象。在气流的作用下，空气与水滴或者冰晶产生剧烈摩擦，电荷发生转移使水滴表面带电，随着局部气压的波动和涡流的产生，水滴在压力作用下会互相团聚并重新组合成更大的水滴，从而使得大水滴表面电势升高；当电荷累积到一定程度并超过大气的击穿电压时，便会发生放电现象而产生闪电。另外，火山喷发时的火山灰也存在摩擦起电现象。这些自然界的放电现象可能与最早的生命起源存在密切联系。"震光"或"地光"也可能与摩擦起电现象有关。当地震发生（尤其是破坏性地震）时，由板块运动造成岩石断裂并产生剧烈的摩擦起电，出现震光现象。总之，摩擦起电现象在自然界中广泛存在，其本质和机理至今仍被人们研究。

1.1.2　摩擦起电定义

随着认识的深入，人们对摩擦起电的定义提出了多种不同的表述。相比于早期人们对摩擦起电的认知，近年来摩擦起电的概念涵盖范围更广，很多基础概念需要进一步梳理明确。为了更好地了解并研究摩擦起电，需要对摩擦起电的定义进行归纳和总结。

表述 1：摩擦起电一般指电子由一个物体转移到另一个物体上，使两个物体分别带等量电荷，两个原本不带电的物体表面产生了电荷，其中一个物体带正电荷，另一个物体带负电荷。

表述 2：摩擦起电是因摩擦过程中材料之间得失电子能力存在着差异，电荷发生转移并造成材料界面带上等量异号电荷的现象。

表述 3：当两种材料相互接触的时候，在接触部位产生化学键，由于两种材料的电化学势不同，电荷在两者之间转移以平衡两物体之间电化学势。当外力作用使两种材料分开时，其中一个接触面会留住多余的电子，另一个接触面会抛弃多余的电子，从而在接触表面形成了摩擦电荷。

摩擦起电与物体的摩擦息息相关，如果参考摩擦学的定义"摩擦学是研究相对运动的相对作用表面之间的摩擦、磨损和润滑的理论及应用的科学和技术"，那么也可以做出下面的表述。

表述 4：摩擦起电是研究相对运动的相对作用表面之间的电荷转移或者传输的理论及应用的科学和技术。

上面的几种表述大都是基于摩擦起电的宏观表现形式和结果而言的。如果从能量角度表述，摩擦导致了机械能的不可逆耗散，而摩擦起电则是能量耗散的一种重要方式（机械能转变为电能），其中机械能的耗散可能包含电子空穴和电荷密度波的产生，在原子尺度运动的能量以声子和电子机制而耗散，在滑动过程局部产生的非平衡的声子，以声子与声子或者声子与电子间的耦合形式耗散[1-6]。从摩擦起电的机理来看，能带理论更能贴合摩擦起电的本质。因此，从能量的角度，也可以对摩擦起电进行定义如下。

表述 5：摩擦起电是相互作用的物体在发生相对运动时由机械能耗散为电能的一种方式。

上面介绍了几种有关摩擦起电定义的表述，对于摩擦起电的定义而言，还有几点需要注意的事项。

1. **摩擦起电的机械运动形式**

在最初提及摩擦起电时，由于琥珀等物体需要反复地摩擦才能使材料带电，一般大家认为摩擦起电的运动形式仅包括摩擦，实际上并非如此。摩擦起电包括多种机械运动形式，如图 1.1 所示，两物体之间的接触–分离运动、单向滑动摩擦、往复滑动摩擦、滚动摩擦、滚动与滑动同时摩擦、剥离等形式都可能引起摩擦起电。其中，最常见的一种形式是表面间的接触−分离运动产生的摩擦起电，即"接触起电"；其他运动形式从本质上来说，也属于接触界面分离的范畴。例如，滑动摩擦实际上是旧的接触界面分离、新的接触界面不断形成的过程，可以看作是无数"接触−分离"的集合。从科学的角度讲，"接触起电"相比"摩擦起电"更能反映出界面摩擦起电的本质，但是从历史因素、摩擦学及其工程应用的通用性考虑，本书仍沿用"摩擦起电"这一称谓。除此之外，界面的剥离、物体的滚动等行为也会发生电荷转移，属于摩擦起电的重要研究范围。

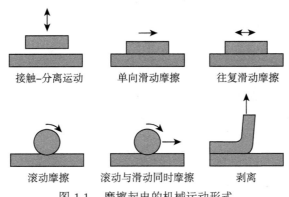

图 1.1 摩擦起电的机械运动形式

2. 摩擦起电的材料

常规认知中，摩擦起电似乎只发生在不同材料的界面之间。然而，并不是只有不同的材料在接触或者摩擦之后才会起电，相同材料之间因非对称也会引起摩擦起电现象。引起材料性质非对称的因素很多，同种材料虽然从宏观上看是相同的，但是在微观上两个表面的性质可能会存在细微的差别，这种差别往往也会引起同种材料之间发生摩擦起电。图 1.2 列举了几种引起相同材料摩擦起电的非对称性因素，如表面曲率差别、粗糙度差异、表面吸附与污染、表面初始电荷差异、表面温度差异、运动状态差异等，都会导致相同材料之间发生摩擦起电的行为。同种材料接触界面性质的不同引起的摩擦起电往往被称为"非对称摩擦起电"或者"非对称接触起电"。

3. 摩擦起电的载流子

摩擦起电的载流子转移方式通常被分为电子转移、离子转移、材料转移等，是根据转移载流子的物质形式来判断的。虽然这些载流子转移方式在客观形式上都是存在的，但是从某种程度上来说，材料转移更类似于表面"物质"发生了改变，其本质仍然是电子转移占据主要地位。另外，材料表面还可能存在残余电荷，也会影响实际的摩擦起电状况。

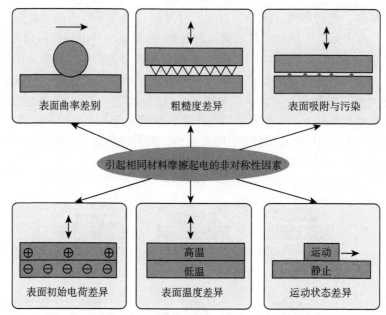

图 1.2   引起相同材料摩擦起电的非对称性因素

4. 摩擦起电的电荷

两个表面在摩擦之后，一般认为一个表面带正电，另外一个表面带负电。值得注意的一点是，摩擦后的任意一个表面并不是只带正电或者只带负电，而是整体表面的"净电荷"为正电或者负电，即表面带电表现为正负电荷相加和的结果。实际上，已经有研究表明，表面的电荷往往是类似于"马赛克"形貌分布的，正电荷和负电荷一般会同时存在于同一个表面上，总体表现为其中一种过量电荷的极性 [7]。

5. "静电"的含义

在摩擦发生之后，电荷往往会在绝缘体表面停留较长的一段时间，这个现象被称为"摩擦静电"。相比于其他方式，由摩擦产生的静电是比较常见的。静电并不是代表电荷不运动，而是相对于金属中电子可以自由流动而言的。绝缘体上存在的静电荷也会逐渐地"消失"，即静电荷的耗散过程，最终完全变为零电势。摩擦表面的静电荷耗散速率与材料的本性和环境因素密切相关。

6. 感应起电

感应起电是指物体在静电场的作用下电荷再分布的现象。摩擦起电与感应起电往往同时发生。金属与绝缘体都会发生感应起电，只不过金属的电子能够较自由地移动，而绝缘体的电荷则不会自由流动，呈现出一种被"束缚"的状态，其感应电荷往往是使分子中的电子云偏离平衡位置产生了极性，此即"偶极"效应。

1.2　摩擦起电的研究历史与进展

　　摩擦起电的研究历史悠久。从历史上看，摩擦起电是人们最早系统观察和研究的电学现象，早在古希腊时期就已经有关于摩擦起电的观察记录。古希腊哲学家泰勒斯发现琥珀和毛皮摩擦后可以吸引细小的物体，说明那时人们已经发现了摩擦起电现象。我国东汉时期的思想家王充所著《论衡·乱龙》中也记载了"顿牟掇芥，磁石引针"的现象，这里的"顿牟"就是玳瑁或者琥珀之类的材料，所述现象即为静电吸引。

　　16 世纪，人们对静电现象有了进一步观察。英国吉尔伯特出版的《论磁石》一书中发表了他观察到的静电现象，发现除了琥珀之外，还有硫黄等十余种物质都存在静电吸引的现象，并将这种起作用的物质命名为"electric"。英文"electricity"一词出现在 1646 年左右，最初含义即为"吸引轻物体的力"。受到吉尔伯特书籍出版的影响，人们对静电的研究更加深入，并开启了电磁学研究的序幕。

　　尽管摩擦起电的研究起源很早，但是直到近代，特别是近几十年才有了比较系统和科学的认识。摩擦起电的研究历史，整体表现出从感性到理性、从简单到复杂、从现象到机理、从研究到应用的特点。下面将对摩擦起电相关的研究历程进行介绍。

1.2.1　摩擦起电相关的早期实验装置

　　随着对摩擦产生静电研究的进一步深入，人们逐渐发现关于静电的更多现象，如静电不仅能够使物体相互吸引，也能使物体发生排斥，并逐渐发展出一系列与静电相关的装置和仪器。

　　1. 起电机

　　为了更好地理解摩擦起电的性质，人们发明了各式各样的摩擦起电机用来进行最初的电学实验，大大促进了静电学基本理论的发展。最早发明的摩擦起电机是马德堡硫黄球起电机。在 1661 年左右，担任德国马德堡市市长的奥托·冯·格里克发明了第一个摩擦静电起电机，将硫黄制成一个圆球，球中间为一木柄做成的轴，当硫黄球转动时，用手摩擦硫黄球，就会产生剧烈的摩擦起电现象。1775年，意大利科学家伏特 (Volta) 发明了一种静电起电盘，其由一块绝缘板和带有绝缘柄的导电平板组成。通过摩擦或接触使绝缘板带上一种电荷，将导电板放到绝缘板上面，然后将导电板接地或用手触碰，再拿起时导电板上就会获得另外一种电荷。1867 年，英国科学家开尔文 (Kelvin) 发明了一种滴水起电机（开尔文滴水起电机），通过让水分别通过两个中空的金属环流入两个金属桶，将金属环与金属桶交叉连接，就可以使水在流下时形成正反馈，得到高压电源 [图 1.3(a)]。1882年，英国科学家威姆斯赫斯特 (Wimshurst) 发明了一种改进的圆盘式静电感应起电机，两个贴有铝箔的绝缘板做反向高速转动并与铜丝进行摩擦，通过针电极和莱顿瓶将电荷收集起来，又称为维氏起电机 [图 1.3(b)]。1930 年左右，范德格拉夫 (van de Graaff) 发明了一类起电机，可通过传送带将产生的静电荷传送到中空的球形集电器中。范德格拉夫起电机易于获得非常高的电压，现代的范德格拉夫起电机电势可达 500 万 V，在高能物理领域可用来为粒子加速器提供高能量。

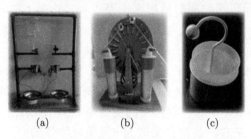

(a) (b) (c)

图 1.3　几种摩擦起电早期研究的实验装置

(a) 开尔文滴水起电机；(b) 维氏起电机；(c) 莱顿瓶

2. 储电器

1739 年，荷兰莱顿大学米森布鲁克 (Musschenbroek) 教授在用起电机向玻璃瓶中的水中注入电荷时，无意间碰到了瓶口，遭受到剧烈的电击。通过研究其结构，制造出一种将电荷储存起来的装置，并以其所在大学名称命名为 "莱顿瓶"[图 1.3(c)]。利用莱顿瓶的放电可以观测到电火花的存在，使人们意识到静电和雷电应该是一种现象。

3. 验电装置

1752 年，美国科学家富兰克林通过屋顶带尖的铁棒将雷雨天气云层中的电荷通过金属线传导到屋中人的身上，发现人身上有火花出现，证明了雷电也是一种静电现象，并基于此原理设计出了避雷针。为了表征静电电荷，法国的让·安东尼·诺雷发明了一种验电器，通过验电器的两个金属箔片由静电排斥张开的角度来确定带电的多少，这种仪器可以粗略测试电荷的大小。伏特也在同一时期发明了静电计，用来研究不同金属之间的接触电压。此外，法拉第筒也是一种常见的摩擦电荷试验仪，可以较精确地测量物体的静电荷。

1.2.2　摩擦起电的早期研究

随着对摩擦起电性质认知的逐渐深入，人们按照不同材料得失电子能力的强弱进行排序，得到摩擦电序列。例如，尼龙、玻璃等摩擦时容易带正电，就排列在摩擦电序列表的前端；聚丙烯、聚四氟乙烯更容易带负电，就排列在摩擦电序列的后端。在摩擦电序列表中，两种材料离得越远，摩擦时就越容易发生电荷转移，离得越近，摩擦起电能力相对就越弱。随着高分子材料在生活中的大量使用以及其他材料的不断涌现，摩擦电序列的物质品种也被不断地丰富完善。

评价界面的摩擦起电性能是一个非常复杂的问题。界面摩擦起电的难易程度、摩擦起电电量的多少等均需要行之有效的方法进行表征。摩擦电序列可以作为一种定性的判据来推断两种材料的起电性质差异，如在防静电领域中，通常将在摩擦电序列中离得比较近的两种材料两两配副，用来减少静电的产生。值得注意的是，摩擦电序列不能作为一个绝对判据，这是因为不同环境和不同的表征测试方法都会影响材料在摩擦电序列中的位置。界面的摩擦起电受到材料的均一性、表面粗糙度、表面接触状态、表面吸附物质等多方面因素的影响，不同的测试者所选用的材料虽然在名称上相同，但是严格来说，材料的微小差异也会造成摩擦起电性能的不同。例如，环境湿度不同，材料的起电能力可能也会不同，有的材料对湿度敏感，在不同湿度环境中会表现出不同的摩擦起电性能。对于同一种材料，如果表面粗糙度不同，其起电性质也有很大的差别。尽管摩擦电序列存在一定的局限性，但是作为一种可反映物质起电能力的方法至今仍是一种快速了解材料摩擦起电强弱的好方法。

库仑定律是电学发展史上第一个定量的定律，该定律是基于静电学得出来的。库仑通过扭秤实验提出了两个点电荷之间的库仑力 (Coulomb force) 公式，发现静电产生的力与距离的平方成反比，也就是说如果电荷间距离扩大一倍，静电作用力将变为之前的四分之一。库仑定律的数学表达式：

$$F = K\frac{Q_1 Q_2}{r^2} \tag{1.1}$$

式中，K 为库仑常数；Q_1 和 Q_2 分别为两个点电荷的电荷值；r 为点电荷之间的距离；F 为正值时为排斥力，负值时为吸引力。库仑常数 K 与真空电容率 ε_0 之间的关系：

$$K = \frac{1}{4\pi\varepsilon_0} = 9.0 \times 10^9 \text{ N} \cdot \text{m}^2/\text{C}^2 \tag{1.2}$$

库仑定律是电磁学和电磁场理论的基本定律之一，在物理学中占据重要地位，其中麦克斯韦方程组之一的高斯定律就来源于微分形式的库仑定律。为了纪念库仑的贡献，将电量的单位命名为库仑，符号为 C。库仑定律的提出代表静电学成为一门新的学科。之后又总结出了泊松方程和拉普拉斯方程两个静电学的基本方程，用于静电学现象的研究和预测，本书对此不做详细介绍。

1.2.3　摩擦起电的进展

从研究形式或者测试方法上看，传统的摩擦起电的研究方法主要是基于静态的测量，如通过法拉第筒测量物体的荷电量、表面电势等。随着仪器科学的进步，摩擦起电的研究逐渐由静态测量向动态测试发展，通过设计电极或者放置探头，利用数据采集装置将摩擦电的相关信息原位地收集起来。另外，将摩擦起电与接触、黏附、摩擦等其他物理过程或表界面基础科学问题结合起来，还能反映表面和界面的性质，为表界面科学打开了一扇崭新的大门。2012 年，中国科学院北京纳米能源与系统研究所的王中林院士课题组首次提出了摩擦纳米发电机 (triboelectric nanogenerator，TENG) 的概念，引起了更多研究者对于摩擦电在能源利用、自供电传感设计及摩擦起电机理研究的浓厚兴趣，同时极大地促进了摩擦起电机理和静电学的发展 [8,9]。在提出摩擦纳米发电机的概念之初，他们将其分为了垂直接触–分离模式、水平滑动式、单电极模式、独立层模式这四种常见的工作模式 [8-14]，使得界面的摩擦起电能够被有效地收集起来。后来又陆续进行了补充和完善，如基于静电击穿效应的起电模式 [15-20]、基于半导体接触的 PN 结起电模式 [21]、基于金属–半导体肖特基接触的起电模式 [22-27] 和基于电子隧穿的起电模式 [28-30] 等。多种形式摩擦纳米发电机的开发极大地完善了摩擦起电的测试方法和技术。

近年来，摩擦起电机理研究也取得了飞速的发展和完善，摩擦起电的基础工作机理通过能带理论得到了清晰的解释。王中林课题组提出一种电子云势阱模型，用于解释摩擦起电过程中的电子转移问题，并阐述了使用开尔文探针力显微镜 (Kelvin probe force microscopy，KPFM) 等先进手段研究固体与固体界面接触起电机理的最新进展 [31-33]，主要结论如下：电子转移是固体与固体界面接触起电的主要机制，只有当两种材料之间的原子间距离小于斥力区域中的正常键合长度（约为 0.2nm）时，界面才会发生电子转移。由于原子间势垒的降低，斥力区中两个原子或者分子之间的强电子云重叠（或波函数重叠）导致原子或者分子之间的电子跃迁，接触或者摩擦力的作用是诱导电子云之间的强烈重叠（物理学中的波函数，化学中的键合）。

上述电子转移模型也可扩展至固体和液体界面的摩擦起电。在固–液界面的摩擦起电方面，传统的解释是基于金属和电解液接触的经典双电层理论发展而来的，认为液体中孤立表面的电荷是由表面基团的电离或离解以及离子从液体到固体表面的动态吸附或结合引起的。但是在界面的接触起电过程中，主要的载流子究竟是电子还是离子，仍然存在很大的争议。在最近的研究中，固–液界面载流子的归属得到了新的阐释，电子和离子均在界面摩擦起电过程中起着重要的作用，并且与材料的本性、双电层性质、界面润湿性密切相关。王中林教授提出的双电层形成的两步模型丰富了双电层的基本含义。当水在固体表面剪切运动时，水分子在表面上的吸附及电子的转移使得固体表面携带了电荷。其中，液体的压力使得液体中的分子与固体表面的原子发生碰撞，导致了电子云相互重叠，引起了电子的转移。随着水的流动，吸附的水分子与固体表面脱附，在固体表面留下一层吸附的离子并暴露出充电的固体表面。由于静电作用，水相中松散存在的离子将会向表面上吸附的离子靠近，形成双电层。双电层理论是表界面物理化学中的重要概念，"两步"形成双电层的模型不仅解释了双电层起源的本质是接触界面的电子转移，还解决了电子和离子作为界面载流子的争议。另外，林世权等通过加热基底耗散电子的方法首次在微观层次上证明了电子和离子二者均是固–液界面摩擦起电载流子的重要部分[34]。在热电子发射的诱导下，电子很容易从固体表面发射出来，因此所测的摩擦电量会出现下降；而离子通常与固体表面的原子结合，与电子相比很难从固体表面被移除，因此摩擦电荷会在减少到一定程度后保持在一定范围内。另外，通过类似的宏观方法也证明了电子和离子对界面在摩擦起电中的双重作用，并且系统探究了在宏观尺度上温度、离子浓度、pH 和表面组成等因素对摩擦起电的影响[35]。环境磁场会促进含氧液体和铁磁性样品之间的电荷转移，表明在固–液界面摩擦起电过程中发生了自旋选择的电子转移[36]。近期，界面的摩擦起电还被提出参与直接催化化学反应，降解甲基橙溶液，揭示了界面的电子转移在摩擦化学中的反应路径[37]。

从摩擦起电的应用来看，传统的摩擦起电研究为电磁学的发展做出了巨大贡献。随着对摩擦电的认识深入，人们尝试将摩擦起电在各个领域进行应用。摩擦纳米发电机的概念被提出以后，摩擦起电理论得到了新的发展，研究人员开始将摩擦电作为一种信号源或者一种能源方式，摩擦电已被广泛应用在收集人体运动能量、振动能、风能、海洋能，以及应用于自驱动系统、生物传感、运动传感、环境传感和摩擦监测等领域[38]。

1.3　摩擦起电与静电的危害

由于摩擦过程在生活和生产活动中广泛存在，伴随的摩擦起电现象也就无处不在。由摩擦起电引起的静电效应，一方面在机械、轻工等领域有着广泛应用，如选矿、除尘、植绒、喷涂等；另一方面也对人们的生活及安全造成不利影响，给日常生活、石油输运、工业生产和航空航天等领域均带来了大量的不便和安全隐患[39,40]。摩擦静电主要通过两种机制产生危害。

1.3.1　基于静电力吸引或静电力排斥的危害

第一种危害机制是基于物体之间的静电力作用。两个带电荷的表面距离在一定范围内时，会因自身带电发生静电吸引或者静电排斥。由于带电表面间的静电力作用（静电吸引或排斥）极为普遍，由静电作用导致的材料表面的污染或损伤比较常见，从而影响生活或生产活动。

日常生活中经常碰到因静电吸引或排斥带来的危害，尤其是高分子材料的大量使用加剧了这一危害。例如，人们因衣物的摩擦、走动或者离开座位时，往往会在身体表面积累着大量的静电，静电吸附就会导致灰尘在衣服或口罩上大量积累，影响人们的身体健康。另外，建筑物外饰、高铁火车的表面变 "脏"，也与静电吸附有关。

在造纸和印刷工业中，静电吸引或排斥会使选纸作业困难，导致印刷质量下降；在纺织业中，纺丝之间的静电吸引或者排斥会使整经、纺线、梳理、捻制、染色、包装等纺织过程中产生断丝、缠结、难以折叠、摩擦力增大、黏附灰尘等不良影响，导致纺织品生产的次品率增高；在药品制造行业中，药品粉末或者容器壁上携带的静电会吸附空气中的灰尘，带来污染，同时也会干扰制药过程中药物粉末的流动和混合，引起药品质量下降；在电子产品生产过程中，要尽量减少硅片和其他电子元件的静电，避免静电击穿发生或表面因静电吸附灰尘造成污染。

1.3.2 基于静电积累和释放的危害

摩擦起电的第二种危害是摩擦静电的积累和静电释放 (electrostatic discharge, ESD) 导致的。静电的积累会造成巨大的静电电场，这对于电压敏感型的电子元器件极其不利。当材料表面电荷积累到一定程度时，就会导致其电场强度超过附近电介质的击穿电场强度，从而引发放电现象。一般来说，由于空气的绝缘击穿电场比较低（约为 35.5 kV/cm），摩擦后绝缘体上积累的静电电荷量一般又比较高，因此在空气中发生击穿是比较容易的，尤其是当两个表面距离比较近时更容易发生。相比于静电吸引或排斥，静电释放往往会造成更加严重的后果。

很多人可能已经亲身体验过静电释放造成的危害，如在寒冷干燥的冬季，当人们触摸门把手时，就会遭受强烈的 "电击"。实际上，由于静电积累和释放造成的危害远不止于此。静电荷的积累会形成巨大电压（常为上千伏以上），当其释放时会形成较高的瞬时电流（毫安及以上量级），对电子组件及静电敏感系统造成极大的威胁和破坏。静电的积累还会对敏感电子器件造成静电干扰或者屏蔽，影响其运行精度，如飞机的机体在飞行过程中会发生电晕放电，从而干扰与地面的通信，甚至导致电子元器件被击穿，造成其不可逆的损伤。

当易燃物或者易爆物附近发生静电击穿时，如果满足临界条件，便可能会引起剧烈燃烧或爆炸，严重威胁人们的生命安全，造成巨大的经济损失。一般，燃烧反应往往需要经过着火和传播这两个过程才能进行。爆炸在一定程度上也属于剧烈的燃烧，静电放电瞬时产生的火花可能会引燃或引爆易燃的气体与粉尘。目前，国内外已有多例报道，在粉尘制备的场所，如小麦面粉、奶粉、木材粉末、矿粉、煤粉、金属粉末、石墨烯粉末等，静电释放极有可能导致爆燃或者爆炸。在油品或有机溶剂的转移、储存、过滤、使用过程中总是避免不了与固体表面发生相对运动摩擦，油品的挥发也会使其周围存在油蒸汽，此时发生的静电击穿则可能会引起油品或者有机溶剂的剧烈燃烧甚至爆炸，造成严重危害。在军工和航空航天领域中，静电的释放也会导致巨大危害，如火箭、导弹的固体燃料都需要进行微整形，也就是手工雕刻固体燃料（火药），在作业时必须佩戴防静电手环，否则稍有不慎就会引起燃爆。

1.3.3　摩擦起电对摩擦的影响

摩擦条件会对摩擦起电带来影响，同样地，摩擦起电也会影响界面的摩擦。界面的摩擦力可以写为式（1.3）的形式：

$$F_{\rm f} = \mu \left(F_{\rm N} + F_{\rm Adhesion} + F_{\rm TE} + F_{\rm Van} + F_{\rm C} + F_{\rm other} \right) \tag{1.3}$$

式中，$F_{\rm f}$ 为界面的摩擦力；μ 为摩擦系数；$F_{\rm N}$ 为法向的载荷；$F_{\rm Adhesion}$ 为界面的黏附力（接触接点的黏附）；$F_{\rm TE}$ 为摩擦起电导致的静电力；$F_{\rm Van}$ 为范德华力；$F_{\rm C}$ 为毛细力；$F_{\rm other}$ 为如化学键合等其他形式的力。界面的静电吸引作用将会导致两个表面接触得更加充分，进一步促使实际接触面积变大并增强界面接触接点的黏附和强度，使得界面更不容易被剪切，从而加剧摩擦和磨损的程度。目前，已经证明通过减小界面摩擦起电或者外场调控加剧静电荷的耗散，可以有效地达到减摩耐磨的效果。

物体表面的静电可能会吸附环境中的灰尘或者其他杂质，对界面摩擦或者润滑造成不利影响。当界面含油时，界面摩擦起电产生的静电积累与击穿还会诱导润滑油失效。油中的静电积累及界面放电可导致油品中产生积碳及自由基，加速润滑油氧化，促使润滑状态恶化。油品在转移、储存、过滤、使用过程中总避免不了与固体表面发生摩擦运动，因此也极易积累静电，带来潜在危险。油品会因静电放电发生变质，由此产生的不溶颗粒物使润滑油的颜色发生明显的改变。此外，已证明摩擦、碰撞、挤压等行为还能诱导自由基的产生，从而引发难以控制的诸多化学反应[37,41-44]。例如，经过静电放电后，油品中产生的自由基会导致油的酸值升高，加剧油的氧化，使油品快速失效[43]。润滑油在流经过滤器元件时也存在类似现象，其静电充电行为与液体压力、摩擦电序列位置、材料表面能、材料功函数等因素密切相关[44]。因此，必须对油品静电进行控制，防止过高的静电积累，目前常用的方法是加入抗静电剂、自由基清除剂等。例如，Baytekin 等[45]证明，可以通过引入自由基清除剂从聚合物表面去除自由基，达到释放聚合物表面静电的目的。通过在航空煤油、石油等油品中加入抗静电剂（主要是表面活性剂）增加油品的导电率，使静电快速耗散，但也存在增加成本、影响油品质量等问题。此外，在润滑油中添加抗静电剂的原则及与摩擦学行为之间的关系尚未阐明，研究还不够充分。总之，虽然目前固–油界面摩擦起电机制以及摩擦起电对油品性质的影响、油品抗静电研究取得了初步进展，但是油润滑摩擦界面的摩擦起电产生和耗散规律目前尚不明确，摩擦起电与润滑油性质和摩擦学行为之间没有建立起明确的关联，亟须从源头设计含油摩擦界面的静电防护策略。

综上，摩擦产生的静电危害较大，往往会带来巨大的安全隐患并造成巨大的经济损失，因此需要对摩擦产生静电进行抑制，未来基于摩擦起电的产生机制来控制静电的产生及累积，是防静电研究的重要内容之一。

1.4 摩擦起电的应用

任何事物都有两面性，摩擦起电也不例外。摩擦起电存在有利的方面，其在电力、机械、轻工、纺织、航空航天及高技术领域也有着广泛的应用。传统上，人们可以利用摩擦起电的规律，为生活生产创造便利，如利用静电理论发展的静电分离、静电除尘、静电植绒、静电喷雾、静电复印、静电加速器、静电马达等技术，可为人们的生产生活提供方便。

摩擦起电作为电能的一种产生形式可以被利用。摩擦无处不在，界面的摩擦起电也无处不在，其中蕴含的总能量十分可观，如果能将其收集利用，有可能会给解决能源危机问题提供一条思路。但是，这些能量的存在形式多种多样，分布广泛且频率范围大，很难利用现有的技术进行收集和利用。2012 年，王中林教授课题组提出了一种能量收集转化的新方法——摩擦纳米发电机 [8,9]，利用摩擦起电和静电感应原理的耦合，将环境中多种形式的机械能/摩擦能收集并转换为电能。摩擦纳米发电机的出现为收集摩擦过程中的摩擦能提供了一种可行的途径，并在能源供给、自供电传感等领域获得了快速发展 [46]。

作为一种信号方式，摩擦起电还可以被应用在摩擦副和摩擦状态的传感、智能润滑监测等领域。摩擦起电与接触界面的性质具有直接关系，界面接触过程中，其表面官能团的种类、粗糙度、接触方式等都会影响摩擦起电的结果。常见的界面起电方式包括接触起电、剥离起电、摩擦起电等，随着人们对摩擦起电深入的研究和应用，人们越来越关注摩擦起电在界面中的演化及其摩擦学领域中的应用。合理地运用界面间普遍存在的摩擦起电现象，对于解决生活生产中普遍存在的问题、促进摩擦学的发展、保障社会更加"润滑"地前进具有重要的研究意义和应用价值。

总之，无论是减小摩擦起电的负面作用、发展高效防静电材料，还是增大摩擦起电效应、设计摩擦电收集和利用装置，科研人员都将面临同一个核心科学问题，那就是摩擦起电机制与界面调控。研究摩擦起电的界面调控，实现摩擦起电的有效控制，不仅可以为发展高效防静电材料提供理论依据和基础支持，还能充分发挥摩擦起电的优势，为实现摩擦电能的收集和利用开辟新的途径。

参 考 文 献

[1] PENDRY J. Shearing the vacuum-quantum friction[J]. Journal of Physics: Condensed Matter, 1997, 9(47): 10301-10320.

[2] VOLOKITIN A, PERSSON B. Theory of friction: The contribution from a fluctuating electromagnetic field[J]. Journal of Physics: Condensed Matter, 1999, 11(2): 345-359.

[3] VOLOKITIN A, PERSSON B. Theory of the interaction forces and the radiative heat transfer between moving bodies[J]. Physical Review B, 2008, 78(15): 155437-1-155437-8.

[4] VOLOKITIN A, PERSSON B. Quantum friction[J]. Physical Review Letters, 2011, 106(9): 094502-1-094502-4.

[5] SIMON S H. The Oxford Solid State Basics[M]. Oxford: Oxford University Press, 2013.

[6] PAN S, ZHANG Z. Triboelectric effect: A new perspective on electron transfer process[J]. Journal of Applied Physics, 2017, 122(14): 144302-1-144302-11.

[7] BAYTEKIN H T, PATASHINSKII A Z, BRANICKI M, et al. The mosaic of surface charge in contact electrification[J]. Science, 2011, 333(6040): 308-312.

[8] ZHU G, PAN C, GUO W, et al. Triboelectric-generator-driven pulse electrodeposition for micropatterning[J]. Nano Letters, 2012, 12(9): 4960-4965.

[9] FAN F R, TIAN Z Q, WANG Z L. Flexible triboelectric generator[J]. Nano Energy, 2012, 1(2): 328-334.

[10] SHAO J, JIANG T, TANG W, et al. Studying about applied force and the output performance of sliding-mode triboelectric nanogenerators[J]. Nano Energy, 2018, 48: 292-300.

[11] YANG Y, ZHOU Y S, ZHANG H, et al. A single-electrode based triboelectric nanogenerator as self-powered tracking system[J]. Advanced Materials, 2013, 25(45): 6594-6601.

[12] WANG Z L. Triboelectric nanogenerators as new energy technology for self-powered systems and as active mechanical and chemical sensors[J]. ACS Nano, 2013, 7(11): 9533-9557.

[13] WANG Z L, CHEN J, LIN L. Progress in triboelectric nanogenerators as a new energy technology and self-powered sensors[J]. Energy & Environmental Science, 2015, 8(8): 2250-2282.

[14] WU C, WANG A C, DING W, et al. Triboelectric nanogenerator: A foundation of the energy for the new era[J]. Advanced Energy Materials, 2019, 9(1): 1802906-1-1802906-25.

[15] LIU D, YIN X, GUO H, et al. A constant current triboelectric nanogenerator arising from electrostatic breakdown[J]. Science Advances, 2019, 5(4): eaav6437-1- eaav6437-8.

[16] CHENG G, ZHENG H, YANG F, et al. Managing and maximizing the output power of a triboelectric nanogenerator by controlled tip—Electrode air-discharging and application for UV sensing[J]. Nano Energy, 2018, 44: 208-216.

[17] LI A, ZI Y, GUO H, et al. Triboelectric nanogenerators for sensitive nano-coulomb molecular mass spectrometry[J]. Nature Nanotechnology, 2017, 12(5): 481-487.

[18] LIU D, ZHOU L, LI S, et al. Hugely Enhanced output power of direct-current triboelectric nanogenerators by using electrostatic breakdown effect[J]. Advanced Materials Technologies, 2020, 5(7): 2000289-1-2000289-8.

[19] LUO J, XU L, TANG W, et al. Direct-current triboelectric nanogenerator realized by air breakdown induced ionized air channel[J]. Advanced Energy Materials, 2018, 8(27): 1800889-1-1800889-8.

[20] XU S, GUO H, ZHANG S L, et al. Theoretical investigation of air breakdown direct current triboelectric nanogenerator[J]. Applied Physics Letters, 2020, 116(26): 263901-1-263901-5.

[21] XU R, ZHANG Q, WANG J Y, et al. Direct current triboelectric cell by sliding an n-type semiconductor on a p-type semiconductor[J]. Nano Energy, 2019, 66: 104185-1-104185-7.

[22] HAO Z, JIANG T, LU Y, et al. Co-harvesting light and mechanical energy based on dynamic metal/perovskite schottky junction[J]. Matter, 2019, 1(3): 639-649.

[23] LIN S, LU Y, FENG S, et al. A high current density direct-current generator based on a moving van der Waals schottky diode[J]. Advanced Materials, 2019, 31(7): 1804398-1-1804398-7.

[24] SHAO H, FANG J, WANG H, et al. Schottky direct-current energy harvesters with large current output density[J]. Nano Energy, 2019, 62: 171-180.

[25] LIU J, LIU F, BAO R, et al. Scaled-up direct-current generation in MoS_2 multilayer-based moving heterojunctions[J]. ACS Applied Materials & Interfaces, 2019, 11(38): 35404-35409.

[26] ZHANG Z, JIANG D, ZHAO J, et al. Tribovoltaic effect on metal-semiconductor interface for direct-current low-impedance triboelectric nanogenerators[J]. Advanced Energy Materials, 2020, 10(9): 1903713-1-1903713-8.

[27] LIN S, SHEN R, YAO T, et al. Surface states enhanced dynamic schottky diode generator with extremely high power density over 1000 W m(-2)[J]. Advanced Science (Weinh), 2019, 6(24): 1901925-1-1901925-6.

[28] LIU J, CHEIKH M I, BAO R, et al. Tribo-tunneling DC generator with carbon aerogel/silicon multi-nanocontacts[J]. Advanced Electronic Materials, 2019, 5(12): 1900464-1-1900464-7.

[29] LIU J, JIANG K, NGUYEN L, et al. Interfacial friction-induced electronic excitation mechanism for tribo-tunneling current generation[J]. Materials Horizons, 2019, 6(5): 1020-1026.

[30] LIU J, MIAO M, JIANG K, et al. Sustained electron tunneling at unbiased metal-insulator-semiconductor triboelectric contacts[J]. Nano Energy, 2018, 48: 320-326.

[31] LIN S, XU L, XU C, et al. Electron transfer in nanoscale contact electrification: effect of temperature in the metal-dielectric case[J]. Advanced Materials, 2019, 31(17): 1808197-1-1808197-9.

[32] WANG Z L, WANG A C. On the origin of contact-electrification[J]. Materials Today, 2019, 30: 34-51.

[33] XU C, ZI Y, WANG A C, et al. On the electron-transfer mechanism in the contact-electrification effect[J]. Advanced Materials, 2018, 30(15): 1706790-1-1706790-9.

[34] LIN S, XU L, CHI W A, et al. Quantifying electron-transfer in liquid-solid contact electrification and the formation of electric double-layer[J]. Nature Communications, 2020, 11(1): 399-1-399-8.

[35] ZHANG L, LI X, ZHANG Y, et al. Regulation and influence factors of triboelectricity at the solid-liquid interface[J]. Nano Energy, 2020, 78: 105370-1-105370-9.

[36] LIN S, ZHU L, TANG Z, et al. Spin-selected electron transfer in liquid-solid contact electrification[J]. Nature Communications, 2022, 13(1): 5230-1-5230-9.

[37] WANG Z, BERBILLE A, FENG Y, et al. Contact-electro-catalysis for the degradation of organic pollutants using pristine dielectric powders[J]. Nature Communications, 2022, 13(1): 130-1-130-9.

[38] ZHENG Y, MA S, FENG Y G, et al. Investigation on the interface control and utilization of tribo-electrification[J]. Scientia Sinica Chimica, 2018, 48(12): 1514-1530.

[39] 刘尚合, 宋学君. 静电及其研究进展[J]. 自然杂志, 2007, 29(2): 63-68.

[40] 刘尚合, 谢喜宁, 胡小锋. 飞行器静电起电放电的研究进展[J]. 安全与电磁兼容, 2021(5): 12-22.

[41] BAYTEKIN H T, BAYTEKIN B, GRZYBOWSKI B A. Mechanoradicals created in "polymeric spon ges" drive reactions in aqueous media[J]. Angewandte Chemie-International Edition, 2012, 51(15): 3596-3600.

[42] BAYTEKIN H T, BAYTEKIN B, HUDA S, et al. Mechanochemical activation and patterning of an adhesive surface toward nanoparticle deposition[J]. Journal of the American Chemical Society, 2015, 137(5): 1726-1729.

[43] SASAKI A, UCHIYAMA S, YAMAMOTO T. Free radicals and oil auto-oxidation due to spark dis-charges of static electricity[J]. Lubrication Engineering, 1999, 55(9): 24-27.

[44] STAUDT J, DUCHOWSKI J K, LEYER S. Prevention of electrostatic charge generation in filtration of low-conductivity oils by surface modification of modern filter media[J]. Tribology Transactions, 2020, 63(3): 393-402.

[45] BAYTEKIN H T, BAYTEKIN B, HERMANS T M, et al. Control of surface charges by radicals as a principle of antistatic polymers protecting electronic circuitry[J]. Science, 2013, 341(6152): 1368-1371.

[46] DONG Y, WANG N, YANG D, et al. Robust solid-liquid triboelectric nanogenerators: Mechanisms, strategies and applications[J]. Advanced Functional Materials, 2023, 33: 2300764-1-2300764-29.

第 2 章　摩擦起电的原理

作为一种常见的界面接触物理现象，摩擦起电的发现和记载虽然已有几千年的历史，但是关于摩擦起电的本质和机理却一直存在各种观点和争论。严格意义上讲，摩擦起电是一种接触起电，即两种材料物理接触后分离，会在两个材料表面带上不同的电荷 [1]。接触起电在几乎所有的固–固界面、固–液界面和液–液界面以及固–气界面、液–气界面和气–气界面产生，如图 2.1 所示 [2-7]。界面摩擦起电问题的探索主要包括三个基础科学问题：①电荷的来源。即不同材料能够带上不同电性的静电荷，这些静电荷是如何产生的，其基本属性是什么？②静电荷的流动。静电荷发生定向移动的驱动力是如何产生的，有什么特点？③表面电荷密度量化。目前，摩擦起电产生的基本理论依然处于研究之中，主流摩擦电荷的转移方式主要有以下三种不同的理论 [8]。

（1）伏特–亥姆霍兹 (Volta-Helmholtz) 理论：认为物质间电子转移的主要原因是界面间的接触电位差。

（2）哈珀 (Harper) 理论：强调由表面杂质尤其是水分子和氧分子引起的离子转移。

（3）洛厄尔 (Lowell) 理论：认为物质间的接触界面不仅有明显的磨损且出现了物质转移，物质转移导致电荷的转移。

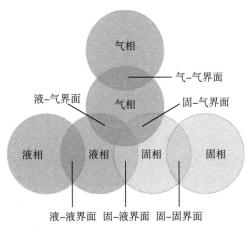

图 2.1　不同物相之间接触起电的示意图

一直以来，电子被认为是界面摩擦起电过程中最重要的载流子，绝大多数摩擦起电行为的载流子均为电子[1]。对于大多数的固–固界面接触及固–液界面接触，均可以采用电子转移理论进行解释。在固–液接触界面，液体的吸附及双电层的建立均涉及离子的参与；在一些特定情况下，由于固–固接触表面驻极体的存在也会有离子参与电荷转移。因此，离子作为另外一种重要的载流子，在摩擦电荷转移过程中同样扮演着重要的角色。此外，在摩擦过程中，难免会发生磨损并产生材料转移，这是摩擦学中的一种常见现象，也是一项重要的研究内容，在一些特定情况，材料转移也是摩擦起电中载流子的重要组成部分。摩擦过程中还伴随有摩擦生热、弹/塑性形变及摩擦发光等现象，如果摩擦材料具有压电效应、热电效应或者发光效应等特性，那么摩擦过程中的压电效应、热电效应及发光效应同样会对摩擦起电产生一定影响。

基于上述分析，本章从三种主流的摩擦起电理论入手，即电子转移理论、离子转移理论和材料转移理论，对当前研究最多的固–固接触界面与固–液接触界面的摩擦起电原理进行详细讨论，对摩擦过程中的压电效应、热电效应及发光效应对摩擦起电的影响做简单介绍。由于液–液界面、固–气界面、液–气界面及气–气界面的摩擦起电机理目前尚在研究探索阶段，本书暂不展开讨论。

2.1 电子转移理论

电子转移理论越来越得到理论和实验的证实，尤其是对于晶体（包括金属、半导体和电介质材料）之间的接触。能带理论是研究固体中电子运动的主要理论基础，定性阐明了晶体中电子运动的普遍性特点。因此，能带理论为解决摩擦起电过程中的电子转移方式提供了可靠的依据。当两种材料（金属或半导体材料）相互接触时，由于两种材料存在功函差或者接触电势差，电子会从费米能级高的材料扩散到费米能级低的材料。电子的扩散运动使接触界面处电子的浓度发生变化，会在界面处产生内建电场，电子在内建电场的作用下同时会发生漂移运动。当电子的扩散速度和漂移速度相等时，即达到了电子的动态平衡，这时两种材料在界面处的费米能级相等。对于不存在功函的电介质材料，研究人员通过在电介质表面引入表面态，同样可以用能带理论对其摩擦起电现象进行解释[9]。

本书讨论的摩擦起电主要是两种绝缘体或者金属和绝缘体、金属和半导体之间、金属和金属之间的摩擦起电。由于绝缘体材料既包含宽禁带的无机非金属材料，又包含高分子聚合物等大分子材料，以及自然界中存在的各种复合材料，因此将绝缘体材料大致分为两部分，一部分为可以采用能带结构表示的材料，称为电介质材料，另一部分材料称为绝缘体材料。电介质材料的摩擦起电可以采用能带理论进行解释，包括金属与电介质接触和电介质与电介质接触。对于不能用能带理论分析的绝缘体材料, 利用电子云重叠理论, 可对任意两种材料之间的接触起电进行分析。对金属与半导体材料以及金属与金属材料之间的接触起电, 同样可以采用能带理论分析。此外, 电子转移理论在固–液界面接触起电中也占据了重要地位。最后, 通过半定量法分析来衡量不同材料之间起电能力的大小, 对常见材料的摩擦电序列进行介绍。

2.1.1　金属与电介质材料之间的摩擦起电

当金属与电介质材料接触时, 此处所讲的电介质材料是指能够采用能带结构表示且禁带宽度较大的绝缘体材料, 电子可能会从金属进入绝缘体中的空带 (或从被占据的绝缘体状态进入金属)。绝缘体态可以有以下几种: 导带和价带的布洛赫态、杂质引起的局域态以及表面固有的局域态。绝缘体的最大特征是大的禁带宽度, 聚合物在摩擦或接触过程中能产生很大的电荷量, 因此在界面接触起电方面得到广泛的研究。事实上, 几乎所有绝缘体在与金属接触时会带电, 这意味着其带隙内具有电子能级, 这些能级可能是由杂质和缺陷引起, 也可能是由表面状态引起。然而, Cottrell 等 [10] 制备了非常纯的固体稀有气体样本, 这些样本在禁带内的状态数量可以忽略不计。有趣的是, 这些 "理想" 绝缘体在与金属接触时却不会起电。因此, 在研究带电绝缘体的接触带电机理时, 重要的是要考虑禁带内的电子态。

当金属在电介质材料表面滑动时, 电介质材料禁带内的电子态会发生变化, 从而使电介质材料表面带电, 电介质材料表面的带电情况可以通过表面电势来衡量。原子力显微镜 (atomic force microscope, AFM) 中的开尔文探针力显微镜 (KPFM) 模块可以测量材料的表面电势, 原子力针尖采用金属镀层针尖, 电介质材料为带有 300nm 厚度 SiO_2 的硅片, 可以从原子尺度和电子尺度方面探究金属–电介质材料的摩擦起电机理。通过调控针尖的偏压, 可以调控 SiO_2 表面在摩擦过程中所带的电荷符号和电荷量, 通过能带理论可以对摩擦起电原理进行详细的分析, 如图 2.2 所示。

金属的特征在于它的费米能级, 低于费米能级的所有状态均被电子占据, 而高于费米能级的所有状态均为空能级 (假设温度为 0K)。电介质材料表面可以使用其导带 (conduction band, CB) 和价带 (valence band, VB) 来表示。但由于表面对称性的破坏, 假设带隙 (E_g) 中存在表面态和缺陷状态 [图 2.2(a)], 如果电介质材料的价带边缘低于金属的费米能级 (E_f), 则带隙 E_g 中能量低于 E_f 的一些表面态可以被从金属转移到电介质中的电子填充, 导致电介质材料表面上产生总体负电荷 [图 2.2(b)]。如果在金属尖端施加负偏压 [图 2.2(c)], 则电介质材料侧的表面态往往会降低到相对于金属的费米能级更低的能级, 从而导致更多电子从金属转移到电介质材料。如果施加正偏压 [图 2.2(d)], 电介质材料侧的表面态将根

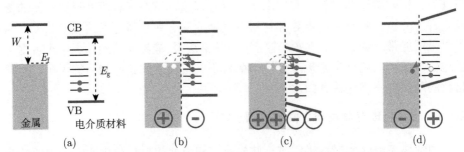

图 2.2   未接触及不同偏压接触条件下的金属与电介质材料之间的能带结构图
(a) 未接触；(b) 无偏压接触；(c) 负偏压接触；(d) 正偏压接触
W-功函数；E_f-费米能级；CB-导带；VB-价带；E_g-带隙

据偏压的大小向上移动到更高能级，占据表面态的电子可以转移到金属上，从而在电介质材料侧产生正电荷。研究人员可以通过调控所施加偏压的大小，来控制要在金属和电介质材料之间转移的电荷量。金属与电介质材料之间的摩擦起电研究由来已久，并且研究人员提出电子转移是主要机制，KPFM 为这些情况提供了充足的纳米级电荷转移信息。如果电介质材料的电子结构可以采用所提出的能带结构来描述，则上述讨论是有效的，否则必须采用其他模型 [11]。

此外，自由基是聚合物中一种特别有趣的电子态。自由基可能存在于聚合物中，有时会在制造过程中引入，由于聚合物链的碳碳键可能会在聚合物变形时断裂，自由基也可能会在金属与聚合物挤压时产生。目前，研究人员认为自由基很可能充当电子受体并因此参与接触带电 [12]，然而这方面的研究还比较少，这里不展开讨论。

2.1.2   两种电介质材料之间的摩擦起电

对两种电介质材料而言，它们的电子结构可以通过能带结构来描述，两种材料之间的接触起电可以通过如图 2.3 所示的能带结构进行分析。考虑到材料的不完整性和可能存在的点缺陷，带隙中往往存在表面态或缺陷态。缺陷（表面缺陷结构）的存在可能导致电子占据表面态。当两种不同的电介质材料发生物理接触时，由于不同材料的导带和价带结构不同，电介质 A 的占据表面态可能比电介质 B 的未占据表面态具有更高的能量 [图 2.3(a)]。一旦两种材料发生物理接触，电介质 A 表面的电子就会转移到电介质 B 的表面，发生接触带电 [图 2.3(b)]。在两种电介质材料发生分离时，转移的电子也不会返回到电介质 A，这就导致在电介质 A 产生正的静电荷，而电介质 B 产生负的静电荷 [图 2.3(c)]。这些转移的电荷即为被表面态所俘获的电荷，当电介质材料的电导率很低时通常不会发生自由移动。从理论上讲，如果不受干扰，这些电荷预计将永久保留在表面上。然而，在存在热能波动和温度升高的情况下，根据热电子发射模型，这些束缚电子可以从表面态中释放出来 [13]。

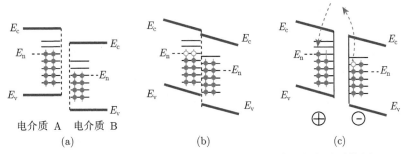

图 2.3　两种电介质材料在接触前、接触时、分离后的能带结构图
(a) 接触之前；(b) 接触时；(c) 分离后

E_c-导带底能量；E_v-价带顶能量；E_n-表面态的中性能级（电介质 A 的 E_n 要高于电介质 B 的 E_n）

当两种相同的电介质材料发生摩擦时，从对称性角度考虑，不会发生电荷转移。然而，实验发现，当两种相同的电介质材料发生接触分离时，同样会产生电荷[14-17]。对于颗粒状的材料，如沙子，小的颗粒表面易带负电荷，而颗粒较大的同种材质的沙子倾向于携带正电荷，这种现象显然不能用上面提到的能带理论进行分析。

为了探究上述摩擦起电的机制，研究人员通过选择不同表面曲率、相同化学组成的材料，如聚四氟乙烯 (polytetra fluoroethylene, PTFE)、聚酰亚胺 (polyimide, PI)、全氟乙烯丙烯共聚物 (fluorinated ethylene propylene, FEP)、聚酯和尼龙，对其摩擦起电性能进行详细研究[18]。通过合理设计材料的表面曲率，考察其接触带电行为。结果发现，当材料表面为凹面时，接触分离后易携带正电荷；当材料表面为凸面时，接触分离后易携带负电荷，如图 2.4 所示。这种现象的可能解释为不同曲率的表面可能由于分子的拉伸或压缩从而具有不同的表面能，考虑到表面能的影响，材料特定表面状态的能量将发生变化。因此，一旦两种化学结构相同但是表面曲率不同的材料发生物理接触，电子同样会从一个材料的表面转移到另一个材料的表面。此外，曲面的存在意味着"破坏"了材料两侧的对称性，从而改变了表面状态的能级，尽管概率比不同材料小，仍会导致电子跃迁。理论分析也同样表明，表面能的变化与表面曲率的变化存在相关性[19]。考虑到纳米级表面形态的变化和探针扫描期间局部温度的升高，已在表面上观察到"马赛克"表面电荷分布[20]。

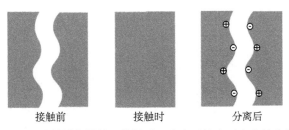

接触前　　　　　　　　接触时　　　　　　　　分离后

图 2.4　同种材料接触前、接触时及分离后的表面电荷转移情况

2.1.3　金属与半导体之间的摩擦起电

由于两种电介质材料之间摩擦产生的电流信号多为交流信号，需要桥式整流器，或者使用相位耦合、静电击穿和肖特基接触等手段，将交流信号转换成直流信号，额外整流手段的引入会极大地降低能量转换效率以及器件的便携性和紧凑性。此外，脉冲交流输出还会导致所输出电流稳定性较差并且存在高的波峰因素，使其在为储能设备和电子设备供能时受到限制。近年来，研究人员在直接产生直流电方面取得了诸多研究成果，其中最重要的一点是基于金属与半导体的异质结所构建的滑动肖特基结直流摩擦发电机。

基于半导体构建的滑动肖特基结摩擦发电机，根据载流子的产生类型，目前这一类摩擦发电机的电子转移理论主要包含两种主流理论，一种是摩擦能量在半导体耗尽层激发电子–空穴对，电子–空穴对在内建电场的作用下发生定向移动，即为摩擦伏特效应；另一种是由于耗尽层的产生与破坏导致的载流子动态平衡被打破，在内建电场的作用下，载流子发生定向移动，产生直流电输出。

首先，对于摩擦激发电子–空穴对理论，Liu 等 [21] 采用导电原子力针尖（Pt/Ir 镀层）与脉冲激光沉积技术获得的 MoS_2 薄膜构建肖特基结，当原子力针尖与 MoS_2 表面发生相对运动时，接触界面处的电子因吸收摩擦能量而发生跃迁，产生电子–空穴对，电子–空穴对在内建电场的作用下发生定向移动形成电流。该研究首次提出了滑动肖特基结的概念，图 2.5 所示为 Pt/Ir 针尖与 MoS_2 界面的能带结构图与电荷转移机制。该团队基于该结构又研究了多种肖特基结的直流摩擦电效应，充分证明了该结构及理论的合理性与普适性 [22,23]。王中林院士团队将该理论又进行了深化，提出了摩擦伏特效应 [24]。摩擦伏特效应指当金属或半导体在另外一个半导体的表面发生滑动时，会产生一个直流电压和直流电流的现象。当半导体中的电子吸收摩擦过程中原子间共价键生成时所产生的能量而发生激发，从而在半导体一侧产生电子–空穴对，在金属一侧的活跃电子会在内建电场的驱动作用下发生定向移动，从而产生直流电。

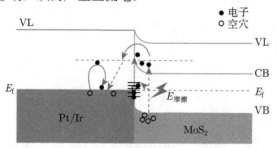

图 2.5　Pt/Ir 针尖与 MoS_2 界面的能带结构图与电荷转移机制
VL-真空能级；$E_{摩擦}$-摩擦能量；CB-导带；VB-价带；E_f-费米能级

另外，当摩擦能量低至不足以激发电子产生电子–空穴对的情况下，有另外一种滑动肖特基结理论，这种情况主要见于超润滑领域。郑泉水院士团队构建了石墨岛与硅之间的肖特基结[25]，石墨岛与硅片之间的摩擦系数为 0.0039～0.0045，摩擦力非常低，通过计算石墨岛边缘悬挂键与硅原子之间相互作用的能量来衡量摩擦能量，最大的摩擦能量仅为 0.0287eV，而石墨与硅形成的肖特基势垒高度约为 0.54eV，摩擦能量远远低于肖特基势垒高度，因此摩擦能量不足以激发电子跃迁过肖特基势垒形成电流，那么电流是如何产生的呢？为了解释这种情况下电流产生的原因，该团队采用有限元模拟，提出了耗尽层的建立与破坏 (depletion layer establishment and destruction，DLED) 机制，如图 2.6 所示。DLED 机制认为，当石墨岛与硅片接触后，由于存在功函差（n 型硅的功函小于石墨的功函），电子会从 n 型硅流向石墨，因此就会在硅片的表面形成一段充满正电荷的区域，这段区域被称为耗尽层，在耗尽层区域存在内建电场。当石墨岛在半导体表面发生相对滑动时，在石墨岛的前端，会发生耗尽层的建立，产生内建电场；在石墨岛的尾部，耗尽层会被破坏，从而发生内建电场的分离。耗尽层动态的出现与消失将会打破载流子的动态平衡分布，并且根据内建电场的方向会加速或者束缚扩散通过耗尽层的电子和空穴，从而形成电子和空穴的漂移，产生电流。同时，耗尽层的建立及破坏的动态变化会持续发射电子或者空穴，从而保持稳定的电压和电流输出。

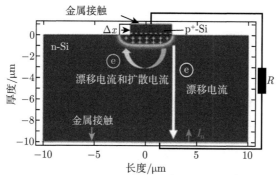

图 2.6　准静态半导体有限元模拟 DLED 机制[25]

基于上述两种理论，研究人员还将肖特基结扩展到了不同掺杂类型的半导体之间形成的 p-n 结和同种掺杂类型、不同掺杂浓度的半导体之间形成的 n-n 结，对于相互接触的具有不同功函的 p 型半导体与 n 型半导体接触，甚至具有不同功函数的 n 型半导体接触，都会通过相对滑动产生稳定的直流电压和直流电流输出，其基本理论与上述理论一致[26-28]。

众所周知，目前所谈到的半导体多为无机非金属材料，最常用的即为硅片，在大气环境中，研究表明，新刻蚀出的硅表面会在氧气的作用下迅速发生氧化，产生一层薄层（厚度为 1～2nm）的无定型氧化硅 (SiO_x)。因此，当金属–半导体 (metal-semiconductor, M-S) 接触界面上加了一层绝缘体时，会对摩擦起电产生怎样的影响？研究人员对这一种金属–绝缘体–半导体 (metal-insulator-semiconductor, M-I-S) 结构同样开展了研究，基于上述的讨论，结合量子力学，提出了一种特殊的摩擦隧穿效应。量子力学表明，当物质遇到一个势垒的时候，会有一定的概率直接隧穿过这一势垒，而不需要跨过这一势垒。当 M-S 界面有一层绝缘体时，绝缘体会产生绝缘层势垒，当绝缘层的厚度很小时，就会发生电子或者空穴直接隧穿过这一势垒的现象，而不需要越过这一势垒，即为摩擦隧穿效应，如图 2.7 所示。通常情况下，随着绝缘层厚度的增加，电子或空穴隧穿的概率会逐渐减小，产生的摩擦电流会逐渐降低。然而，由于绝缘层势垒的引入，一部分电压会降落在绝缘层势垒，当存在绝缘层势垒的时候，会增大摩擦电压 [29]。

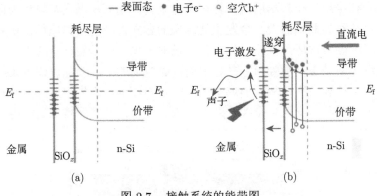

图 2.7 接触系统的能带图
(a) 平衡状态；(b) 摩擦状态

2.1.4 金属与金属材料之间的摩擦起电

通常情况下，金属之间的摩擦起电不明显，主要原因有两个，一是金属中额外的电荷会流入大地，除非采取预防措施防止电荷流走；二是绝缘体会累积电荷而金属不会，研究金属摩擦起电理论的前提是电荷转移可以达到热力学平衡。此外，在金属的摩擦起电理论涉及三个常见的概念，表面势、功函数和电化学势，金属电子的能量变化如图 2.8(a) 所示，分别陈述如下。

表面势：假设在距离金属无穷远处的电子势能为零，如果金属表面有一个电荷（假设为正电荷），那么将该电荷从金属的表面移动到距离金属无穷远处所要做的功为 eV_S，V_S 为金属表面势。表面势的大小取决于金属表面所俘获的电荷，而不取决于金属本身的性质。

功函数：将金属表面的一个电荷移动到金属的内部所消耗的最小能量 (φ)。功函数由金属本身的性质决定，不取决于其表面所带的电荷，由金属的费米能级决定。

电化学势：将一个电子从金属的费米能级移动到无穷远处所消耗的能量 (ξ)，$\xi =$

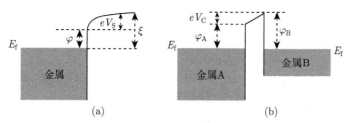

图 2.8　金属电子的能量变化

(a) 金属内部和外部电子的能量变化；(b) 两种金属紧密接触后达到电荷平衡的能量变化

E_f-费米能级；φ-功函数；e-电荷量；V_S-金属表面势；ξ-电化学势；V_C-接触电势差

$\varphi + eV_s$。严格来讲，电化学势是一种电子的自由能而不是其本身的能量。在常温下对于金属而言，电化学势差别很小。

当两个金属相互接触时，为了达到热力学平衡，金属中的电子会发生交换。然而，当两个金属分离开一个较大距离时，其表面的电荷会发生怎样的变化？这与金属原子接触时的电荷不同，Harper[30] 指出，当金属发生分离的时候，只要是金属之间的距离足够小，电子会在金属之间发生隧穿。当金属分开的时候，它们之间的电容会降低，而电势差会变大。电子会倾向于隧穿过金属之间的带隙，来保持热力学平衡，即保持电势差为零，Harper[30,31] 已经采用热发射理论详细地研究了两个完美光滑球体之间的这种隧穿过程。从图 2.8 中可以明白原因，随着金属的分离，电子隧穿会迅速变得更加困难，金属之间的电阻 R 迅速上升，但电容 C 变化相对缓慢。因此，用于在物体之间重新分配电荷的时间常数随 R 变化，并且在分离距离为 Z_0 处急剧增大。当金属分离距离小于 Z_0 时，无论物体分离的速度有多快，电荷转移可以足够快地发生以确保热力学平衡。但是，一旦物体分离的距离大于 Z_0 时，无论分离的速度有多慢，电荷转移实际上停止了。因此，分离后金属上的电荷是在分离距离为 Z_0 处对应于热力学平衡的电荷，即 C_0V_C，其中 C_0 是在临界分离距离 Z_0 时两金属之间的电容。对于球体，Harper[30,31] 发现临界距离 $Z_0 \approx 1\text{nm}$，假设它的值与其他形状相似是合理的。然而，上述情况过于简单化，在实际情况下，Z_0 有一个不同的解释和数值。

金属之间的充电实验证实了两个金属间的电荷转移与其接触电势差成正比。应该指出的是，金属的功函数对氧气、表面污染及其他一些因素非常的敏感，因此测量实际样品的接触电势差非常有必要。

Harper[30,31] 通过测量不同材质金属球与铬球接触后表面的电荷，发现电荷与金属之间的接触电势差成正比。然而，每一种情况测量的电荷比根据电容 C_0 计算的电荷要小，并且可以推算出决定电容 C_0 的临界距离 Z_0 为 100nm 左右，而不是根据隧穿模型所推算的 1nm。Harper[30,31] 认为，出现这种差异的原因在于实际金属球的表面是粗糙不平的，而计算是假设金属球是完全光滑的。Lowell[3] 通过实验证实了这一点。当两个表面之间的距离等于凸起的平均高度时，两个粗糙表面之间的电容大致等于两个几何形状相似但是光滑表面之间的电容。因此，对于一般的表面而言，凸起远高于电子可以隧穿的距离，电荷量主要由表面的粗糙度决定。只有当两个平面光滑且距离在 1nm 左右时，它们的电荷才会由隧穿决定。Harper[31] 和 Lowell[3] 均认为金属表面的电荷与金属分离的速度无关。可以确定的是，金属与金属之间的摩擦起电决定于金属之间的接触电势差和接触电容。接触电容通常取决于接触界面之间的粗糙度，但是如果接触界面的粗糙度为原子尺度，接触电容可能会受到电子遂穿的限制。

2.1.5　固−液界面接触的电子转移理论

固−液界面的摩擦起电因其与电化学、电动力学、催化、表界面科学等领域密切相关成为摩擦起电的一个重点研究课题。许多物理和生物现象也与固−液界面上的电荷转移有关，如电润湿、胶体悬浮液、光伏效应、光合作用等。因此，深刻理解固−液界面的电荷转移机制具有普适性价值。目前，学者们对于固−液界面摩擦起电的机理持不同的观点，根本原因在于电荷载流子的本质没有被理解，许多学者根据大量的实验结果提出了不同的观点。这些分歧类似于"盲人摸象"，每个人的结论取决于他们"触摸大象的哪一部分"。

电子转移理论不仅适用于固体和固体之间的接触起电，还存在于固体和液体之间的接触起电。首先，需要证明液体和固体接触会产生电子的转移。研究人员通过两种方案对固−液界面接触中电子的存在进行证明。第一种方案为热电子发射实验 [32]，如图 2.9 所示。当液态绝缘体（去离子水）和固态绝缘体 (SiO_2) 发生接触时，会在绝缘体表面发生电荷转移，随后采用 KPFM 实时检测绝缘体表面的电荷量变化，对绝缘体表面进行加热处理，当达到 513K 时，表面电荷会发生衰减，但是仍然会存在一部分电荷无法消除。通过反复的接触起电与加热消除实验，均无法在 513K 的温度下去除绝缘体表面的电荷，而且每次残留的电荷量基本一致。根据热电子发射原理，判定接触起电中能够通过加热耗散掉的电荷为电子，而无法被耗散的电荷为离子（2.2 节将详细介绍）。

另一种方案，通过假设固−液界面接触的起电不存在电子转移，仅有离子转移，对转移的电荷量进行测量，推断出电子转移的存在 [33,34]。如图 2.10 所示，实验设计为采用两片 PTFE 膜挤压一个去离子水滴，同时测量水滴与 PTFE 薄膜之间的电荷转移。由于去离子水中的离子浓度是有限的，假如 PTFE 与水滴之间的电荷转移仅为离子转移，那么电荷的转移量应当不会超过 0.2nC，而实验中实际测到的电荷量高达 2.8nC。因此，水滴与 PTFE 薄膜之间的电荷转移还会存在另外一种载流子，即电子转移，并且电子转移占据主导地位。此外，通过界面的静电引发氧化还原反应也是证明固−液界面电子作为摩擦起电载流子的重要证据。基于此，王中林院士于 2019 年首次提出了王式混合双电层模型 [11]，该模型指出固–液界面双电层的形成包括电子转移和离子转移,其中电子转移可能占据主导地位。离子的转移理论将在 2.2 节中进行详细讨论。

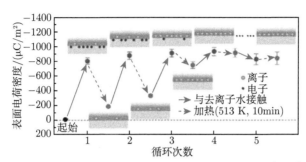

图 2.9 SiO$_2$ 与去离子水反复接触起电的实验结果 [32,33]

图 2.10 用于研究固–液界面接触带电的液滴挤压恢复过程

2.1.6 电子云重叠理论

上述金属、半导体及电介质材料均能采用存在表面态和缺陷态的能带结构表示。对于普通的材料,如聚合物及橡胶,其电子结构采用分子轨道及链排列进行表示。然而,对于不具备特定分子结构或者存在复合相的材料,如动物毛发、树木及人的头发等自然存在的物质,这类材料无法采用简单的电子结构进行表示。但是,这一类材料也会存在接触起电行为,因此需要一个通用模型来解释分子和原子水平的摩擦起电。

要建立上述材料的统一模型,需要明确的第一个问题是两个原子之间需要多近才能发生接触起电。研究人员采用 KPFM 从原子和分子尺度对上述问题进行解释 [35]。该实验的设计思路如下:共振时的原子力显微镜尖端测量的相位和振幅与测量的表面电位差相关联,用来衡量探针尖端与测试表面之间的相互作用力。当探针尖端受到来自表面的净吸引力时,它处于吸引力状态,相移增加;当探针尖端受到来自表面的净排斥力时,相移减少。通过相移的变化,来判断每个振动周期的探针尖端与样品净相互作用力的变化。实验结果表明,当原子力探针尖端和表面之间的距离比原子键长短时,就会发生接触起电。如图 2.11 所示,当材料发生原子级接触之前,各原子的电子云因相互分离而不会发生重叠,此时处于吸引力区域,对于不导电的材料,原子的势阱会将电子紧紧束缚在特定的轨道上,从而阻止电子自由逃逸。当两种材料相互靠近到一定程度时,两种材料原子的电子云发生重叠,形成离子键或者共价键。随着外部压力进一步增大,电子云重叠程度加大,键长进一步缩短,之前单个原子对称的单势阱会变成不对称的双势阱,而且由于强电子云重叠，两者之间的势垒降低，此时电子就可以从一个原子转移到另一个原子，从而产生接触带电，这一过程称为"王氏跃迁"[36]。当两种材料分离开时，转移的电子就会驻留在材料的表面形成静电荷。此外，该模型也得到了量子力学计算的支持，该计算表明，电子转移的驱动力是接触和应变引起的电子波函数的离域，这就是所说的压力下电子云的强烈重叠[37,38]。因此，产生接触起电的一个重要因素是两种材料的原子距离必须足够小到斥力区，并且原子的电子云发生强烈的重叠。该模型首次实现了对摩擦起电原理的统一解释，普遍适用于任何两种摩擦材料，对进一步发展 TENG 和微纳能源收集利用提供了坚实的科学依据[11]。

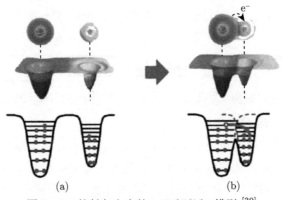

图 2.11   接触起电中的"王氏跃迁"模型[39]
(a) 两个处于引力区的原子及其势阱模型；(b) 两个处于斥力区的原子及其势阱模型

2.1.7 摩擦电序列

从摩擦起电的模型可以看出，由于材料表面电子能级的差异，每种材料有自己独特的摩擦起电能力。量化材料的摩擦起电能力，制定一套标准来评判材料的摩擦起电能力，无论是对基础研究还是工业生产，都具有非常重要的意义。量化摩擦电序列非常困难，原因主要有以下两个：一是摩擦起电考察的是两种材料之间的综合能力，其中一种材料的摩擦起电性能除却自身外，也取决于另一种材料的性能；二是摩擦起电发生在材料的表面，污染物、温度和湿度等均对摩擦起电有明显的作用。王中林院士团队采用了一种标准化方法来量化聚合物材料的摩擦电序列，并且建立了一套基于材料本身性质的量化摩擦电序列。该实验中，为了减小摩擦起电中接触面积的误差，选用液态金属材料作为测定摩擦电序列的对摩材料。液态金属材料拥有最大化的原子接触面积、优异的形状适应性和统一的柔软度，是非常稳定的对摩材料。该实验标准化了材料摩擦起电的测量方法，使得摩擦界面在接触分离时的参数能够统一。常见的 50 种高分子材料与 27 种无机非金属材料的摩擦电序列如

图 2.12 所示，材料的得电子能力越靠近上端越强，失电子能力越靠近下端越强[40,41]。该序列对选择合适的材料来进行摩擦起电研究具有非常重要的指导意义。

图 2.12　常见高分子材料 (a) 与无机非金属材料 (b) 的摩擦电序列

2.2 离子转移理论

虽然经典的电子转移模型在大多数情况下适用，但是在固–液界面接触及某些特定的固–固界面接触的情况下，离子作为一种重要的载流子在摩擦电荷转移中同样扮演了重要角色。在摩擦过程中，离子的产生及离子的移动，是探究离子转移理论的两个基本问题。由于固–液界面接触中，液体的吸附及双电层 (electric double layer, EDL) 的建立离不开离子的作用，因此离子转移在固–液界面接触的摩擦起电中得到了更为广泛的研究。本节首先讨论在固–液界面接触的离子转移，然后讨论在固–固界面接触的离子转移理论。

2.2.1 固–液界面的离子转移理论

固–液界面之间的摩擦起电行为被广泛研究，当液滴破碎或液体在固体表面发生弹跳、滑动等行为时均会产生摩擦起电的现象。当液体从固体表面流过或水滴从固体内部穿过时，固体和液体界面之间就会发生摩擦起电现象。2.1.3 小节中已经讨论了固–液界面的摩擦起电中包含电子和离子这两种主要的载流子，其中电子转移在多数情况下起到主要的作用。然而，水在界面的吸附及双电层的客观存在，离子转移仍然需要被纳入摩擦电载流子的考虑之中。

双电层理论是目前固–液界面摩擦起电的重要理论。亥姆霍兹首先基于金属与溶液界面提出了 EDL 模型，因此他提出的模型被后人命名为亥姆霍兹双电层模型，后来学者们又在此基础上对双电层模型进行了完善和优化。金属表面存在一部分剩余电荷，当固体浸没在液体中，固–液接触界面两侧会产生镜像的、两个极性相反的电荷层，宏观上表现为正电荷和负电荷的中和效应。此后，Oldham[42] 完善了金属与溶液界面的双电层模型。图 2.13(a) 所示为典型的双电层结构模型。完善后的双电层考虑了液体中离子的扩散，将液体分为了紧密层 (compact layer) 和扩散层 (diffuse layer)。其中紧密层又被称为 Stern 层，这是静电吸引和范德华力吸附共同作用形成的，厚度在数埃量级，电势近似为线性趋势。扩散层又被称为 "Gouy-Chapman 层"，在扩散层内离子是可移动的，并且溶液中的反离子存在扩散平衡，一方面被固体表面的电荷吸引，另一方面又因为热运动远离表面，最终建立了动态平衡。图 2.13(b) 表示了从表面到溶液体相的电势变化，表面的电势为 φ_S，扩散层内边界的电势表示为 φ_D。在扩散层内会存在一个滑动的平面，其与溶液内部的电位差被称为 Zeta 电势 (ζ)。

最近的研究表明，电子转移在固–液界面的摩擦起电行为中同样扮演着重要的角色，王中林院士课题组基于电子云重叠理论及固–液界面的分子相互作用，把双电层形成的过程归结为 "两步模型"，确定了电子和离子是固–液界面摩擦起电的两种主要的载流子，并通过微观固–液界面摩擦起电的热耗散实验进行了证实 [11,32]。

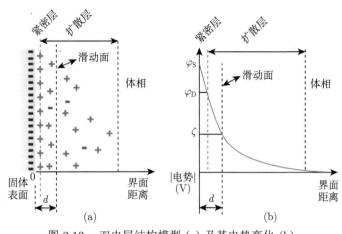

图 2.13 双电层结构模型 (a) 及其电势变化 (b)

对于固–液界面来说，其摩擦起电行为的变化可以从电荷的极性和电荷量这两个方面进行分析。从固–液界面构成的角度来考虑，主要可以分为电荷的耗散（稳定性）、反离子的吸附、电子和离子的竞争这三个方面。基于实际外界影响因素，通常情况下，固–液界面的电荷转移主要从温度、水中电解质的离子浓度、pH、表面组成这四个方面讨论。其中，温度升高通常主要影响因接触带电而转移的电子，使其剧烈热运动而逸散到环境中，离子依然停留在表面，使总体的感应电荷呈降低趋势。此处主要考虑水中电解质的离子浓度、pH 及表面组成等影响因素，来讨论固–液接触界面的离子转移理论。

中国科学院兰州化学物理研究所王道爱研究员采用离子浓度极低的超纯水和带有氧化层的硅片作为摩擦材料，对固–液接触界面电荷转移中的离子转移进行详细讨论[43]。采用不同浓度的 KCl 溶液进行实验，发现随着 KCl 溶液中离子浓度的增大，固–液界面的摩擦起电会呈现先增大后降低的趋势，这一现象在 NaCl 溶液、$CuCl_2$ 溶液和 $AlCl_3$ 溶液中同样存在。KCl 溶液的电导率会随着离子浓度的增加而增加，因此固–液界面的静电耗散就会随着离子浓度的增加而加强。出现上述趋势的主要原因：在低离子浓度时，相对于纯水，盐溶液更像是导体且不会引起大的电荷耗散，因此随着离子浓度的增大，电子更易于从水中转移到固体的二氧化硅表面，引起电荷总量的增加；当离子浓度增大到一定程度时，高浓度的电解质溶液抑制了电子转移并加强了静电耗散，从而削弱了电子转移的贡献，离子转移的贡献转而成为主导，因此电荷总量会有所降低。此时，若将带有氧化层的硅片换成疏水性的 PTFE 膜，由于 PTFE 膜在与水接触分离过程中，电子转移占据绝对主导地位，而离子转移贡献极小，因此整体趋势仅受到电子耗散的影响，即随着离子浓度的增大，PTFE 界面的摩擦电荷呈现单调递减的趋势。这一结果从反面进一步印证了当 KCl 溶液与带有氧化层的硅片进行接触时，离子转移对摩擦电荷产生贡献。

上述实验仅能验证固–液界面摩擦起电中有离子转移的作用，但是离子转移在固–液界面摩擦起电中作用的大小依然没有得到验证。因此，王道爱研究员团队又设计了新的实验，深入探究了离子转移在固–液界面摩擦起电过程中的重要作用。水作为一种偶极矩较大的极性材料，在与其他固体材料接触并分离后通常会携带正电荷。有研究表明，假如固体表面吸附有大量的氢离子，当水流过该表面时，将会携带负电荷。基于前人的研究，王道爱团队通过调控溶液的 pH，深入探究了固–液界面摩擦起电中的离子转移理论。

随着 pH 不断降低（酸性增强），摩擦电荷量会在 pH 为 5 和 2 时出现两个峰值。更重要的一点是，当 pH 在 6～4 时，外接电路中所形成的电流为先下后上的峰形；当 pH 在 3～0 时，电流峰形变成了先上后下的峰形，即电流峰形在 pH 为 3～4 时发生了翻转。固–液界面摩擦起电的极性反转可以归因于界面状态的变化。如图 2.14(a) 所示，在不同 pH 情况下，固–液界面会呈现出不同的行为。对于二氧化硅来说，当 pH≥4 时，表面会吸附氢氧根离子；当 pH≤3 时 [图 2.14(b)]，溶液中的氢离子相对来说是过量的，二氧化硅的表面会吸附氢离子。对溶液中离子不同的吸附行为导致其摩擦起电行为发生了反转。电荷极性的反转点对应了二氧化硅的等电点 (iso-electric point，IEP)，表明了固–液界面的摩擦起电与固体表面的物理和化学性质之间的密切联系。此外，对疏水性 PTFE 膜和水的摩擦起电行为对 pH 的响应也进行了讨论。当 PTFE 处于酸性环境中，其摩擦电荷会有所降低，而在碱性环境下，表面电荷降低趋势更加明显。当固体表面处于 pH 为 1 的酸性环境中时，界面的极性会发生反转，这与 PTFE 的表面的离子吸附有关。由于环境或介质中存在水的吸附和羟基的转移，在疏水 PTFE 表面仍会存在少量的羟基，导致可能存在 O^-。由于 PTFE 的 IEP 约为 3，因此上述 pH 导致的表面极性反转也可以用来解释 PTFE 的情况。

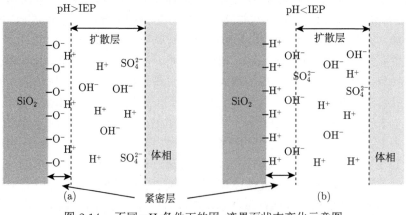

图 2.14　不同 pH 条件下的固–液界面状态变化示意图

溶液 pH 变化不会使 PTFE 表面的润湿性发生变化, 仅改变了溶液的酸度和离子浓度, 这说明润湿性的变化只是影响固–液界面处摩擦起电的因素之一。当介质是纯水时, 在固–液界面处转移的电子和在表面上形成的离子为主要的载流子。在酸性介质中, 由于溶液中氢离子过量, 一些氢离子被吸附在固体表面上。但是, 表面仍然是疏水的, 因此一些电子就存在于表面上。这样, 由于电子和离子之间的竞争, 产生的净电荷为正。在碱性环境中, 存在于固体表面的电子和通过吸附形成的羟基协同地使固体表面带负电, 而水带正电。

固–液界面的表面结构对于摩擦起电有直接影响, 而影响的根本原因就在于离子吸附。与亲水表面相比, 疏水表面更容易发生界面分离。当水与疏水表面分离时, 界面更容易发生电子的转移与积累, 具有实现固–液界面能量收集的潜在优势。因此, 表界面润湿性的变化对界面摩擦起电的影响备受关注。通过对 PTFE 表面进行氧等离子体表面改性处理 (P-PTFE), 在其表面生成羟基, 使 PTFE 的疏水表面向亲水表面改变。当 PTFE 表面经过等离子体改性处理后, 其外电路电流信号大幅下降, 这是因为表面新产生的羟基使水能够更好地润湿表面, 当水流过 P-PTFE 表面时, 会形成一层较难与 P-PTFE 基底分离的水膜, 双电层的残留使水对电荷产生的屏蔽作用更强, 导致在外电路产生的电流降低。对含羟基的 P-PTFE 进行加热处理 (HP-PTFE), 接触角会略微增加, 这是由处于亚稳态的表面的蠕变引起的, 并且由于加热时表面分子链会发生微观运动, 一些疏水的聚四氟乙烯分子链又会重新出现在表面, 使一部分羟基被覆盖, 与之对应, 此时 HP-PTFE 与水界面的摩擦电荷又会有所增加。除此之外, 当 PTFE、P-PTFE 和 HP-PTFE 接触时, 其外电路电流的峰型也会发生变化, 说明表面结构组成影响了摩擦起电的极性。总的来说, 当水在疏水性表面发生剪切运动时, 电子转移起主要作用, 离子在表面上的吸附及离子的扩散作用不明显。然而, 当 PTFE 的表面经过等离子体改性处理后, 羟基的存在使得表面变得更亲水, 这有利于水在表面上的吸附以及离子的吸附与扩散。另外, 由于 PTFE 表面上增加了羟基, 改变了原有界面的本质, 使得其摩擦起电的极性发生改变。

固–液界面摩擦起电的过程中, 离子的吸附和扩散作用不容忽视, 既可以影响摩擦电荷量的大小, 又可以影响摩擦起电的极性。因此, 离子转移理论的研究对于揭示摩擦起电的本质以及摩擦起电的应用和消除均具有非常重要的意义。

2.2.2　固–固界面的离子转移理论

对于固–固界面的摩擦起电, 除了被公认的电子转移可解释外, 有学者认为离子转移也是固–固界面起电的一种理论机制。最积极的离子转移倡导者是 Kornfeld[44]。他断言, 由于晶格中的带电缺陷, 绝缘体通常包含内部净电荷（碱金属卤化物中有直接证据）, 这种内部电荷需要表面上的离子补偿。大气总是轻微电离的,因此这些离子从大气被吸引到表面。Kornfeld[44] 提出，不同的表面对给定离子具有不同的亲和力，因此当两个离子涂层表面接触在一起时，离子通常会从一个表面转移到另一个表面。他用这种方式解释相同材料的表面如何相互带电，以及当一个表面与另一个表面摩擦时，电荷转移到另一个表面的符号如何随着摩擦的继续而改变。其他研究人员对离子传输模型也提出了一些观点。一方面，Harper[31] 在石英上发现了非常大的电荷转移，并将其归因于石英表面上存在厚层的羟基，这是制备方法造成的。另一方面，Wagner[45] 将金属对石英的充电归因于电子转移，这是因为充电与接触金属的功函数相关，他认为离子转移是 Al_2O_3、MgO 和碱金属卤化物带电的一种可能机制。

热释电绝缘体与电荷转移的离子机制有关。这些材料在低于一定温度时具有永久偶极矩，其方向可以通过"极化"轻松反转，即在适当方向的电场中将样品从高温冷却。热释电材料的偶极矩会产生一个外部电场，该材料将可能从周围收集离子，对其偶极矩产生的电场进行屏蔽。因此，热释电材料表面通常涂有一层致密的离子，其符号是已知的并且可以通过极化来反转。偶极矩可能非常大，因此离子层非常致密（比普通绝缘体上的密度大得多）。Robins 等 [46] 使用热释电绝缘体试图确定绝缘体表面上的补偿离子是否能在金属接触绝缘体的过程中发挥作用，如果可以，补偿的热释电表面的接触充电应在很大程度上取决于试样的极化方向。尽管有这个结果，但材料的接触带电很可能不是表面离子层的结果。对于已经通过外部提供的补偿离子补偿的热释电表面的电气化，也强烈依赖于极化方向。似乎接触带电受热释电极化的影响，但不受补偿离子存在的影响。离子可能以较少数量存在于其他绝缘体的表面上，因此它们在绝缘体与金属的接触带电中可能是微不足道的。

此外，研究人员认为大多数物体表面存在一层极薄的水膜，即使是疏水的聚四氟乙烯等的表面也会在一定湿度下形成水膜 [47,48]。因此，在两个表面相互接触时，其表面的水膜也会发挥作用，离子通过表面接触形成液桥传递 [49-51]。

2.3 材料转移理论

由于固体表面粗糙度引起了微结构之间的机械互锁及表面的黏附作用，当一个表面在另一个表面摩擦时，难免会发生表面磨损和材料转移，这在摩擦学中也是一项重要的研究内容。当材料界面发生剪切运动时，摩擦生热效应使得两个摩擦副表面微结构接触点的温度升高，发生增塑或熔化现象并促使高分子链的断裂，从而转移到对表面上。表面分析表明，当金属与聚合物接触时，金属会转移到聚合物表面，聚合物也会转移到金属表面。如果每单位面积转移的原子数超过在接触带电中观察到的电荷密度，则材料转移对接触带电可能具有重要意义。当金属在聚合物上滑动时，大量的聚合物可能会转移到金属上。当转移的材料携带电荷时，就会导致电荷的转移。事实上，这是极有可能发生的事情，材料表面的条件通常与内部并不相同，因此表面可能带有一层电荷。例如，电荷可能存在于半导体的表面状态中，并通过分布在内部相反符号的电荷进行补偿。同样，金属表面通常涂有氧化物，氧化物通常带有由下面金属中的电荷补偿的净电荷。

对于材料转移引起电荷转移这一原理，可以通过液态汞对绝缘体的充电试验对这一现象做出合理的解释。将氧化物和其他杂质从液态汞表面转移到与之接触的另一个表面非常容易，Harper[30] 认为材料转移可能是造成这种情况的原因。Baytekin 等 [20] 从实验角度再一次证明了材料转移对电荷转移的贡献。传统观点认为，材料表面性质是均匀的，当聚二甲基硅氧烷 (polydimethylsiloxane, PDMS) 和 PTFE 两种材料发生接触分离后，会在表面均匀带上正电荷或者负电荷，如图 2.15(a) 所示。但是，实际情况中，材料的表面性质并不是完全相同的，这就导致了材料在接触分离后会使表面带电呈现出随机的"马赛克"模式 [图 2.15(b)]。进一步，他们采用共聚焦显微拉曼光谱仪和 X 射线光电子能谱仪对分离后的两种材料的组成进行分析，发现材料表面电势的变化与表面的材料组成相关联，而且表面存在氧化物，导致表面接触带电增强。对于 PDMS 这类聚合物，表面氧化物已经被证明是由均裂键和异裂键断裂后与大气中的氧气/水发生反应得到；两种材料接触带电包含异裂键的断裂，电荷"马赛克"的出现与材料的转移相关。通过 X 射线光电子能谱确定材料转移确实存在（PDMS 材料表面含有 F 峰，而 PTFE 材料表面含有 Si 峰和 O 峰，峰的强度会随聚合物之间接触分离次数的增加而增强）。该团队还对其他的一些聚合物对（PDMS/PC 和 PDMS/PMMA）进行了研究，同样证明了接触起电与材料转移存在关联。

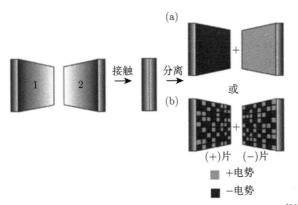

图 2.15　两种材料接触分离后可能的表面电势分布情况 [20]

(a) 传统观点认为接触分离后，两表面均匀带正电荷和负电荷；(b) 认为每个表面具有不同接受或授予电荷倾向区域的联合

Pandey 等[52] 也对接触起电中的材料转移做了系统研究。如图 2.16 所示，采用 PDMS 和 PVC 作为研究对象，PDMS 表面在接触分离时，会发生异裂键的断裂，产生电荷，当材料发生转移时，电荷也随之发生转移。通过调控 PDMS 的硬度，可以控制在接触分离后 PDMS 表面的材料转移量。他们发现，当 PDMS 硬度高时，异裂键断裂少，材料转移量少，表面电荷转移的量也少；当 PDMS 硬度较低时，异裂键断裂多，材料转移的量多，电荷转移的也多。因此，材料转移对于接触起电具有重要贡献。

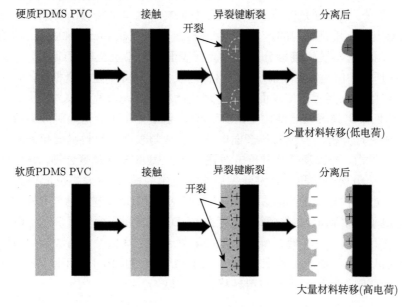

图 2.16   两种材料接触分离后材料转移和电荷转移同步进行的示意图

Šutka 等[53] 系统研究了多种聚合物的弹性模量与接触电荷密度之间的关系发现，接触电荷密度随着弹性模量的增大会急剧降低，进一步确认了共价键断裂及材料转移在聚合物之间的接触起电中扮演了重要角色。

转移材料的表面也会因前期摩擦使得转移的材料碎片表面带电，影响原有界面的摩擦起电性质。尽管其本质还是因为界面间的电子转移，但是考虑到材料转移给界面带来的破坏与重组，一般认为转移的材料在广义上也是一种界面摩擦起电的载流子。在材料的接触界面，材料的断裂与微量的转移与接触材料的模量有关。Baytekin 等[54] 的研究表明，聚四氟乙烯及聚氯乙烯等较软的材料会向较硬的聚苯乙烯表面转移，导致了接触起电过程中违反直觉的电荷极性反转现象，而乙酸纤维素、聚甲基丙烯酸甲酯、聚苯乙烯这些较硬材料之间的摩擦起电行为几乎不存在物质从一个接触表面转移到另一个接触表面，甚至在很长时间内也观察不到极性反转。当金属材料之间发生转移后，也发现材料的破损与转移会影响剪切界面的摩擦起电[55-57]。此外，Burgo 等[58] 也发现，材料的转移往往伴随着摩擦力的波动。如图 2.17(a) 所示，双极性的摩擦电流信号始终伴随着摩擦力信号的瞬时增加。其原理如图 2.17(b) 所示，电子从金属球的表面注入 PTFE 表面中，产生电流的负峰。剪切应力导致 PTFE 键断裂，形成自由基物质并触发机械化学反应，从而在聚四氟乙烯表面上积累电荷。

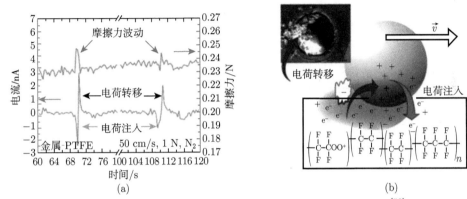

图 2.17　金属-PTFE 界面摩擦力与电荷转移情况及机理分析[58]

(a) 在金属-PTFE 的摩擦界面处的摩擦力波动和摩擦电流的产生的对比；(b) 机理示意图

2.4　其他理论

摩擦过程是复杂的界面过程，除了前面所讨论的摩擦起电，还伴随有摩擦生热、摩擦发光和摩擦化学反应等系列复杂的物理化学过程[59]。如果把克服摩擦力所做的功定义为摩擦能，那么摩擦能在摩擦的过程中将转化为热能、光能、电能和化学能等，分别对应于摩擦生热、摩擦发光、摩擦生电和摩擦化学等一些复杂的物理化学过程。摩擦生热过程最早为人类所熟知，摩擦生热过程实际上是摩擦副的温度同时升高的过程。摩擦发光是一种光学现象，是指某些固体材料受机械研磨、振动或应力时发光现象。摩擦发光的机理目前还不清楚，可能是由电荷的分离和复合引起的。摩擦化学反应是机械化学反应 (mechanochemical) 的一种，其机理是比较复杂的，机械化学是机械加工和化学反应在分子水平的结合。

除了直接对摩擦起电的机理进行研究，摩擦过程中伴随的其他物理过程同样会对摩擦起电产生显著影响，因此本节内容为当对摩材料具有压电效应、热电效应及发光效应时，摩擦过程中载流子是如何产生与转移这一问题进行详细探讨。摩擦化学过程中的电子作用，其机理较为复杂，且目前仍未有定论，本书不展开讨论。

2.4.1 压电效应

压电效应即为某些电介质在沿一定方向上受到外力的作用而变形时，其内部会产生极化现象，同时在它的两个相对表面上出现正负相反的电荷。当外力去掉后，它又会恢复到不带电的状态，这种现象称为正压电效应。当作用力的方向改变时，电荷的极性也随之改变。在摩擦过程中，相互接触的两个材料之间会产生一定的正压力，因此在接触过程中，如果一种介质材料或者两种材料均具有压电效应，就必须考虑压电效应在接触起电过程中的贡献。

常用的压电材料包括压电半导体、压电陶瓷及压电聚合物。2006 年，王中林教授首次探究了原子力针尖与压电半导体氧化锌纳米线之间的压电行为，并以之为基础构建了压电纳米发电机 [60]。氧化锌具有纤锌矿结构，是一种压电半导体，其内部锌离子与氧离子形成四面体配位，当氧化锌产生形变时，锌正离子与氧负离子产生相对位移，原本的中心对称型被破坏，从而使氧化锌整体产生极化现象，表现出压电特性。基于以上理论，该课题组采用生长在蓝宝石衬底上的规则整齐的氧化锌纳米线阵列为研究对象，制作纳米发电机。这种纳米线在测试方面有一个优势就是，衬底上的一端是固定的并且与一个固定电极相连，通过外围拨动头部一端便可使其弯曲发生形变。氧化锌压电纳米发电机工作原理如图 2.18 所示。原子力显微镜的尖端作为驱动电极在氧化锌纳米线的头部一端拨动，氧化锌纳米线头部一端受力变形，其一侧受压缩另一侧被拉伸，从而使纳米线拉伸和压缩的两个相对侧面分别产生正负电压势，这种正负电压势通过外接电路导线连接到负载上，便可驱动负载工作。该设计最终测得的电压输出虽然是微弱的 8mV，但是首次证明了纳米发电机的可行性，为之后的工作奠定了基础 [60]。

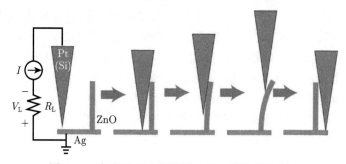

图 2.18   氧化锌压电纳米发电机工作原理示意图

2.4.2 热电效应

热电效应是指当受热物体中的电子（或空穴）随着温度梯度由高温区往低温区移动时，所产生电流或电荷堆积的一种现象，而摩擦生热也是一种常见的物理现象。当摩擦副材料中存在热电材料时，表面受热不均匀而产生温度梯度，同样会产生电荷的移动或堆积，因此必须考虑热电子在摩擦界面的贡献。

张弛团队选用 n 型硅与金属作为对摩材料，对摩擦生热引发的电子的产生及移动进行了详细探究 [61]。如图 2.19(a) 所示，当金属在半导体表面滑动时，摩擦循环次数越多，摩擦部分与未摩擦部分的温差就会越大，10 次循环后温差可以达到 1.2°C 左右，产生更大的短路电流和开路电压。采用能带理论对该现象产生的机理进行了详细的分析，如图 2.19(b) 所示。当金属和半导体接触时，由于功函差和表面电势差的存在，引起界面处半导体能带结构的变化，这在 2.1.1 小节中已经说明。当金属在半导体表面滑动时，摩擦产生的热量引起硅片摩擦区域温度升高，因此与硅片表面未摩擦区域产生一定的温差，在金属与半导体接触界面就会同时出现摩擦伏特效应和摩擦热电效应。对于摩擦伏特效应，金属与半导体界面上的电子和空间电荷区中的电子–空穴对会吸收摩擦能跃迁到更高的能级，并在内置电场的作用下定向分离，形成流向金属侧的电流。至于摩擦热电效应，由于表面的摩擦加热，半导体表面的载流子浓度高于内部。多数载流子会从高温区扩散到低温区，从而产生热电流。当摩擦停止的时候，材料内部的温度梯度不会立即消失，摩擦热电效应将持续一段时间，直到半导体中的温度变得均匀 [61]。

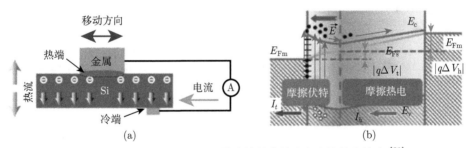

图 2.19　金属与半导体界面处的摩擦伏特效应与摩擦热电效应 [61]
(a) 实验设计示意图；(b) 能带理论分析示意图

2.4.3　摩擦发光效应

当两个物体发生摩擦时，在摩擦过程中电子转移所释放的能量可能以光子发射、等离子激发及声子激发等形式表现。光子激发可被用于研究相互摩擦的两种电介质之间表面态的转变过程。通常发射的光子能量在十几电子伏，当两种电介质接触时可能会产生紫外光、可见光、微波甚至太赫兹波的发射。上述提出的过程，如果可以作为光发射被观察到，则可以产生一种新的光谱学，用于研究界面处的电子跃迁，这些结果还有待实验验证。

摩擦起电产生的电子能量预计在几十到几百电子伏。通过在真空中剥离胶带时发射的电子轰击金属板，观察到能量集中在 15keV 左右的连续 X 射线 [62]。接触起电电荷产生的高电场，根据 AFM 研究 [13]，为 $10^5 \sim 10^6 \mathrm{V/m}$ 的高电压。由如此高的电压加速的自由释放电子可能会导致强烈的 X 射线辐射 [63]。目前，仍需要更多的研究来理解观察到的这种现象。

参 考 文 献

[1] LOWELL J, ROSE-INNES A C. Contact electrification[J]. Advances in Physics, 1980, 29(6): 947-1023.

[2] ELSDON R, MITCHELL F R G. Contact electrification of polymers[J]. Journal of Physics D: Applied Physics, 1976, 9(10): 1445-1460.

[3] LOWELL J. Contact electrification of metals[J]. Journal of Physics D: Applied Physics, 1975, 8(1): 53-63.

[4] HARPER W R. Contact electrification of semiconductors[J]. British Journal of Applied Physics, 1960, 11(8): 324-331.

[5] HAYS D. Contact electrification between mercury and polyethylene: Effect of surface oxidation[J]. The Journal of Chemical Physics, 61(4): 1455-1462.

[6] LI S, NIE J, SHI Y, et al. contributions of different functional groups to contact electrification of polymers[J]. Advanced Materials, 2020, 32(25): 2001307-1-2001307-10.

[7] NIE J, WANG Z, REN Z, et al. Power generation from the interaction of a liquid droplet and a liquid membrane[J]. Nature Communications, 2019, 10(1): 1-10.

[8] 吴宗汉. 基础静电学[M]. 北京: 北京大学出版社, 2010.

[9] CUNNINGHAM R G, MONTGOMERY D J. Studies in the static electrification of filaments[J]. Textile Research Journal, 1958, 28(12): 971-979.

[10] COTTRELL G A, REED C, ROSE-INNES A C. Static electrification[J]. Institute of Physics Conference Series, 1979, 48: 37-44.

[11] WANG Z L, WANG A C. On the origin of contact-electrification[J]. Materials Today, 2019, 30: 34-51.

[12] HENNIKER J. Triboelectricity in polymers[J]. Nature, 1962, 196(4853): 474.

[13] KNOBLAUCH O. Versuche über die Berührungselektrizität[J]. Zeitschrift für Physikalische Chemie, 1902, 39(1): 225-244.

[14] SHINBROT T, KOMATSU T S, ZHAO Q. Spontaneous tribocharging of similar materials[J]. Europhysics Letters, 2008, 83(2): 24004-1-24004-6.

[15] APODACA M M, WESSON P J, BISHOP K J M, et al. Contact Electrification between identical materials[J]. Angewandte Chemie International Edition, 2010, 49(5): 946-949.

[16] PHAM R, VIRNELSON R C, SANKARAN R M, et al. Contact charging between surfaces of identical insulating materials in asymmetric geometries[J]. Journal of Electrostatics, 2011, 69(5): 456-460.

[17] LOWELL J, TRUSCOTT W S. Triboelectrification of identical insulators. II. Theory and further experiments[J]. Journal of Physics D: Applied Physics, 1986, 19(7): 1281-1298.

[18] XU C, ZHANG B, WANG A C, et al. Contact-electrification between two identical materials: Curvature effect[J]. ACS Nano, 2019, 13(2): 2034-2041.

[19] MAKOV G, NITZAN A. Electronic properties of finite metallic systems[J]. Physical Review B, 1993, 47(4): 2301-2307.

[20] BAYTEKIN H T, PATASHINSKI A Z, BRANICKI M, et al. The mosaic of surface charge in contact electrification[J]. Science, 2011, 333(6040): 308-312.

[21] LIU J, GOSWAMI A, JIANG K, et al. Direct-current triboelectricity generation by a sliding Schottky nanocontact on MoS$_2$ multilayers[J]. Nat Nanotechnol, 2017, 13(2): 112-116.

[22] LIU J, MIAO M, JIANG K, et al. Sustained electron tunneling at unbiased metal-insulator-semiconductor triboelectric contacts[J]. Nano Energy, 2018, 48: 320-326.

[23] LIU J, LIU F, BAO R, et al. Scaled-up direct-current generation in MoS$_2$ multilayer-based moving heterojunctions[J]. ACS Applied Materials & Interfaces, 2019, 11(38): 35404-35409.

[24] ZHANG Z, JIANG D, ZHAO J, et al. Tribovoltaic effect on metal-semiconductor interface for direct-current low-impedance triboelectric nanogenerators[J]. Advanced Energy Materials, 2020, 10(9): 1903713-1-1903713-8.

[25] HUANG X, XIANG X, NIE J, et al. Microscale Schottky superlubric generator with high direct-current density and ultralong life[J]. Nature Communications, 2021, 12(1): 1-10.

[26] XU R, ZHANG Q, WANG J Y, et al. Direct current triboelectric cell by sliding an n-type semiconductor on a p-type semiconductor[J]. Nano Energy, 2019, 66: 104185-1-104185-7.

[27] LU Y, GAO Q, YU X, et al. Interfacial built in electric field driven direct current generator based on dynamic silicon homojunction[J]. Research, 2020, 2020: 1-9.

[28] LU Y, HAO Z, FENG S, et al. Direct-current generator based on dynamic pn junctions with the designed voltage output[J]. iScience, 2019, 22: 58-69.

[29] LIU J, JIANG K, NGUYEN L, et al. Interfacial friction-induced electronic excitation mechanism for tribo-tunneling current generation[J]. Materials Horizons, 2019, 6(5): 1020-1026.

[30] HARPER W R. Contact and Frictional Electrification[M]. Oxford: Oxford University Press, 1967.

[31] HARPER W R. The Volta effect as a cause of static electrification[J]. Proceedings of the Royal Society of London, 1951, 205(1080): 83-103.

[32] LIN S Q, XU L, CHI WANG A, et al. Quantifying electron-transfer in liquid-solid contact electrification and the formation of electric double-layer[J]. Nature Communications, 2020, 11(1): 1-8.

[33] 王中林, 陈鹏飞. 从物联网时代的高熵能源到迈向碳中和的蓝色大能源——接触起电的物理机理与摩擦纳米发电机的科学构架[J]. 物理, 2021, 50(10): 649-662.

[34] LIN S, CHEN X, WANG Z L. Contact electrification at the liquid-solid interface[J]. Chemical Reviews, 2022, 122(5): 5209-5232.

[35] LI S, ZHOU Y, ZI Y, et al. Excluding contact electrification in surface potential measurement using Kelvin probe force microscopy[J]. ACS Nano, 2016, 10(2): 2528-2535.

[36] LI D, XU C, LIAO Y, et al. Interface inter-atomic electron-transition induced photon emission in contact-electrification[J]. Science Advances, 2021, 7(39): eabj0349-1-eabj0349-8.

[37] LIN S, SHAO T. Bipolar charge transfer induced by water: Experimental and first-principles studies[J]. Physical Chemistry Chemical Physics, 2017, 19(43): 29418-29423.

[38] SHEN X, WANG A E, SANKARAN R M, et al. First-principles calculation of contact electrification and validation by experiment[J]. Journal of Electrostatics, 2016, 82: 11-16.

[39] XU C, ZI Y, WANG A C, et al. On the electron-transfer mechanism in the contact-electrification effect[J]. Advanced Materials, 2018, 30(15): 1706790-1-1706790-9.

[40] ZOU H, ZHANG Y, GUO L, et al. Quantifying the triboelectric series[J]. Nature Communications, 2019, 10(1): 1-9.

[41] ZOU H, GUO L, XUE H, et al. Quantifying and understanding the triboelectric series of inorganic non-metallic materials[J]. Nature Communications, 2020, 11(1): 1-7.

[42] OLDHAM K B. A Gouy-Chapman-Stern model of the double layer at a (metal)/(ionic liquid) interface[J]. Journal of Electroanalytical Chemistry, 2008, 613(2): 131-138.

[43] ZHANG L, LI X, ZHANG Y, et al. Regulation and influence factors of triboelectricity at the solid-liquid interface[J]. Nano Energy, 2020, 78: 105370-1-105370-9.

[44] KORNFELD M I. Frictional electrification[J]. Journal of Physics D: Applied Physics, 1976, 9(8): 1183-1192.

[45] WAGNER P E. Electrostatic charge separation at metal-insulator contacts[J]. Journal of Applied Physics, 1956, 27(11): 1300-1310.

[46] ROBINS E S, ROSE-INNES A C, LOWELL J. Static electrification[J]. Institute of Physics Conference Series, 1975, 27: 115-121.

[47] AWAKUNI Y, CALDERWOOD J H. Water vapour adsorption and surface conductivity in solids[J]. Journal of Physics D: Applied Physics, 1972, 5(5): 1038-1045.

[48] SUMNER A L, MENKE E J, DUBOWSKI Y, et al. The nature of water on surfaces of laboratory systems and implications for heterogeneous chemistry in the troposphere[J]. Physical Chemistry Chemical Physics, 2004, 6(3): 604-613.

[49] MCCARTY L S, WHITESIDES G M. Electrostatic charging due to separation of ions at interfaces: Contact electrification of ionic electrets[J]. Angewandte Chemie International Edition, 2008, 47(12): 2188-2207.

[50] ZHANG Y, PÄHTZ T, LIU Y, et al. Electric field and humidity trigger contact electrification[J]. Physical Review X, 2015, 5(1): 011002-1-011002-9.

[51] PENCE S, NOVOTNY V J, DIAZ A F. Effect of surface moisture on contact charge of polymers containing ions[J]. Langmuir, 1994, 10(2): 592-596.

[52] PANDEY R K, KAKEHASHI H, NAKANISHI H, et al. Correlating material transfer and charge transfer in contact electrification[J]. The Journal of Physical Chemistry C, 2018, 122(28): 16154-16160.

[53] ŠUTKA A, MĀLNIEKS K, LAPČINSKIS L, et al. The role of intermolecular forces in contact electrification on polymer surfaces and triboelectric nanogenerators[J]. Energy & Environmental Science, 2019, 12(8): 2417-2421.

[54] BAYTEKIN H T, BAYTEKIN B, INCORVATI J T, et al. Material transfer and polarity reversal in contact charging[J]. Angewandte Chemie International Edition, 2012, 51(20): 4843-4847.

[55] CHANG Y P, CHU H M, CHOU H M. Effects of mechanical properties on the tribo-electrification mechanisms of iron rubbing with carbon steels[J]. Wear, 2007, 262(1): 112-120.

[56] CHANG Y P, CHIOU Y C, LEE R T. Tribo-electrification mechanisms for dissimilar metal pairs in dry severe wear process: Part I. Effect of speed[J]. Wear, 2008, 264(11): 1085-1094.

[57] CHANG Y P. A novel method of using continuous tribo-electrification variations for monitoring the tribological properties between pure metal films[J]. Wear, 2007, 262(3-4): 411-423.

[58] BURGO T A L, ERDEMIR A. Bipolar tribocharging signal during friction force fluctuations at metal-insulator interfaces[J]. Angewandte Chemie International Edition, 2014, 126(45): 12297-12301.

[59] NAKAYAMA K, MARTIN J M. Tribochemical reactions at and in the vicinity of a sliding contact[J]. Wear, 2006, 261(3): 235-240.

[60] WANG Z L, SONG J. Piezoelectric nanogenerators based on zinc oxide nanowire arrays[J]. Science, 2006, 312(5771): 242-246.

[61] ZHANG Z, HE T, ZHAO J, et al. Tribo-thermoelectric and tribovoltaic coupling effect at metal-semiconductor interface[J]. Materials Today Physics, 2021, 16: 100295-1-100295-8.

[62] STÖCKER H, RÜHL M, HEINRICH A, et al. Generation of hard X-ray radiation using the triboelectric effect by peeling adhesive tape[J]. Journal of Electrostatics, 2013, 71(5): 905-909.

[63] CAMARA C G, ESCOBAR J V, HIRD J R, et al. Correlation between nanosecond X-ray flashes and stick-slip friction in peeling tape[J]. Nature, 2008, 455(7216): 1089-1092.

第 3 章　摩擦起电与表界面行为

3.1　表界面行为概述

摩擦起电一般发生在两个物体的接触界面上，机械作用使得两个表面原子接触，形成了一层具有一定厚度的界面。在微纳米系统或者微观尺度的材料接触中，界面的厚度一般为几个原子层的厚度，而在工程学中，界面厚度一般认为能够达到微米级甚至毫米级[1]。界面的形式是多种多样的，以形态来分，包括固–固界面、固–液界面、固–气界面、液–液界面、气–液界面等。在物体之间的接触区域内往往会发生表面变形、黏附、摩擦等行为，材料的表面性质以及接触时形成的界面性质对材料的摩擦起电影响巨大，因此必须考虑表界面行为及其性质对摩擦起电的影响。

提及表界面，必须要明确材料的表面 (surface)、界面 (interface) 与体相 (bulk) 性质存在着巨大的差别。诺贝尔奖得主 Pauli 曾说"上帝创造了固体，魔鬼发明了表面"，形象地说明了表面性质的复杂性。图 3.1 展示了材料的体相、表面和界面示意图。对于固体与固体的接触来说，表面粗糙程度和表面污染是两个关键的影响因素。从宏观上看，两个固体的表面似乎是完全接触的，但是事实上，两个固体表面并不是完全接触的。如果将接触界面放大之后，可以发现材料表面存在很多微观的粗糙峰，因此两个表面实际的接触面积因粗糙峰的间隔而大大减少。即使经过镜面抛光的金属材料表面仍然是凹凸不平的，存在着纳米尺度的粗糙峰，使得两个表面之间的实际接触面积远远小于其名义上的接触面积。对于金属而言，实际接触面积取决于载荷和金属的屈服压力，与表面粗糙度、表观面积关系不大。一般，用表面粗糙度来说明表面的粗糙程度，表面粗糙度越小，表面就越光滑。表面粗糙度是指分布于材料表面的具有较小间距和微小峰谷的不平度，通常采用轮廓算术平均偏差和微观不平度十点高度来评定。

轮廓算术平均偏差 (R_a) 又称平均粗糙度，是指在取样长度内，轮廓线上被测量的点（总个数为 n）与中心线之间距离 (z) 绝对值的算术平均值，计算公式：

$$R_a = \frac{1}{n} \sum_{i=1}^{n} |z_i| \tag{3.1}$$

微观不平度十点高度 (R_z) 是指在取样长度内，五个最大的轮廓高度 (P) 的

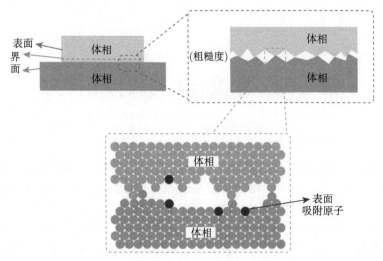

图 3.1   材料的体相、表面和界面示意图

平均值与五个最大的轮廓谷深 (V) 的平均值之和，计算公式：

$$R_{\mathrm{z}} = \frac{1}{5}\left(\sum_{i=1}^{n}|P_i| + \sum_{i=1}^{n}|V_i| \right) \tag{3.2}$$

除了用这两个参数表征粗糙度之外，有时还常会用轮廓最大高度 (R_{y})、根均方粗糙度 (R_{q}) 等表示。另外，两个粗糙的表面接触后会存在一定的间隙，间隙内的空气或其他介质也会对接触起电带来巨大影响。

如果将粗糙峰的接触界面再继续放大，就会发现表面还可能会存在一些纳米尺度上的粗糙峰，且表面或多或少地存在一些不同于体相的原子，这主要是源于表面吸附造成的污染效应。对于大气环境中的材料，一般很难消除表面吸附造成的污染。吸附是指由两相之间界面的吸引力而形成了不同于两相成分的物质层，即吸附层。对于固体而言，其表面是不饱和的，表面原子所受到的力是不均匀的，正是由于固体的表面自由能的存在，表面才可以吸附液体或气体分子。固体对气体或液体的吸附还可以分为物理吸附和化学吸附。物理吸附是指两个物体之间存在较弱的物理相互作用（包括范德华力），由于吸附能较低，物理吸附是一个可逆过程，在特定的温度条件下可以发生解吸。化学吸附则是一个不可逆过程，吸附剂和吸附物分子之间存在着较强的离子键或共价键作用。通常来说，固体表面吸附导致表面形成的气体分子或液体分子的吸附膜的厚度在 1Å 到几纳米。

黏附是两个固体相互接触时发生的一种常见的界面行为。表面力可以分为排斥力（"短程"力）和吸引力（"长程"力）。当两个表面距离很近时，由于分子间范德华力的作用，表面之间会发生黏附现象。范德华力是分子间的一种弱相互作用力,属于吸引力的一种,包括极性分子与极性分子之间的取向力、极性分子与非极性分子之间的诱导力以及非极性分子与非极性分子之间的色散力,它主要产生于分子或原子之间的静电相互作用。当分子中的电子发生运动时会产生瞬时偶极矩,使相邻的分子发生瞬时极化并增强分子之间的瞬时偶极矩,产生静电吸引作用,其作用能的大小一般只有每摩尔几千焦耳到几十千焦耳,比化学键的键能小一至两个数量级。材料表面的粗糙度越小,则两个表面接触黏附得越紧密。当对两个相互接触的材料施加适当的压力后,其表面的接触点会发生变形,进而增加其接触面积及黏附力,从而可能使两个材料黏合在一起。一般,材料的特征尺度越小,黏附力的作用就越突出。黏附几乎存在于任何界面中,某些界面表现得比较明显,如胶带、壁虎脚趾、爬山虎等的黏附行为等。

   另外,固体与固体表面之间的接触还要考虑表面的变形、材料裂纹的产生、材料的磨损和转移、界面的润滑等行为,这些行为都会影响界面摩擦起电的性质。

3.2 界面接触与摩擦起电

   图 3.2 展示了摩擦起电涉及的表界面行为,在摩擦学研究中,界面间的接触、黏附、摩擦、磨损、润滑等均是值得关注的基本科学问题,而摩擦起电与这些复杂的界面行为彼此互相影响。本节将从界面接触状态、黏附状态、摩擦磨损状态及润滑状态四个方面介绍在摩擦学中界面接触与摩擦起电之间的联系。下面首先介绍界面接触与摩擦起电之间的联系。

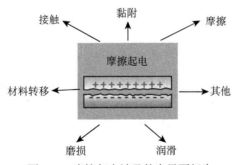

图 3.2 摩擦起电涉及的表界面行为

3.2.1 界面接触的几个模型

   当两个固体相互接触时,从宏观上观察,可能存在面接触、线接触、点接触等多种接触状态。当两个表面接触时,实际上是两个表面上微凸体之间的接触。当载荷比较小时,微凸体顶部仅发生弹性变形,随着载荷的增加,超过材料的弹性变形极限，则会发生塑性变形，直到实际接触面积增大到足以承受所加载荷为止。一般，对于物体的接触理论有赫兹接触理论、DMT 理论和 JKR 理论等。

1. 赫兹接触理论

赫兹 (Hertz) 通过玻璃透镜研究了两个相互接触的物体在力的作用下发生的弹性变形。赫兹的基本假设包括：

（1）接触变形为小应变，远远小于物体本身的尺寸；

（2）相互接触的物体可以被看成半空间弹性体；

（3）表面没有摩擦。

两个任意形状物体的接触可以简化为在接触点处的两个主曲率半径的椭球体相互接触。根据赫兹接触理论，接触区域的半径 a 和弹性模量的关系如下所示：

$$a^3 = \frac{RW}{K} \tag{3.3}$$

$$\frac{1}{R} = \frac{1}{R_1} + \frac{1}{R_2} \tag{3.4}$$

$$\frac{1}{K} = \frac{3}{4}\left(\frac{1-\nu_1^2}{E_1} + \frac{1-\nu_2^2}{E_2}\right) \tag{3.5}$$

式中，R 为当量曲率半径；R_1 和 R_2 分别为两个球体的半径；W 为载荷；K 为等效弹性模量；E_1 和 E_2 分别为两个接触物体的弹性模量；ν_1 和 ν_2 分别为两接触球体材料的泊松比。

2. DMT 理论

传统的赫兹接触理论没有考虑到两个接触物体之间表面力的作用。实际上，观测到的接触面积往往大于采用赫兹接触理论计算的结果，这是因为两个物体之间存在表面吸引力。Derjaguin-Muller-Toporov(DMT) 理论根据两刚性球之间黏附力的 Bradley 理论，对赫兹接触理论进行了修正：

$$a^3 = \frac{(W + 2\pi R\Delta\gamma)R}{K} \tag{3.6}$$

式中，a 为接触区域的半径；K 为等效弹性模量；R 为当量曲率半径；W 为载荷；$\Delta\gamma$ 为黏附功。在这个模型中，黏附力的大小等于黏附功，使两个表面分离的力即为 $2\pi R\Delta\gamma$。

3. JKR 理论

Johnson-Kendall-Roberts(JKR) 理论考虑到表面能的作用，对赫兹接触理论进行了修正，以此研究了黏附力对接触性质的影响，修正后的赫兹接触理论为

$$a^3 = \frac{\left[W + 3\pi R\Delta\gamma + \sqrt{6\pi R W \Delta\gamma + (3\pi R\Delta\gamma)^2}\right] R}{K} \tag{3.7}$$

上述内容简单地介绍了几个固体材料的界面接触模型，可以得到以下几个基本结论：

（1）表面通常具有一定的粗糙度，导致固体与固体的界面接触是不充分的。

（2）材料在接触时会发生变形，从而导致接触面积发生变化。

（3）固–固界面的接触存在黏附力，影响界面起电。

3.2.2　界面接触对摩擦起电的影响

1. 曲率的影响

相互接触的两个表面的曲率不同会影响其接触起电行为[2]。在理想状态下，如果不考虑表面微观结构，当两个相同材料的平面相互接触时，其电子的能量状态相同，因此不会发生电子转移。然而，表面弯曲时会导致材料的表面能发生变化，凸面的表面能会下降到一个较低的水平，而凹面的表面能会略微上升。当凹凸表面接触时，电子就会从高能态的凹面转移到低能态的凸面中，最终使凸面带负电而凹面带正电。粉末的接触起电也表现出了类似结果，即曲率较大的小颗粒倾向于带负电，而曲率较小的大颗粒倾向于带正电[3-6]，这也与颗粒表面的表面态密度、粗糙度、碰撞频率和接触方式等因素密切相关[7-12]。

2. 接触应力的影响

接触起电与表面间的接触应力之间存在紧密关系。Sow 等[13]利用膨胀的气球与松弛的气球分别与聚四氟乙烯进行摩擦，结果发现，两种情况下气球表面的电荷极性相反。Zhang 等[14]研究了载荷、接触面积及接触应力对钢与聚四氟乙烯界面接触起电的影响，认为接触应力是决定接触起电性质的关键因素，电荷密度随接触应力线性减小，并且利用聚合物的变形对此进行了解释。根据聚合物接触起电的表面态理论，聚合物的表面态主要由分子链末端碳原子的悬挂键组成，电荷的转移主要发生在聚合物的表面，其电荷密度由表面态密度决定[15-17]。正常情况下，聚合物的表面原子存在表面态，但是在压力的作用下，聚合物链端发生了卷曲收缩，原本在表面的悬挂键进入体相中，导致其起电能力发生变化。

3. 同种材料的接触起电

摩擦起电的本质是接触起电。摩擦起电可以看作是微观上表面相互接触分离过程的宏观体现，即使没有横向剪切作用，在界面也会发生接触起电行为。在此讨论的界面接触起电尽量避免了界面横向的摩擦作用，只考虑法向的接触 [18,19]。界面间的接触起电与其实际的接触状态之间关系非常密切，接触应力、粗糙度、实际接触面积都会影响界面的接触起电行为 [13,14,20,21]。与摩擦起电类似，对于接触起电而言，同种材料之间也会发生电荷转移，即同种材料的接触起电。

当两个性质相同的平面相互接触时，如果认为表面是没有缺陷的，则其接触并分离后不会产生电荷，因为其表面电子的能量状态是一致的。实际中，由于材料表面不可避免地会存在缺陷，控制表面接触或分离的过程很难达到完美的对称性接触–分离，当其分离后，也会表现为一个带正电的净电荷的表面和一个带负电的净电荷的表面。每一个接触的表面在分离后呈现出正负电荷的随机镶嵌，形成类似 "马赛克" 的电势图案 [19]。如果将表面分成若干个小的矩形表面，每一组既可以作为电子的供体，也可以作为电子的受体。因此，在两个表面相互接触时，一个表面的电子供体可以向另一个表面转移电子形成正电荷的区域，而电子受体可以接受电荷成为负电荷的区域，其结果呈现出正负电荷互相镶嵌的静电图案 [22]。

3.3　界面黏附与剥离起电

3.3.1　黏附行为

从广义上讲，黏附可以理解为将物体结合在一起，如利用混凝土将砖块粘在一起等。人们在日常生活会感觉某种物体发 "黏"，如泡泡糖、牛皮糖、未揉开的面、泥巴等，可以说黏附存在于生活中的方方面面。如果把物体的尺寸缩小至纳米尺度时，由于表面间的范德华力，两个表面会彼此吸引甚至吸附在一起，导致材料的磨损加剧，这已成为微纳米系统面临的主要的问题之一。一般将同种材料的结合称为 "内聚"，将异种材料的结合称为 "黏附"。

在自然界和生产生活中都存在着大量界面的黏附和剥离行为，如图 3.3 所示，这些黏附和剥离行为为仿生学的设计提供了灵感并且被广泛利用。壁虎黏附行为的相互作用力可被归结为多尺度的范德华力相互作用。金苔鱼和八爪鱼的黏附行为主要是吸盘引起的负压作用所致。爬山虎通过吸盘吸附在垂直的墙面上，并且释放出化学物质，发生黏附。蜗牛通过释放出黏液，使其能够在粗糙表面上适形接触，并在干燥后发生模量变化，与表面之间产生强烈的附着力。对于生活中常用的胶带和创口贴等压敏胶而言，其胶带基底上存在黏附胶且含有挥发性溶剂，与表面接触后，通过分子间作用力、低模量接触界面良好的接触以及溶剂挥发导致的增强机械互锁三者的作用，产生了强界面黏附。脱衣行为实际上是一种剥离行为，在脱衣时克服了静电导致的引力，产生了巨大的电场，在黑暗的环境中甚至可以看到脱衣产生的静电电火花，并听到"噼里啪啦"的放电声音。另外，纸张之间也存在静电作用和分子间作用力，如翻书时也会产生一定的黏附力。

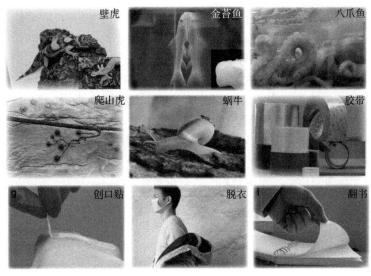

图 3.3　几种常见的与界面黏附和剥离行为有关的实例[42]

黏附是接触界面的一个重要行为，界面的范德华力、静电力、毛细作用、分子扩散、机械互锁等都会影响界面黏附[23,24]。尤其是随着材料的尺寸向微纳米尺度发展，黏附力在界面的作用更加明显[25-28]。当把两个黏合在一起的表面分离或者将一个晶体解理时会产生强烈的放电现象[29-31]，其中最经典的是 Obreimoff 关于白云母片黏附/剥离的研究，在剥离白云母片时肉眼可以发现微弱的放电现象[32]。另外，Obreimoff 还初次将黏附/剥离的过程分为了接触突跳、黏附平衡、接触跳离三个阶段，提出了黏附的实质为电磁作用[33]。当两个表面相互接近时，随着距离减小，在靠近表面时会出现突然的力值变化，即为接触突跳过程（两个表面忽然被吸引在一起），随后进入黏附稳定的平衡阶段。当两个表面距离增大时，首先表现出界面之间的黏附力增大的行为，随后从表面突然跳离（接触跳离）[34]。

当两个表面相互接触时，界面之间会不可避免地发生黏附行为。界面的黏附行为是宏观机械结构的互锁、微观尺度下分子链的互锁和缠结、原子尺度上的分子间作用力等因素综合表现的结果[24,35]。材料的尺寸越小，黏附力的作用也会表现得越明显[36]。对于非黏附的接触界面来说，一般认为没有能量耗散区域。对于存在宏观尺度黏附现象的接触界面来说，其接触后由于界面分子间相互作用力、界面分子链之间的物理缠结和弛豫现象而存在能量耗散区域。从法向拉脱时，在整个黏附界面的近界面区会形成能量耗散区，从而获得较大的黏附力。当黏附层被从界面剥离时，在能量耗散区域内会发生分子链的形变、滑移及弛豫等行为，将界面黏附能耗散，从而产生较大的黏附力。如果以较大速度进行剥离时，界面的分子链来不及发生蠕变或者弛豫，使得在微观上表现出从界面"跳离接触"的状态。

3.3.2　剥离起电的影响因素

虽然黏附界面的起电属于摩擦起电或者接触起电的一种表现形式，但是由于其界面的分离方式通常是把一种表面从另外一个表面"剥离"(peel off) 或者直接"拉脱"(pull off)，与常规的接触起电或摩擦起电存在明显区别，且一般需要输入较大的机械能才能迫使表面分离。因此，虽然其本质仍然是"接触起电"，但是为了便于理解，在此仅采用"剥离起电"这一说法。

作为一种电磁现象，黏附行为也会影响界面之间的摩擦起电。Persson 等[37] 通过理论计算确定了黏附对于表面之间接触起电的贡献。Lapčinskis 等[38] 发现，可以通过增强界面的黏附来增加界面接触起电的电荷密度。Zhang 等[39] 利用胶带在 FEP 薄膜表面进行剥离的方法增大了表面电荷密度，从而增大了界面的摩擦起电。当材料表面的微结构减小到微纳米尺寸时，范德华力和静电力等黏附力占主导地位。Yang 等[40] 建立了几种微纳米织构以及黏附力对接触和分离起电影响的综合模型，为织构的选择和设计提供了理论指导。另外，表面电荷的存在也会影响界面之间的黏附力[15,26,41]，体现了黏附力与接触起电之间双向影响的关系。总之，目前对于界面黏附和剥离起电的研究还尚不完善，需要对界面的黏附和剥离起电进行更系统地研究。

在此，利用黏附力测试仪探究了不同条件对黏附界面起电的影响[42]。界面黏附测试示意如图 3.4(a) 所示。两个表面接触前的状态 (preload) 如图 3.4(a)(i) 所示。当两个界面在机械力作用下接触 [图 3.4(a)(ii)]，界面发生电子转移，此时由于接触界面是同一个平面，整体的净电荷为零。当黏附的接触界面开始分离时 [图 3.4(a)(iii)]，剥离带电的表面由于黏附力作用会发生变形，同时产生一个正的电流信号。当变形的界面拉伸到某一个高度时，由于分子的变形达到极限，界面突然跳离断开 [图 3.4(a)(iv)]。如图 3.4(b) 所示，通过样品下部相机拍摄的图片清晰地展示出了界面接触前、接触中、分离时的面积对比。

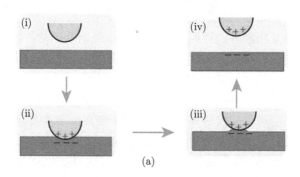

(a)

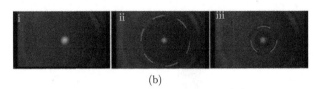

(b)

图 3.4　界面黏附测试示意图 [42]

(a) 界面黏附和剥离起电的基本原理；(b) 界面接触前、接触中、分离时的面积对比

1. 材料软硬程度的影响

以不同质量混合比例的 PDMS 为例，展示了其在 1N 载荷和 3mm/s 分离速度下的黏附力。不同的混合比例调节了固化后 PDMS 的模量，混合比例越高，PDMS 模量越低。低模量的 PDMS 较软，能够与基底形成良好接触从而产生较大黏附力。随着固化剂混合比例的减小，测试曲线加载过程逐渐平缓，表明模量下降，其卸载过程黏附力呈现出逐渐增大的趋势。在混合比例为 5:1 时其黏附力约为 8mN，混合比例为 10:1 时的黏附力增加了一倍，约为 16mN。当混合比例达到 20:1 时，其黏附力约为 20mN。混合比例在 50:1 时的黏附力最大，约为 150mN。通过测试，可以测得材料在不同软硬程度下的黏附力。

图 3.5(a) 为改变混合比例时 PDMS 的黏附力。由于 PDMS 的模量随着固化剂的减少（PDMS 交联程度下降）而逐渐减小，也就是更软的 PDMS 使得钢球与 PDMS 接触界面的真实接触面积增大，从而导致了整体的黏附能量耗散区域增加，黏附力也变大。另外，对于同一交联度的 PDMS 来说，在 3mm/s 的剥离速度下的黏附力均大于在 0.1mm/s 剥离速度下的黏附力。这是因为 PDMS 为高分子材料，其黏弹性与作用在其表面外力的响应时间之间的关系非常密切。在快速剥离的模式下，黏合在钢球表面的分子链在较短的时间内来不及蠕变与弛豫，能量耗散区基本不变，因此剥离时呈现出较大的黏附力。在较小的剥离速度下（0.1mm/s），黏合在钢球表面的分子链可以通过滑移、变形等蠕变或弛豫行为提前消耗掉一大部分黏附能，导致其从黏附对偶提前脱离，能量耗散区域减小，降低了其分离时的黏附力。如图 3.5(b) 所示，随着混合比例的增大，界面剥离时电流信号呈现出递增的规律，这也是接触面积增大、能量耗散区域增加导致的。由于接触区域的面积增大，在接触时，机械作用使更大面积的接触界面内的电子云重叠，引起电子转移，当剥离时便产生了更大的电流信号。

图 3.6 展示了不同混合比例的 PDMS 在剥离速度为 0.1mm/s 时接触面积的对比。在加载前，钢球与 PDMS 没有接触，通过相机拍摄的照片中仅存在一个钢球投射的光斑。当钢球接触到 PDMS 时，在 PDMS 表面可以观测到明显的由接触导致的黑斑。随着混合比例增大，PDMS 与钢球在接触时最大面积呈现出依次增大的趋势。通过接触面积的变化可以直观地观测到不同模量 PDMS 在压缩时

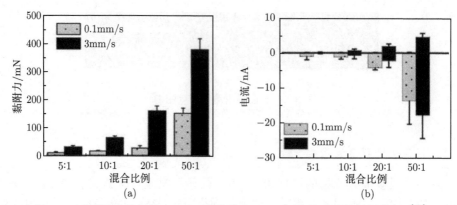

图 3.5   改变混合比例时 PDMS 的黏附力 (a) 及对应的电流信号幅值 (b)[42]

的接触面积。另外，在剥离时 PDMS 与钢球黏合的面积也呈现出依次增加的变化趋势。在 3mm/s 的剥离速度时，加载前、加载中、卸载时的接触面积同样呈现出依次增加的趋势，在此不再展开描述。

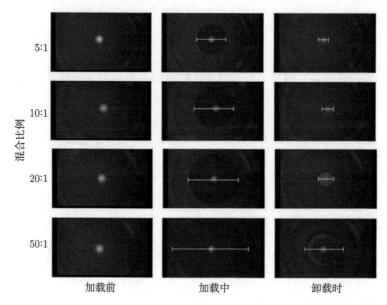

图 3.6   不同混合比例的 PDMS 在剥离速度为 0.1mm/s 时接触面积的对比 [42]

2. 剥离速度的影响

高的剥离速度对应高的黏附力并有利于界面剥离起电的发生。如图 3.7(a) 所示，随着界面的剥离速度从 0.1mm/s 增大到 3mm/s，黏附界面剥离时产生的黏附力从 116mN 增加到 380mN。对于 PDMS 来说，其表面存在大量可与钢球表面黏附的高分子链，高分子链的长链特征使其表现出明显的高分子材料的黏弹性，并与时间紧密相关。在高分子物理中，与黏弹性相关的经典麦克斯韦模型和开尔文模型对应的高分子链的弛豫及蠕变均反映了高分子长链对时间的强烈依赖性。剥离过程中高分子链发生了明显的形变，因此应该着重考虑分子链的弛豫行为。随着剥离速度增加，外力作用在界面的高分子链的时间缩短，与钢球表面黏合的分子链在较短的剥离时间内来不及蠕变和弛豫，界面剥离时黏合在表面的分子链增加，界面受到的分子链黏合表面的整体合力变大，即黏附力增大。如图 3.7(b) 所示，随着剥离速度增大，其剥离起电的电流幅值逐渐变大，反映了界面的黏附和剥离与摩擦起电之间正相关性。

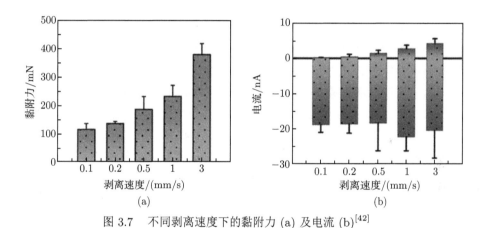

图 3.7　不同剥离速度下的黏附力 (a) 及电流 (b)[42]

3. 不同预加载

如图 3.8(a) 所示，随着预加载的增大，钢球和 PDMS 界面的黏附力呈现出逐渐增大的趋势。在不同的预加载下，快速剥离时的黏附力总是大于慢速剥离时的黏附力。其原因与上面类似，剥离速度大时，黏合的界面微观上高分子链在较短时间内来不及做出滑移、变形的蠕变与弛豫行为，分子链不会提前与黏附对偶脱离，能量耗散区域基本不减小，从而使整个界面被拉脱，在黏弹性的开尔文模型中表现为弹簧模型和黏壶模型的共同贡献，导致界面的黏附力大于低速剥离的情况。如图 3.8(b) 所示，剥离时产生的电流信号随着预加载的增大也逐渐增大，这与其在接触时的真实面积增大有关。

总之，从上述对黏附力及与剥离起电的关系可以得知，无论是对于不同混合比例的 PDMS，还是对于在不同预加载下的剥离而言，通过界面的快速分离均有利于增大界面剥离起电的幅值。剥离速度不同会造成界面行为变化的不同。为了更直观地描

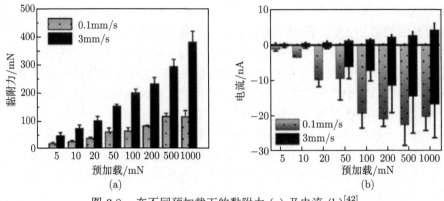

图 3.8   在不同预加载下的黏附力 (a) 及电流 (b)[42]

述不同剥离速度下的界面行为的差异性, 可以通过剥离胶带的实例进一步说明。

在生活中使用胶带时, 可以发现快速剥离胶带时, 胶带往往是透明的, 而当以极慢的速度剥离时, 胶带往往是不透明的, 这种现象可以表明, 分子链的蠕变行为与剥离速度密切相关。当胶带从表面剥离时, 界面处分子链的滑移和变形会耗散输入的机械能, 从而表现出巨大的黏附力。但是, 剥离速度不同会导致界面分离时的黏附行为不同。很明显, 快速剥离胶带时会产生更大的黏附力, 这是因为需要输入更多的机械功来克服界面的黏合。当胶带被缓慢剥离时, 胶带表面聚合物链的滑动和蠕变等行为耗散了输入的机械功, 并且使胶带表面出现很多变形导致的孔洞, 改变了原来的透光率。快速剥离胶带时, 由于界面弹性撕裂, 声音变大, 胶面分子链蠕变弱, 透光率不受影响。此外, 当剥离速度快时, 胶带会突然从表面跳出并断断续续地快速剥离。由于剥离过程中发生的"黏滑"不稳定的剥离行为, 胶带会迅速振动并产生刺耳的声音[43,44]。当胶带缓慢剥离时, 剥离后表面形成许多不平整的空洞, 证明胶黏剂分子链存在滑移和蠕变行为。在快速剥离后, 剥离后的胶带表面则比较光滑。

4. 表面结构的连续性

表面结构的连续性也会影响剥离时的起电性能。将带有背电极的黏附胶带贴合在栅格电极上, 胶带在剥离时就会在每个栅格边缘处突然跳离原始的黏附表面, 这样就会在整个分离过程中产生多个突跳的行为。这种宏观的接触-突跳的剥离方式与 Obreimoff 发现的云母片剥离时产生的接触-突跳行为具有类似的模式。当两个界面接触时, 界面处由于电子云重叠发生了电子转移。黏附胶与接触表面之间的范德华力使得两个界面紧密地贴合。当界面分离时, 由于两个带相反电荷的表面分离, 在其背后的电极会感应出电荷, 与零电势大地之间的电势差就会驱动电子在外电路流动。从界面能量转化来考虑, 机械能一部分会通过界面分子链的变形、滑移等消耗掉，另一部分会转化为静电势能。当黏附胶带在普通平面上剥离时，会产生较大的能量耗散区域，在这个区域内的胶黏剂分子链会发生滑移、拉伸等蠕变和弛豫行为。当基底存在间隔时，就会减小能量耗散的实际作用区域面积，使界面在凸起的边缘处能够快速剥离。这样，通过栅格结构的设计就实现了界面突然跳离的可控脱黏，利用这种结构辅助的快速脱黏的设计就可以实现黏附界面快速剥离的电信号收集。

从以上分析中得出了黏附力与剥离起电的定性关系，即分子链的弛豫耗散越小（剥离速度快）、实际接触面积（能量耗散区域）越大，剥离起电的幅值越大。据此可以设计一种通过机械作用及分割能量耗散区域的方法使界面快速分离。图 3.9 展示了不同胶带分别在平面电极和栅格电极上剥离时的电流信号对比。通过万能材料试验机的剥离夹具对剥离起电行为进行测试，对比了 PDMS 胶带、双向拉伸聚丙烯 (biaxial oriented polypropylene, BOPP) 胶带、特氟龙胶带、3M 胶带四种不同的黏附胶带分别在平面电极和栅格电极上剥离起电的电流信号。在栅格电极上几种胶带的剥离起电流信号均存在显著增强。这是因为在栅格电极边缘处的突跳现象明显。换言之，在边缘处的分子链的弛豫区域比较小。另外，根据接触起电的表面态理论，剥离时的高分子链段弛豫程度越小，其起电密度也越高 [14]。剥离间距的大小对黏附和剥离行为以及剥离起电行为都会造成影响。随着栅格电极间距的减小，在剥离时产生的黏附力会逐渐减小，其波动幅值呈现出逐渐变缓的趋势，这与胶带剥离时的黏–滑现象可能有关 [45]。当间距足够长时，栅格电极额外的跳离行为部分取代了平面的缓慢剥离行为。随着电极间距的缩短，剥离起电的电流峰值与其黏附力均呈现出逐渐变小的趋势。这是因为随着电极间距的减小，栅格的跳离过程太过于频繁，从而导致整体无法良好地耗散输入的机械能，使整体输入能量减小，黏附力减小。同时，由于整体输入能量的减小，收集到的电流信号也相应降低。平面电极虽然拥有较大的黏附力，但是收集的电流信号却很低，这主要是因为输入的机械能大部分被界面高分子蠕变和弛豫消耗了。

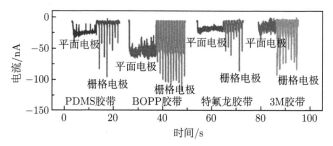

图 3.9　不同胶带分别在平面电极和栅格电极上剥离时的电流信号对比 [42]

5. 剥离角度的影响

剥离角度对界面的黏附力和剥离起电也存在重要影响。为了实验操作的方便性，采用了 45°、90°、135° 三个角度进行测试。如图 3.10 所示，随着剥离角度的减小，其剥离起电的电流信号逐渐增大。这是因为剥离角度越小，越需要输入较大的机械功将两个表面分开，界面分开时更趋向于被 "拉脱" 的状态，两个表面之间会被突然分离，胶带黏附界面的分子链弛豫行为较弱，界面之间分子链与表面之间的黏附作用更强，高速度的剥离使黏界面与表面相互作用的分子链来不及蠕变而直接从界面拉脱，因此呈现出较高的黏附力，同时剥离起电的电流信号逐渐增大，这是界面的黏附能的增大引起的。在较大的剥离角度时，胶带胶黏剂的分子链可以较充分地弛豫，导致界面耗散处高分子链提前脱离，因此与界面分离时的黏附力比较小，与之对应的剥离起电的电流也随之减小。

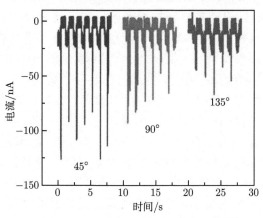

图 3.10   不同剥离角度下的电流信号 [42]

根据以上内容，可以了解到界面的黏附对剥离起电影响至深。在未来研究中，利用更加微观的手段研究黏附力与界面起电、界面起电与界面性质之间的内在关系，将有助于促进摩擦起电机理的完善，同时有助于摩擦本质的探究。

3.4   界面的摩擦、磨损及其对摩擦起电的影响

摩擦无处不在，有摩擦力人才能行走，车辆才会奔驰在马路上，否则会寸步难行。有时需要增大摩擦，如冰雪路面的防滑设计、运动员特制的跑鞋；有时则需要减小摩擦，如机械装备中的某些重要零件往往会因摩擦、磨损失效而造成损坏，为克服摩擦损耗的功也会造成浪费。在某些低磨损情况下，因摩擦导致的过度发热使摩擦副材料破坏及润滑剂变质，限制了机械装备的工作能力和服役寿命。有

时需要利用磨损（主要是生产性磨损），如刮胡子、钻孔等传统的减材制造方法大部分都是利用磨损进行的；有时则需要减小磨损，如通过添加润滑油、润滑脂或者使用固体润滑材料的方法达到减小磨损的目的。目前，摩擦学已经成为一门独立的学科，主要研究相对运动或有相对运动趋势的相互作用表面间的摩擦、润滑和磨损，以及三者间相互关系的基础理论和技术。

在摩擦过程中，宏观上一般认为是外部的机械力做功使得两个界面的接点断开发生剪切。以金属的摩擦为例，金属与金属之间的接触存在比较大的黏附力，金属的洁净表面之间甚至可能会出现冷焊的现象。硬质材料一般会在软质材料的表面犁出沟槽，即犁沟效应。两个金属摩擦副之间的摩擦力可以直观地理解为剪断粗糙峰之间的接点所需要的力加上硬质表面在软质表面犁出沟槽所需要的力。在很多无润滑的条件下，犁沟效应相对较小，可以忽略不计，因此摩擦力基本上是剪断粗糙峰接点的力。如果实际接触面积为 A，剪断金属间单位面积的接点所需要的力为 S，那么摩擦力 $F=AS$。因此，假如界面的 S 为常量，那么摩擦力将会和载荷成正比，和物体大小无关。另外，云母片这种属于原子级别光滑，摩擦特性完全不遵循阿蒙顿定律。接点强度 S 和表面的洁净度关系很大，摩擦力实际上是实际接触区生成的接点的抗剪强度，而黏附力是抗拉强度，摩擦力一般与黏附力成正比。摩擦可以分为静摩擦和动摩擦。一般，静止时间越长，接点的接触面积会因为蠕变增大（聚合物更加明显），同时静止还会导致原子扩散加大，使剪切接点更加牢固。许多例子表明，如果静摩擦大于动摩擦，就会出现"黏-滑"式的摩擦。

3.4.1 摩擦起电与摩擦学

摩擦在日常生活和工业生产中随处可见。对于发达的工业化国家来说，摩擦造成的损失占其生产总值的 5%～7%。润滑则是降低摩擦和减少磨损的最有效的措施之一。传统摩擦学所涉及的常用润滑材料，根据形态可分为液体润滑剂、固体润滑剂和半固体润滑油脂。随着纳米科技的迅速发展，微纳摩擦学引起了科研人员的重视，这对从微观尺度揭示摩擦起源问题起到了一定的推动作用。此外，摩擦还是一个较为复杂的过程，伴随有摩擦生热、摩擦发光、摩擦生电和摩擦化学等复杂的物理化学过程。

在摩擦过程中界面的摩擦起电过程更为复杂。作为一门交叉学科，摩擦学与机械力学、物理学、化学、材料学等学科关联十分密切，摩擦过程不仅包括了界面接触、界面黏附行为，还与摩擦过程中的犁耕作用、材料的剥落转移、转移膜的形成、摩擦发光、摩擦化学等过程或行为密切相关，这导致了界面的摩擦起电更为复杂。

在微观摩擦和宏观摩擦过程中均有研究表明，摩擦系数与界面的摩擦起电之间存在正相关性[46,47]，通过人为地消除材料表面的静电可以减小材料的摩擦系

数 [48]。这从侧面也证明了摩擦起电与界面摩擦过程中的能量耗散可能有关 [49]。当摩擦条件改变时，界面的摩擦起电行为也会随之改变 [50-52]。Kumar 等 [50] 研究了聚乙烯与聚丙烯之间的摩擦起电行为，聚合物的表面电势与滑动速度、法向压力呈正相关性。

在实际摩擦过程中，两个界面的相对运动并非总是对称的，表现出来的摩擦学行为也往往是非对称的，如将一个表面保持固定而另一个表面运动的摩擦行为即为非对称摩擦的一种形式。轴承、齿轮等机械部件的摩擦行为根据其摩擦副形状的不同、材料性质不同等导致了非对称摩擦行为，这在工程应用中极为普遍。例如，将两个性质相同的橡胶棒相互摩擦，其中一个橡胶棒保持固定，另一个橡胶棒在其表面摩擦，两个橡胶棒的表面电荷会随着摩擦过程表现出复杂的带电行为 [53]。这说明摩擦方式的改变导致的表面变化会在很大程度上影响界面的摩擦起电。类似的冰与冰表面的摩擦也有类似的效果，两个冰块进行了非对称的摩擦，导致被摩擦的冰块的摩擦功更集中，而摩擦的冰块因其面积较大分散了摩擦功，最终使摩擦后两个冰块分别带有相反的电荷 [54]。

当材料发生转移时会在摩擦对偶表面形成转移膜，影响界面的摩擦和磨损 [55]。界面的磨损及材料转移对摩擦起电的发生有重要影响 [56-61]。Burgo 等 [57] 发现了在金属与绝缘体摩擦时的双极性摩擦电流信号，确立了电流信号与材料转移的关系。界面有润滑油存在时，其摩擦起电的行为会因润滑油减小了界面的微结构之间的击穿而使界面的摩擦起电变得更加稳定 [62]。

3.4.2　摩擦运动条件对摩擦起电的影响

摩擦起电发生在不同的场景中，其摩擦运动条件存在差异。严格来说，摩擦和摩擦起电不存在绝对的正相关关系，摩擦力越大，摩擦起电不一定就越大。这是因为影响摩擦的因素有很多，材料的性质和接触状态、摩擦运动条件、润滑介质等都会影响摩擦。有的材料摩擦力很小，但是摩擦起电能力却很强；而有的材料摩擦力很大，但是摩擦起电能力却很弱。虽然摩擦起电与摩擦之间没有绝对的正相关性，但是对于同一种材料来说，其摩擦电与其所处的摩擦运动条件之间具有较强的联系，因此有必要探究摩擦起电的运动条件对摩擦起电的影响规律。在此，主要探究和总结摩擦载荷、摩擦速度（旋转转速或往复运动频率）、接触状态等对摩擦起电的影响规律。

1. 摩擦载荷

在接触力学和摩擦学中，载荷的变化主要反映在接触面积的变化。施加载荷时，首先会引起材料的弹性形变，一旦除去外加载荷，材料的变形就会恢复原状，这种情况下一般可以根据赫兹接触理论模型来计算其理论的接触面积（需要知道材料的弹性模量和泊松比）。当超过材料的弹性形变极限时，即材料发生塑性形变，除去外加载荷后材料的变形也不会完全恢复原状。金属、高分子材料等都具有弹性变形和塑性变形的能力。另外，考虑到时间尺度的影响，材料还会发生蠕变或者应力松弛，此时黏性的影响需要加以考虑。值得一提的是，尽管大部分材料存在黏性和弹性，但是在高分子材料中这些性能对外力作用的时间具有非常显著的响应，因此尤其被重视，黏性和弹性被看作高分子材料的最重要的特性之一。

总体来说，如果不考虑材料变形类型，载荷的升高一般会导致两个摩擦副的结合更紧密，使摩擦副之间的间隙减小，从而改善界面接触，促使接触面积增大，导致界面发生摩擦起电的位点增多，从而增强界面摩擦起电能力。此外，法向载荷的增加会导致更大的接触压力或更高的摩擦能量，从而使摩擦系数提高，电流信号变大。

2. 摩擦速度

摩擦速度对摩擦及摩擦起电也存在重要影响。一般来说，摩擦速度对摩擦起电的影响主要体现在两个方面。第一个方面是界面摩擦产生的能量差异。当摩擦速度很高时，可能会导致界面的机械接触不充分，这是因为没有足够的时间将两摩擦表面的凹凸结构完美配位。在这一过程中，摩擦频率或者转速增加，导致在单位时间内界面的摩擦加剧，产生更多的热量，从而更有利于电荷产生或者载流子的转移（产生静电荷或者激发电子–空穴对的分离）。第二个方面是摩擦电荷的耗散差异。随着单位时间内滑动次数增加，摩擦起电发生的次数也会增加，但是随之而来的是温度的升高，高温会促使电荷的耗散速度变快，导致形成一种竞争，最终达到动态平衡。

另外，摩擦速度对摩擦起电的影响也需要被考虑，主要有两种分析方法，在实际应用中要根据具体条件进行分析。第一种方法是分析在相同时间内摩擦速度对摩擦起电的相对影响。按照这种方法分析，如果不考虑材料转移的影响，摩擦速度增大，一般会导致摩擦更剧烈，加剧摩擦起电的产生，同时摩擦次数增加，也使摩擦起电总体积累增强。摩擦次数增多，所产生的磨损也更加剧烈，导致其实际接触面积变大，也有利于摩擦起电的积累。因此，利用这种方法分析，摩擦速度增加一般会增强界面摩擦起电的产生。第二种方法是分析在相同摩擦路程或者摩擦次数时摩擦速度对的摩擦起电的绝对影响。通过这种方法分析，摩擦起电则不一定随着摩擦速度的增大而增加。此时，还要考虑摩擦过程中接触面积的变化。在相同的摩擦次数下，有时摩擦速度快反而会导致其实际的磨损面积小，从而导致出现摩擦起电随着摩擦速度或频率升高而降低的情况。

以钢/N 型硅摩擦配副在不同法向载荷和滑动频率下的电压为例（图 3.11），随着法向载荷和滑动频率增加，其摩擦起电输出电压也呈现出增大的趋势[63]。从宏观上来说，摩擦功率 (friction power)P_f 是摩擦力与滑动速度 (v) 的乘积，可以

表示为 [33,87]

$$P_f = \mu_D F_N v \tag{3.8}$$

式中，μ_D 为动摩擦系数；F_N 为法向载荷；v 为滑动速度。其中，滑动频率与滑动速度成正比。图 3.11 展示了当 N 型硅的功函数低于钢球时摩擦对摩擦起电特性的影响机理，表明摩擦过程中的输出电压 V_o 与摩擦功率成正比。随着摩擦功率的增加，当法向载荷和滑动频率分别从 0.2N、0.2Hz 上升到 5N、5Hz 时，输出电压呈现出线性增加的趋势，其摩擦起电和摩擦学特性之间存在很强的相关性。

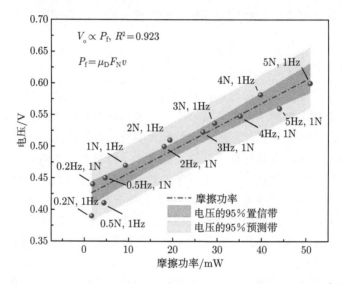

图 3.11　钢/N 型硅摩擦配副在不同法向载荷和滑动频率下的电压 [63]

3. 接触状态

从 3.2 节可知，界面接触行为对摩擦起电的影响巨大。同理，摩擦过程中的接触状态对摩擦学行为及摩擦起电行为也有较大的影响。在摩擦过程中通常遇到的变量是接触材料的曲率。常见的摩擦副的接触方式有面–面接触、球–面接触等。对于球–面接触而言，减小尖端直径通常可以提高直流电流密度，这是因为其实际接触面积变小了，当摩擦副的直径缩小到纳米级时（如原子力显微镜的针尖，通常仅有几纳米到几十纳米），虽然其电流输出比较小，但是其电流密度变得很大。对于面–面接触而言，由于两个表面中有许多突起的点接触，平面对平面配副的实际接触面积通常是表观接触面积的千分之一到百分之一，并且其接触压力也远低于球对平面结构的接触压力。根据赫兹接触理论，理论赫兹接触半径随着钢球直径的减小而减小，而最大赫兹接触压力随着钢球直径的减小而增大。可以得出结论，钢球直径的减小有助于产生更大的接触压力和更高的摩擦能，从而对摩擦起电造成影响。

除了摩擦载荷、摩擦速度、接触状态等对摩擦起电有影响外，摩擦还可能因下述行为对摩擦起电造成影响：

（1）界面温度升高。滑动时损耗的能量主要表现为热量，摩擦过程中温度的升高有可能导致界面的摩擦电子转移加剧，同时加剧了电荷向环境中的耗散。金属是热的良性导体，能够通过空气等很快地耗散，因此总的发热很少。虽然摩擦系统整体温度升高很少，但是实际摩擦副接触位点的温度可能会很高。

（2）表面结构及性质发生变化。表面结构的变化一般包括变形导致的弹性形变和塑性形变、晶格或微结构在摩擦作用下的演变等。材料的物理和化学性质在摩擦过程中可能会发生一定的变化，如某些金属材料的硬度可能会因摩擦的作用导致弹性模量升高。

（3）摩擦表面的氧化和其他化学反应。一般，大气中的材料或多或少都存在对空气中的氧气、水蒸气等气体分子产生吸附，在表面会形成一层厚度极薄的吸附膜。在摩擦作用下，温度升高等因素会导致表面氧化加剧。在某些情况下，还会引发界面的化学反应。

（4）表面磨损造成的影响。在摩擦过程中还会发生磨损行为，即使所施加的力特别小，也会产生一定的磨损，如原子力显微镜针尖的磨损。磨损对摩擦起电的影响将在 3.4.3 小节详细讨论。

3.4.3　磨损对摩擦起电的影响

磨损是摩擦过程中不可避免的材料失效方式，会导致能量的无效损耗和材料寿命缩短。材料磨损其实就是在摩擦作用下，其中一个材料内部原子与原子之间发生了断裂。原子或者分子之间的强大吸力（主要是电子结构造成的）使得固体具有一定的硬度和强度，这些吸力使原子和分子靠得非常紧密。但是当原子和分子相互压紧时，实际上必定会产生少量变形，这样产生的斥力正好与吸力相互平衡。斥力只有在表面接触时才会产生，是短程作用力；吸力是长程作用力。原子或分子之间的吸力有很多种，有金属键（如在金属中存在的吸引力）、离子键（如 NaCl 中存在的吸引力）、范德华力（如塑料之间存在的作用力）等。如果要使固体发生变形，就应该增加外力来对抗原子或者分子之间的吸力。

如图 3.12 所示，OP 代表两个原子之间的平衡间距，可以用力 f' 将其拉开使其间距增大到 $O'P'$，也可以用 f'' 将其推近至 $O''P''$。如果施加 f_q 的外力就可以将两个原子拉开，如点 Q 所示，即当外力能完全克服原子之间的吸力时，作用在各个原子的外力大于 f_q，就能把原子拉开，相当于试件的断裂或者破裂。磨损的本质实际上就是破坏材料内部原子之间的吸力，破坏原子与原子之间的键合。

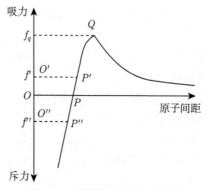

图 3.12 原子间作用力示意图

材料的磨损方式一般分为黏附磨损、磨粒磨损、疲劳磨损和腐蚀磨损四种。黏附磨损是指在摩擦时因表面接触点的黏附效应导致黏附接点发生断裂。一般，当界面黏附比较轻微时，界面的剪切通常发生在表层比较浅的位置；而当黏附接点强度高于摩擦副材料内部的强度时，剪切通常发生在较深的位置。例如，对于大多数聚合物来说，界面黏附非常牢固，以至于其剪切实际上发生在聚合物内部。因此，摩擦力取决于聚合物的强度性能。

材料的磨损程度通常用磨损率来表示。磨损率 (w_d) 是磨损体积损失与滑动距离的比值。w_d 的计算公式表示如下 [81]：

$$w_d = \frac{V}{S} \tag{3.9}$$

式中，V 为磨损体积损失；S 为滑动距离。比磨损率 (w_F) 表示为单位法向载荷的磨损率，它代表了材料的承载能力，其计算公式如下：

$$w_F = \frac{w_d}{F_N} \tag{3.10}$$

式中，F_N 为施加在钢球上的法向载荷。

材料的磨损对摩擦起电产生影响的可能有以下几方面：

（1）表面形貌和粗糙度发生变化。材料在摩擦过程中会发生不同程度的磨损，如表面的擦伤、刮伤、犁沟等，同时使表面粗糙度发生变化。表面粗糙度的变化可能使接触应力状态发生改变，而磨损使得材料不断地暴露出更新鲜的表面，进而对摩擦过程中的摩擦起电产生影响。

（2）接触面积的增大。材料在摩擦过程中不断磨损，导致摩擦表面的实际接触面积变大，可能会对摩擦起电起到增益的效果。

（3）磨料的产生。界面在磨损时会产生不同形状的磨料和磨屑，如片状的磨屑、颗粒状的磨料等，进而影响界面的接触起电行为。特别是一些硬质材料的磨料可能会嵌入软材料的表面，对摩擦造成不利影响，同时会影响摩擦起电的输出性能。

3.4.4　材料转移对摩擦起电的影响

材料在摩擦和磨损过程中还可能会发生材料的转移。一些硬质磨料存在于接触界面通常对摩擦不利，会加剧材料的磨损。但是某些材料的转移却会减小界面的摩擦或磨损，如石墨、二硫化钼和聚四氟乙烯等常见的一些片层状材料。通常情况下，软质材料一般会向硬质材料转移。材料在摩擦过程中的转移通常存在两种情况，一种是完全覆盖在物体表面，形成一层比较致密的转移膜；达到稳定后，原接触界面最终会被替代成同相材料之间的接触界面。此时，由于两个界面的材料性质基本一致，界面摩擦起电则会因两个接触表面的得失电子能力相似而被大大削弱。不过这种情况一般来说不太容易出现，这是因为粗糙度的客观存在，转移后的材料往往又会被重新磨损掉，导致实际中材料不会被完全转移到摩擦配副的表面。另外一种情况则比较常见，即材料被部分转移到另一个材料的表面，这样新界面就变为了含有部分转移膜的接触界面，进而影响界面处的摩擦起电性质，使其随着材料的转移情况发生相应的变化。

在此，以钢-PTFE 界面的摩擦起电来说明材料转移对摩擦起电的影响[64]。材料转移在摩擦过程中不可避免，即使表面发生轻微滑移也会在界面之间发生材料的转移[56]。对于摩擦界面来说，材料转移即转移材料参与进入摩擦界面，使得摩擦界面成分发生了变化，原有的钢-PTFE 摩擦界面变为了钢/转移膜-PTFE 的摩擦界面。PTFE 表面电势变化有可能与其表层带负电材料的磨损以及向钢球表面的转移有关。也就是说，当 PTFE 表层带负电的材料发生转移，使 PTFE 的表面电势由初始的负电荷区域变成了正负电荷混合的区域，并且逐渐向正电荷区域演化。正是转移膜的存在，使界面的摩擦变得稳定，同时使电流和表面电势也逐渐趋于稳定。图 3.13 展示了 PTFE 表面电势极性在摩擦过程中反向演化的机理。在钢-PTFE 的初始摩擦阶段，钢球与 PTFE 表面的得失电子能力不同导致了钢球的电子转移到 PTFE 表面，使钢球带正电荷而 PTFE 带负电荷。经过一段时间的摩擦之后，犁耕作用或者疲劳磨损使得带负电荷的 PTFE 表面摩擦层逐渐剥落。剥离的带负电荷的 PTFE 因静电吸附及界面黏附会向钢球转移，使得钢球表面会出现部分带负电荷的 PTFE。这部分带负电荷的 PTFE 转移层抑制了原有界面的摩擦起电行为，并且促使界面带电开始反向演化。对于剥落后的 PTFE 基底来说，由于带负电荷的 PTFE 被剥落，其偶极作用会暴露出部分带正电荷的表面，这也加速了 PTFE 极性的反向演化。由此，二者的协同作用导致最终 PTFE

的表面电势会在积累一段时间后反向演化，直至达到某一相对稳定的状态。

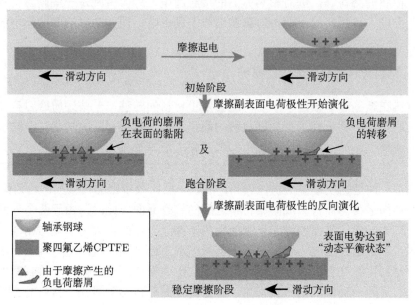

图 3.13   PTFE 表面电势极性在摩擦过程中反向演化的机理 [64]

3.5   润滑介质参与的摩擦起电

润滑是摩擦学研究的重要内容之一。为了减少材料表界面的摩擦系数，通常可以采用直接加入润滑剂的方式来达到润滑的目的。常见的有油润滑和水润滑的润滑方式，另外还有将润滑相与基体复合在一起的自润滑方式等。润滑介质对摩擦起电的影响可以从引入润滑介质后对摩擦界面的润湿性、润滑方式、界面接触材料等方面的影响进行分析。

3.5.1   表面润湿性

对于流体的润滑介质而言，需要考虑其在固体表面的润湿性。润湿是指固体表面上的一种流体被另一种流体取代的过程，特别指固体表面上的气体被水溶液或者有机溶液所取代的过程。液滴在固体表面上会表现出完全润湿、半润湿、不润湿三种状态，如图 3.14 所示。大部分情况，液体滴加到固体表面后一般不会完全润湿，而是以液滴的形式存在于表面。

通常，以液体在固体表面的接触角 θ 是否达到 90° 为其疏水与否的标准，如图 3.15 所示。传统上认为，当接触角 $\theta > 90°$ 时为疏水状态，$\theta < 90°$ 则为亲水状态，接触角越小，表面固体表面越亲水。另外，最近 Miao 等 [65] 通过微纳结构放

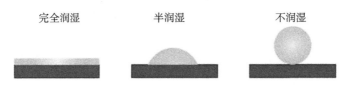

完全润湿　　　　　半润湿　　　　　不润湿

图 3.14　液滴在固体表面的润湿状态示意图

大材料的亲疏水性质并用原子力谱进行研究，根据接触角的突变，建议将亲疏水性的界线定义为 65°。润湿还分为沾湿、浸湿和铺展三种类型。沾湿是改变液–气界面或固–气界面为固–液界面的过程，液体对固体的沾湿能力可用黏附功来表示。浸湿是指将固体浸入液体中，固体表面的气体被液体所置换的过程。铺展则是指固–液界面取代固–气界面的过程。毛细力是固–液界面的一种重要的作用力类型，一般指液体表面对固体表面的吸引力，主要是三相界面上液面弯曲产生的。例如，将毛细管插入液体时，管内、外液面会产生高度差。如果液体浸润管壁，管内液面高于管外液面；如果液体不浸润管壁，管内液面低于管外液面。与毛细力相关的例子还包括"葡萄酒的眼泪""咖啡环"等有趣的现象。

图 3.15　传统的界面亲水与疏水示意图
γ 为界面张力；sv 为固–气界面；lv 为液–气界面；sl 为固–液界面

界面的润湿性对固–液界面摩擦起电的影响巨大。对于固–液界面的摩擦起电来说，如果水残留在固体摩擦层表面，由于双电层结构的特点，液体中大量的摩擦电荷被屏蔽，使得摩擦起电信号降低。相反，如果固体摩擦层是一个不润湿的表面，那么摩擦起电信号一般就会保持一个稳定且高的数值。因此，界面润湿性在固–液界面的摩擦起电中起到了至关重要的作用。

3.5.2　几种润滑状态

润滑的目的是在相互摩擦表面之间形成具有法向承载能力但切向剪切强度低的稳定的润滑膜，用它来减少摩擦阻力和降低材料磨损。对于液体润滑剂而言，根据润滑膜的形成原理和特征，其润滑状态可以分为边界润滑、混合润滑和全膜润滑（图 3.16）。

全膜润滑是最为理想的润滑状态，可以分为流体动力润滑和弹性流体动力润滑。从雷诺对轴或者轴颈在轴承中回转状态进行研究开始，润滑就进入到一个新

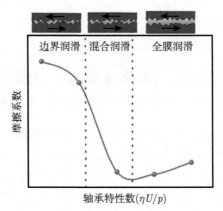

图 3.16   几种润滑状态与摩擦系数的关系

的研究时代。当轴有效运转时，润滑油膜会产生很高的流体静压力。雷诺将其解释为：在理想的动力条件下，油中的压力能够支撑载荷，将表面完全分开，凡是摩擦均是由油的黏滞阻力引起的。流体动力润滑一词含有液体/流体和相对运动/动力两个概念。实际上，还有两个必不可少的特性：液体必须是黏性的；当一个表面沿着另一个表面移动时，必须形成收敛的油楔。在流体润滑过程中，摩擦取决于油的黏度，黏度越小（油越薄），摩擦就越小。但是，油的黏度不是越低越好，若两表面间最小间距小于表面粗糙度，就会戳破油膜，从而使摩擦和磨损增大。流体润滑的主要优点是摩擦系数低（0.001），最理想状况下的零件几乎没有磨损。对零件的要求是表面很光滑，对中严格，尺寸合适。另外，由于摩擦产热会减小油的黏度，需要大量供油、采用添加剂等方法来进行改善。流体动力润滑一般是指当运动速度较快时，其相对滑动过程中的动压效应形成的流体润滑膜可以将两个相对运动的摩擦界面所完全分开，从而避免了两个摩擦副粗糙峰直接接触的润滑状态，这种状态可大大减小其摩擦系数和摩擦副的磨损。

弹性流体动力润滑与上述流体动力润滑类似，也是靠一层流体润滑膜将两个接触面分隔开。当润滑油膜中的压力使润滑剂的边界面发生弹性变形时，润滑状态属于弹性流体动力润滑。实际上，弹性流体动力润滑中，由于基底发生了弹性变形，形成的流体动力油膜所产生的压力要与基底材料产生的弹性应力相匹配，形成的全膜润滑膜承受的压力大于流体动力润滑，产生的润滑分隔膜要比流体动力润滑状态下的薄一些。弹性流体动力润滑一般是关于点或线的流体润滑，如齿轮齿面润滑、滚动轴承润滑、凸轮与锥杆间润滑等。对于全膜润滑而言，只有当其润滑膜的厚度足以超过其接触面的粗糙峰高度时，才可能完全避免粗糙峰的直接接触而实现全膜润滑。

尽管全膜润滑能够对机械的接触面实现最为有效的保护，但是某些情况下却难以形成完整的润滑膜或者所形成的润滑膜的厚度较薄，如接触面滑动速度较低、载荷过大、机器频繁启停等情况。从液体摩擦到摩擦副直接接触摩擦过程之间的临界状态即边界润滑。如果压力很好（有利接触）、运转速度很低、表面很粗糙（有利接触），润滑油膜就容易穿透，导致微凸体之间发生接触，增大摩擦和磨损。研究发现，只要在矿物油中添加少量（一般添加量 < 1%）的某些活性有机物，就能大大提高系统使用寿命。由于添加量比较少，活性有机物对黏度影响可以忽略不计。活性有机物起作用的原因是在金属表面形成了牢固依附的表面膜，防止金属与金属发生接触。这种润滑是由边界层提供的，因此称为边界润滑。边界润滑的运动条件一般为极低的运动速度和很高的载荷（目的是降低流体动力润滑或弹性流体动力润滑的限度，减小摩擦热）。常用的边界润滑剂主要包括有机的醇类（—OH）、胺类（—NH$_2$）、羧酸类（—COOH）等。使用润滑剂时要注意热效应，避免因摩擦热达到其熔点而穿透边界润滑膜。

　　边界润滑膜在温度较高的情况下会发生破裂，随着温度升高，固态的边界润滑膜逐渐熔化直到发生解析。通常，边界润滑剂在温度超过 200~250°C 时会失效（熔化和氧化），在此背景下，极压润滑剂被广泛研究。极压摩擦环境一般是指高载荷、高频率的摩擦条件。值得注意的是，极压润滑剂的应用所考量的不是压力，而是滑动表面达到的温度。极压润滑剂通常是由少量的极压润滑剂添加到基础油中制成，常用的添加剂含磷、氯、硫。为了降低金属表面的磨损，通常采用极压润滑油，这些润滑油会与金属表面之间发生物理或化学吸附，从而起到减少磨损、保护金属的作用。它们的作用通常是与表面起化学反应形成一层表面膜和极低的抗剪强度，达到保护表面和形成极低摩擦的效果。

　　此外，对于实际机械中的摩擦副，常常会有全膜润滑和边界润滑两种润滑状态同时存在，称之为混合润滑。在混合润滑状态中，一些粗糙峰被润滑膜完全分开，这部分区域处于全膜润滑，另一些粗糙峰点直接接触时，则会出现局部的边界润滑。摩擦副的润滑状态对界面接触有直接影响，因此会影响界面的摩擦起电状态，这些影响及相互关系将在 3.5.3 小节进行详细讨论。

3.5.3　润滑介质对摩擦起电的影响

　　润滑介质对摩擦起电的影响也很大。由前述的润滑方式可知，润滑油脂的加入会使界面的接触状态发生巨大改变。在干摩擦状态下，两个粗糙表面直接相互接触，加入润滑油后，润滑油会填充在粗糙结构的间隙中或者部分地将两个表面分开，但是此时仍然有很多粗糙峰的接点存在，此时的摩擦起电可以看成固–固界面摩擦起电与固–油–固界面摩擦起电共同作用的结果。在理想的润滑状态下，润滑油脂的加入可以使两个固体表面完全分隔开来，形成流体动力润滑或者弹性流体动力润滑状态，此时，界面的摩擦起电几乎完全被屏蔽，仅有油中储存的静电做贡献。如图 3.17 所示，在钢–聚偏氟乙烯 (polyvinylidene fluoride，PVDF) 摩擦副界面添加不同量的 PAO-4 润滑油会影响到接地电流的大小 [66]。随着液体 PAO-4 润滑剂添加量的增加，接地电流逐渐减小后趋于一个稳定值。接地电流在添加 0.5μL PAO-4 时达到 6nA。随着液体润滑剂添加量的增加，接地电流逐渐减小直到达到稳定。这主要是因为钢球与 PVDF 块为点接触，少量润滑油就可以抑制界面处的空气击穿，减少摩擦电荷的损失，但随着润滑剂添加量的增加，钢球与 PVDF 块的有效接触面积较少，逐渐由不良润滑向良好润滑状态转变，产生的摩擦电荷就会减少。由于润滑剂添加量的增加，部分摩擦电荷会随着润滑剂的流动运动到没有摩擦电荷产生的地方，从而使接地电流减小。接地电流在添加 3μL PAO-4 后变化不大，主要是因为接触区已经被润滑油完全浸润，所以接地电流变化不大。

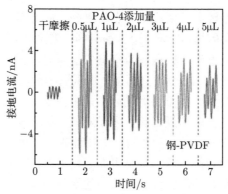

图 3.17 钢-PVDF 摩擦副在不同供油量下的接地电流 [66]

图 3.18 展示了干摩擦与 PAO-4 油润滑下摩擦起电机理。首先，在干摩擦时，由于固体接触峰的接触接点发生剪切并且使表面产生划痕，部分微量空气始终在摩擦界面存在，空气的介电常数较小，钢球与 PVDF 摩擦产生的摩擦电荷在接触界面极小间隙所形成的高电场部分会击穿接触区划痕中的空气并发生放电，导致接地电流变小。由于 PVDF 的电阻率很大，摩擦产生的电荷累积在 PVDF 表面难以流动，电荷的积累会使 PVDF 表面产生极高的静电压，摩擦产生的微间隙与 PVDF 表面间距较小，当电场累积到足够大时就会击穿空气，释放 PVDF 表面的电子，这就是静电击穿。在添加 PAO-4 后，液体将划痕中的空气挤出摩擦界面，并且液体的介电常数大于空气的介电常数，不易被电荷击穿，抑制了摩擦界面的空气击穿，减少了摩擦电荷的损失。其次，由于划痕的产生，钢球与 PVDF 实际接触面积减小，摩擦产生的电荷减少，在添加 PAO-4 后，液体润滑剂充满划痕处，代替钢球与 PVDF 摩擦也可以产生摩擦电荷。由于 PVDF 表面在加工时

也存在微小划痕，液体润滑剂同样可以填满微间隙，代替钢球与 PVDF 摩擦产生电荷。通过分析，与空气相比，PAO-4 可以通过减少空气击穿和代替钢球与摩擦配副摩擦产生电荷来减小摩擦电荷损失和增大两种摩擦材料接触面积，这都使得油润滑状态下接地电流比干摩擦状态下的接地电流大。

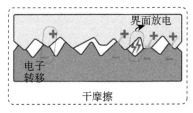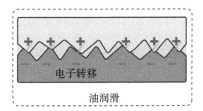

图 3.18　干摩擦与 PAO-4 油润滑下摩擦起电机理示意图

　　另外，润滑油的性质对界面摩擦起电也产生了很大影响，其中两个最重要的性质是润滑油的黏度和介电常数。随着润滑油黏度增大，液体流动性减弱，将新产生的摩擦电荷转移到没有摩擦电荷的位置的能力减弱，不利于增加表面电荷密度，导致接地电流减小。反过来，具有良好流动性的液体更有可能将新产生的摩擦电荷转移到没有摩擦电荷的位置，增加表面电荷密度。随着润滑油黏度变化，润滑油的介电常数也会发生变化。具有较高介电常数的液体分子倾向于促使两个摩擦材料产生的摩擦电荷中和，摩擦电荷的减小也导致接地电流逐渐减小。一般地，具有较好流动性和较低介电常数的液体会加剧界面的摩擦起电。

　　总之，表界面行为与摩擦起电之间存在着密切联系。将材料接触的表界面行为与摩擦起电联系起来，有利于揭示界面摩擦起电甚至摩擦学的机理，还可以利用摩擦起电的性质反过来为研究表面界面行为及性质服务，如揭示界面的能量耗散、摩擦副状态等。未来，对摩擦起电与表界面行为的研究将成为摩擦学与摩擦起电研究的一个重点方向。

参 考 文 献

[1] 赵亚溥. 表面与界面物理力学[M]. 北京: 科学出版社, 2012.
[2] XU C, ZHANG B, WANG A C, et al. Contact-electrification between two identical materials: Curvature effect[J]. ACS Nano, 2019, 13(2): 2034-2041.
[3] WAITUKAITIS S R, LEE V, PIERSON J M, et al. Size-dependent same-material tribocharging in insulating grains[J]. Physical Review Letters, 2014, 112(21): 218001-1-218001-5.
[4] LACKS D J, LEVANDOVSKY A. Effect of particle size distribution on the polarity of triboelectric charging in granular insulator systems[J]. Journal of Electrostatics, 2007, 65(2): 107-112.
[5] LACKS D J, DUFF N, KUMAR S K. Nonequilibrium accumulation of surface species and triboelectric charging in single component particulate systems[J]. Physical Review Letters, 2008, 100(18): 188305-1-188305-4.

[6]   BILICI M A, TOTH J R, SANKARAN R M, et al. Particle size effects in particle-particle triboelectric charging studied with an integrated fluidized bed and electrostatic separator system[J]. Review of Scientific Instruments, 2014, 85(10): 103903-1-103903-6.

[7]   IRELAND P M. Dynamic particle-surface tribocharging: The role of shape and contact mode[J]. Journal of Electrostatics, 2012, 70(6): 524-531.

[8]   FORWARD K M, LACKS D J, SANKARAN R M. Charge segregation depends on particle size in tri-boelectrically charged granular materials[J]. Physical Review Letters, 2009, 102(2): 028001-1-028001-4.

[9]   YU H, MU L A, XIE L. Numerical simulation of particle size effects on contact electrification in granular systems[J]. Journal of Electrostatics, 2017, 90: 113-122.

[10] CARTER D, HARTZELL C. Extension of discrete tribocharging models to continuous size distribu-tions[J]. Physical Review E, 2017, 95(1-1): 012901-1-012901-10.

[11] LORITE I, MARTÍN-GONZÁLEZ M S, ROMERO J J, et al. Electrostatic charge dependence on surface hydroxylation for different Al_2O_3 powders[J]. Ceramics International, 2012, 38(2): 1427-1434.

[12] KARNER S, LITTRINGER E M, URBANETZ N A. Triboelectrics: The influence of particle surface roughness and shape on charge acquisition during aerosolization and the DPI performance[J]. Powder Technology, 2014, 262: 22-29.

[13] SOW M, WIDENOR R, KUMAR A, et al. Strain-induced reversal of charge transfer in contact electrification[J]. Angewandte Chemie-International Edition, 2012, 51(11): 2695-2697.

[14] ZHANG Y, SHAO T. Contact electrification between polymers and steel[J]. Journal of Electrostatics, 2013, 71(5): 862-866.

[15] DAVIES D. Surface charge and the contact of elastic solids[J]. Journal of Physics D: Applied Physics, 1973, 6(9): 1017-1024.

[16] CASTLE G, SCHEIN L. General model of sphere-sphere insulator contact electrification[J]. Journal of Electrostatics, 1995, 36(2): 165-173.

[17] CASTLE G. Contact charging between insulators[J]. Journal of Electrostatics, 1997, 40: 13-20.

[18] WILLIAMS M W. Triboelectric charging of insulating polymers—Some new perspectives[J]. AIP Advances, 2012, 2(1): 010701-1-010701-9.

[19] BAYTEKIN H, PATASHINSKI A, BRANICKI M, et al. The mosaic of surface charge in contact electrification[J]. Science, 2011, 333(6040): 308-312.

[20] FESHANJERDI M, MALEKAN A. Contact electrification between randomly rough surfaces with identical materials[J]. Journal of Applied Physics, 2019, 125(16): 165302-1-165302-7.

[21] ANGUS J C, GREBER I. Tribo-electric charging of dielectric solids of identical composition[J]. Journal of Applied Physics, 2018, 123(17): 174102-1-174102-7.

[22] APODACA M M, WESSON P J, BISHOP K J, et al. Contact electrification between identical materials[J]. Angewandte Chemie-International Edition, 2010, 49(5): 946-949.

[23] KEVIN KENDALL. Molecular Adhesion and Its Applications[M]. New York: Kluwer Academic/Plenum Publishers, 2001.

[24] GU Z, LI S, ZHANG F, et al. Understanding surface adhesion in nature: A peeling model[J]. Advanced Science, 2016, 3(7): 1500327-1-1500327-13.

[25] COLE J J, BARRY C R, KNUESEL R J, et al. Nanocontact electrification: Patterned surface charges affecting adhesion, transfer, and printing[J]. Langmuir, 2011, 27(11): 7321-7329.

[26] BRÖRMANN K, BURGER K, JAGOTA A, et al. Discharge during detachment of micro-structured PDMS sheds light on the role of electrostatics in adhesion[J]. The Journal of Adhesion, 2012, 88(7): 589-607.

[27] IZADI H, STEWART K M, PENLIDIS A. Role of contact electrification and electrostatic interactions in gecko adhesion[J]. Journal of The Royal Society Interface, 2014, 11(98): 20140371-1-20140371-4.

[28] MAHMUD M A P, LEE J, KIM G, et al. Improving the surface charge density of a contact-separation-based triboelectric nanogenerator by modifying the surface morphology[J]. Microelectronic Enginee-

ring, 2016, 159: 102-107.

[29] HERSCHEL A. Electricities of stripping and of cleavage[J]. Nature, 1900, 63(1625): 179-180.

[30] KORNFELD M. Electrification of crystals by cleavage[J]. Journal of Physics D: Applied Physics, 1978, 11(9): 1295-1301.

[31] HORN R G, SMITH D T. Contact electrification and adhesion between dissimilar materials[J]. Science, 1992, 256(5055): 362-364.

[32] OBREIMOFF J W. The splitting strength of mica[J]. Proceedings of the Royal Society of London Series A, Containing Papers of a Mathematical and Physical Character, 1930, 127(805): 290-297.

[33] KENDALL K. Energy analysis of adhesion[J]. The Mechanics of Adhesion, 2002, 1: 77-110.

[34] ZHANG X, HE Y, SUSHKO M L, et al. Direction-specific van der Waals attraction between rutile TiO$_2$ nanocrystals[J]. Science, 2017, 356(6336): 434-437.

[35] CHEN Y, MENG J, GU Z, et al. Bioinspired multiscale wet adhesive surfaces: Structures and controlled adhesion[J]. Advanced Functional Materials, 2019, 30(5): 1905287-1-1905287-21.

[36] ZHAO Y P, WANG L S, YU T X. Mechanics of adhesion in MEMS—A review[J]. Journal of Adhesion Science and Technology, 2003, 17(4): 519-546.

[37] PERSSON B N J, SCARAGGI M, VOLOKITIN A I, et al. Contact electrification and the work of adhesion[J]. Epl, 2013, 103(3): 36003-1-36003-5.

[38] LAPČINSKIS L, MĀNIEKS K, BLŪMS J, et al. The adhesion-enhanced contact electrification and efficiency of triboelectric nanogenerators[J]. Macromolecular Materials and Engineering, 2019, 305(1): 1900638-1-1900638-5.

[39] ZHANG H, FENG S, HE D, et al. An electret film-based triboelectric nanogenerator with largely improved performance via a tape-peeling charging method[J]. Nano Energy, 2018, 48: 256-265.

[40] YANG W, WANG X, LI H, et al. Comprehensive contact analysis for vertical-contact-mode triboelectric nanogenerators with micro-/nano-textured surfaces[J]. Nano Energy, 2018, 51: 241-249.

[41] KOVALEV A E, GORB S N. Charge contribution to the adhesion performance of polymeric microstructures[J]. Tribology Letters, 2012, 48(1): 103-109.

[42] ZHANG L, ZHANG Y, LI X, et al. Mechanism and regulation of peeling-electrification in adhesive interface[J]. Nano Energy, 2022, 95: 107011-1- 107011-11.

[43] CAMARA C G, ESCOBAR J V, HIRD J R, et al. Correlation between nanosecond X-ray flashes and stick-slip friction in peeling tape[J]. Nature, 2008, 455(7216): 1089-1092.

[44] DE ZOTTI V, RAPINA K, CORTET P P, et al. Bending to kinetic energy transfer in adhesive peel front microinstability[J]. Physical Review Letters, 2019, 122(6): 068005-1-068005-5.

[45] VARENBERG M, GORB S N. Hexagonal surface micropattern for dry and wet friction[J]. Advanced Materials, 2009, 21(4): 483-486.

[46] NAKAYAMA K. Tribocharging and friction in insulators in ambient air[J]. Wear, 1996, 194(1-2): 185-189.

[47] BURGO T A, SILVA C A, BALESTRIN L B, et al. Friction coefficient dependence on electrostatic tribocharging[J]. Scientific Reports, 2013, 3: 2384-1-2384-8.

[48] KHAYDARALI S, DORUK C S, BILGE B, et al. Minimizing friction, wear, and energy losses by eliminating contact charging[J]. Science Advances, 2018, 4(11): eaau3808-1-eaau3808-6.

[49] PARK J Y, SALMERON M. Fundamental aspects of energy dissipation in friction[J]. Chemical Reviews, 2014, 114(1): 677-711.

[50] KUMAR A, PERLMAN M M. Sliding-friction electrification of polymers and charge decay[J]. Journal of Polymer Science Part B: Polymer Physics, 1992, 30(8): 859-863.

[51] ZEGHLOUL T, DASCALESCU L, ROUAGDIA K, et al. Sliding conformal contact tribocharging of polystyrene and polyvinyl chloride[J]. IEEE Transactions on Industry Applications, 2016, 52(2): 1808-1813.

[52] ZEGHLOUL T, NEAGOE M B, PRAWATYA Y E, et al. Triboelectrical charge generated by frictional sliding contact between polymeric materials[C]. IOP Conference Series: Materials Science and Engineering, Galati, Romania, 2017, 174: 012002.

[53] SHAW P E. The electrical charges from like solids[J]. Nature, 1926, 118: 659-660.

[54] SHIO H. Triboelectrification between polycrystalline and monocrystalline ice[J]. Journal of Electrostatics, 2001, 53(3): 185-193.

[55] RHEE S, LUDEMA K C. Mechanisms of formation of polymeric transfer films[J]. Wear, 1978, 46(1): 231-240.

[56] BAYTEKIN H T, BAYTEKIN B, INCORVATI J T, et al. Material transfer and polarity reversal in contact charging[J]. Angewandte Chemie International Edition, 2012, 51(20): 4843-4847.

[57] BURGO T A, ERDEMIR A. Bipolar tribocharging signal during friction force fluctuations at metal-insulator interfaces[J]. Angewandte Chemie International Edition, 2014, 53(45): 12101-12105.

[58] LOWELL J. The role of material transfer in contact electrification[J]. Journal of Physics D: Applied Physics, 1977, 10(17): L233-L235.

[59] SALANECK W R, PATON A, CLARK D T. Double mass-transfer during polymer-polymer contacts[J]. Journal of Applied Physics, 1976, 47(1): 144-147.

[60] WILLIAMS M W. Triboelectric charging in metal-polymer contacts—How to distinguish between electron and material transfer mechanisms[J]. Journal of Electrostatics, 2013, 71(1): 53-54.

[61] PUHAN D, WONG J S S. Properties of Polyetheretherketone (PEEK) transferred materials in a PEEK-steel contact[J]. Tribology International, 2019, 135: 189-199.

[62] ZHOU L, LIU D, ZHAO Z, et al. Simultaneously enhancing power density and durability of sliding-mode triboelectric nanogenerator via interface liquid lubrication[J]. Advanced Energy Materials, 2020, 10(45): 2002920-1- 2002920-9.

[63] YANG D, ZHANG L, LUO N, et al. Tribological-behaviour-controlled direct-current triboelectric nanogenerator based on the tribovoltaic effect under high contact pressure[J]. Nano Energy, 2022, 99: 107370-1-107370-13.

[64] 张立强, 冯雁歌, 李小娟, 等. 钢–聚四氟乙烯摩擦界面的摩擦起电行为[J]. 摩擦学学报, 2021, 41(6): 983-994.

[65] MIAO W, TIAN Y, JIANG L. Bioinspired superspreading surface: From essential mechanism to application[J]. Accounts of Chemical Research, 2022, 55(11): 1467-1479.

[66] LIU X, ZHANG J, ZHANG L, et al. Influence of interface liquid lubrication on triboelectrification of point contact friction pair[J]. Tribology International, 2022, 165: 107323-107331.

第 4 章 摩擦起电的影响因素与调控

第 3 章介绍了表界面行为与摩擦起电的关系，本章将进一步对摩擦起电的影响因素及其具体调控策略进行讨论。根据发生摩擦起电的物质和条件，影响界面摩擦起电的因素可以大致分为三类：第一类是摩擦副材料本身的性质，包括其化学组成、摩擦起电能力、表面结构等因素，这类因素在某种程度上来说对界面的摩擦起电起到主要作用。因此，如果要对摩擦起电进行控制，往往需要对材料进行设计，使其达到所希望的摩擦起电性能。一般可以通过材料分子设计、表面修饰、掺杂或复合等策略改变材料的性质，实现对摩擦起电的调控。第二类影响因素是两个接触材料（摩擦副）在摩擦起电时的运动条件，如摩擦运动的方式、运动速度、法向载荷和两个材料的界面接触状态等，这一类因素往往可以通过改变驱动摩擦运动的力或方式来改变摩擦表面的接触面积、机械能的输入与转化等状态来影响界面的摩擦起电。第三类影响因素为发生摩擦起电的两个摩擦副所处的环境条件，包括环境温度、湿度、气氛、气压，以及真空度、辐照环境等特殊空间环境。另外，考虑到摩擦起电已被应用于各式各样的器件，还需要考虑其整体的器件设计对界面摩擦起电的影响。综上，为了实现对界面摩擦起电调控，根据其原理及其影响因素，可以从材料的表界面出发，主动地对材料表界面的微观结构、化学组成等进行设计和改性，摸索并确定其最佳运动条件，并对环境条件进行控制，从而实现对摩擦起电的有效调控，达到防止摩擦起电或者利用摩擦起电的不同目标。

4.1 材料对摩擦起电的影响

4.1.1 材料组成对摩擦起电的影响

材料的自身特性是影响其摩擦起电性能最关键的因素。根据摩擦起电的规律，材料的摩擦起电性能取决于该材料得失电子的能力，当材料种类固定时，其在微观上产生摩擦电的能力是确定的。从第 2 章中摩擦起电原理可以了解到，材料的摩擦起电性质受到材料种类和组成的影响。一般来说，影响材料得失电子能力的因素包括材料的电阻率、介电性能、表面基团等，通过分子设计、表面修饰、掺杂或复合等手段可以改变材料的组成，进而实现对摩擦起电的调控。

1. 固体材料

对于固体材料之间的摩擦起电，主要考虑下面几个因素的影响。

1）固体材料的摩擦起电本性

当一种固体材料与另一种固体材料发生接触–分离式的机械运动或者两个材料相互摩擦时，一般会导致一种材料带正电而另一种材料带负电。这是因为当两种材料相互接触时，两种材料的电子云相互重叠，二者的能带结构及电子所处的能量状态不同，导致电子从一种材料向另外一种材料转移。

2）电阻率

一般地，从材料的导电性来讲，固体材料可以被分为导电材料（导体）、半导体和绝缘体三类。导电材料可以是金属（金、银、铜、铁等）、合金（如铝合金、镁合金等）、无机非金属（导电石墨、石墨烯等）、导电聚合物（如聚乙炔、聚吡咯、聚苯胺等）和复合材料等，其导电性较好，电子能够在材料内部自由移动。对于大部分的绝缘体，如聚乙烯、聚丙烯、聚四氟乙烯、尼龙、聚酰亚胺等，其电阻率极高，电子不能在内部自由移动，而是以"静电"的形式被局域在绝缘体的表面。半导体的导电能力处于导体和绝缘体之间，在一定的能量作用（如光、热、电）下，电子可以在界面自由移动，参与摩擦起电的过程。

3）介电性能

介电性能是指在电场作用下，表现出对静电能的储存或损耗的性质，通常用介电常数和介质损耗来表示。理想导体的介电常数为无穷大。根据物质的介电常数可以判别高分子材料的极性。通常，介电常数大于 3.6 的物质为极性物质；介电常数在 2.8~3.6 的物质为弱极性物质；介电常数小于 2.8 为非极性物质。材料的摩擦起电性能在某种程度上也受到材料介电性能的影响，尤其是对于复合材料更是如此。例如，在某种塑料或者树脂内部掺杂如石墨烯、碳纳米管、二硫化钼等材料，就会引起其介电常数的变化，进而引起摩擦起电性能的变化。

4）固体材料的其他性质

固体材料的其他性质也会影响固–固界面的摩擦起电。例如，固体的模量差异会影响两个固体材料相互接触时界面接触的充分程度，从而影响其真实的接触面积。两种材料的模量差异还会导致在摩擦时发生材料的磨损与转移，进而影响界面的摩擦起电。

2. 液体材料

对于有液体（尤其是水）参与的摩擦起电来说，固体材料的性质与液体材料的性质都会影响界面摩擦起电。固–液界面摩擦起电现象的发生与界面双电层 (EDL) 的形成密切相关。当固体和液体接触时，其界面产生的电荷区域称为 EDL。EDL主要由紧密层和扩散层组成。在溶液中，最靠近固体壁的那一层电荷被牢牢地锚定在固体壁上，称为紧密层，它不受流体流动的影响；而溶液中与紧密层相邻的第二层电荷，它由自由离子组成，在静电吸引与热运动的共同作用下，在溶液中呈 "扩散状" 分布，即扩散层。对于固–液接触界面，构建微纳米结构可以改变材料表面的润湿性，从而影响双电层的形成。因此，研究表界面结构对固–液界面摩擦起电的影响对于了解其摩擦起电的机理具有重要意义。其中，固–液界面的摩擦起电主要受到以下几个因素影响。

1）固体及液体的得失电子能力

同固–固界面的摩擦起电影响因素类似，液体与固体之间的摩擦起电也受到两种材料的影响。以水为例，作为一种强极性材料，水一般与绝大多数材料接触或者摩擦之后会失去电子而显电正性，相对摩擦的固体材料显电负性。固体材料表面所含有的原子或基团（如—F、—Cl、—OH、—NH$_2$ 等）则会影响固–液界面的摩擦起电能力。

2）润湿性

影响固–液界面摩擦起电的另一个重要因素就是界面的润湿性，该性质有时甚至会占据主要地位。润湿性通常由材料的表面结构和化学组成共同决定，因此上述表面组分和结构实际上在很大程度上决定了界面的润湿性与摩擦起电能力。读者可以从第 3 章中详细了解润湿性对固–液界面摩擦起电的影响。通过对表面组分及表面结构进行调控，就可以改变固–液界面的润湿性，从而达到调控固–液界面摩擦起电的目的。

3）固体表面的离子荷电性质

由于固体表面基团不同，具备不同的荷电性质。除了因素 1）中电子转移导致两个表面带相反电荷之外，离子转移、吸附、交换等行为也会影响固–液界面的摩擦起电。首先，某些材料表面的基团可能会发生电离或者解离，如某些含羧基的材料在水溶液中其羧基的质子 H$^+$ 会解离出来，使材料表面带负电 (—COO$^-$)。其次，溶液中的离子吸附在原来不带电荷的表面上，可能会导致表面带有与吸附离子同号的电荷，如对于大部分的金属或者金属氧化物，其表面普遍存在羟基（—OH），当其与水接触后就会导致固体表面带负电 (—O$^-$)。固体表面在溶液中发生离子的吸附或者交换，将导致固–液界面的摩擦起电性质发生很大改变，这与液体的性质也存在密切关联。例如，当溶液为酸性时，溶液中氢离子是过量的，有可能会使固体表面吸附过量的氢离子，导致其显电正性 (—H$^+$)。

4）液体的离子浓度

液体的离子浓度对固–液界面的摩擦起电也具有非常复杂的影响。以水溶液中的离子浓度对固–液界面摩擦起电的影响为例，当水中的离子浓度为微量时 ($10^{-6}\sim$ 10^{-3}mol/L)，可能会引起固体表面电荷密度的上升，这可能和液体的失电子能力提高或者 "压缩双电层效应" 相关。在较高浓度（10^{-3}mol/L 以上）时，由于离子浓度过高引起液体介电性能发生改变，导电性也呈现指数级升高，使固体表面的电荷更容易耗散。因此，在实际情况中必须考虑离子浓度这一因素对固–液界面摩擦起电的有效影响范围。

4.1.2 表面修饰对摩擦起电的影响

通常条件下，当选定的一种材料理化性质能够满足要求时，其摩擦起电能力并不一定满足实际需求，这时就需要通过化学改性的方法改变材料表面的化学组分，进而增强或减弱其摩擦起电的能力，满足实际应用需求。该方法可以通过表面微小成分的变化，改变材料表面的摩擦起电性能。因此，研究表面组成的改变对摩擦起电的影响具有重要的实际应用价值。表面化学修饰是一种非常重要的改性手段，经过表面化学修饰后，材料表面的组分会发生变化，从而对其性能产生一定影响。改变材料表面的化学组分，可以通过调节表面成分的摩擦极性来增大摩擦层材料之间在摩擦电序列中的差距，进一步调控摩擦时得失电子的能力。一般来说，在表面引入含有—F、—Cl 等原子基团往往可以使材料的吸电子能力更强，即材料更容易得到电子；在材料表面引入—NH$_2$、—OH 等基团时，则往往容易使材料更容易失去电子而带正电。

Feng 等[1] 通过气相沉积的方法在平面聚丙烯薄膜和具有纳米结构的聚丙烯薄膜表面成功组装了一层全氟辛基三氯硅烷 (1H,1H,2H,2H-perfluorooctyl trichlorosilane,PFTS)，并将其与铝箔组成摩擦纳米发电机器件。从图 4.1 中可以看出，从平面聚丙烯 (PP) 膜到具有纳米阵列的纳米线 PP 膜与 PFTS 修饰后的平面 PP 膜和纳米线 PP 膜，其输出的短路电流呈逐渐增加的趋势。经过 PFTS 修饰后，纳米线 PP 膜组装成的摩擦纳米发电机的短路电流的最大值为 30μA，为最大输出。由于含氟聚合物在摩擦电序列中处于摩擦负极性材料区域，同时—F 电负性较强，因此可以改变表面组成的摩擦负极性，从而提高摩擦起电的电荷量。当含氟聚合物组装在 PP 膜表面时，其表面实际参与摩擦的材料的化学组成发生变化，而随着—F 在表面含量的增加，固–固界面产生的摩擦电荷数量也相应增加。

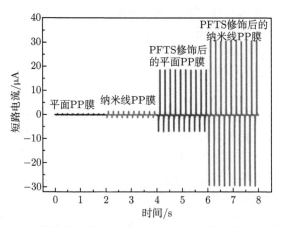

图 4.1　PFTS 修饰前后的 PP 膜与纳米线 PP 膜的摩擦起电性能对比

除了在摩擦电负性材料上进行表面修饰，摩擦电正性材料表面组成的改变也会对其摩擦起电性能有很大影响。Feng 等[2] 对摩擦电正性材料进行了表面组分改性，将富含胺基的聚多巴胺自组装到环保可降解的纸基材料表面。将聚多巴胺修饰后的纸与聚偏氟乙烯 (PVDF) 组成摩擦对偶进行摩擦起电测试。从摩擦起电测试结果可以看出，与未经修饰改性的纸相比，经聚多巴胺修饰后其摩擦电流增大至 3 倍多（图 4.2）。该研究证明，表面修饰对于摩擦电正性材料也具有非常好的摩擦起电调控效果。

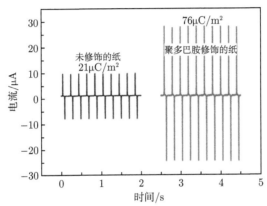

图 4.2　电正性聚多巴胺修饰前后的摩擦起电输出电流对比

上述两个例子分别列举了对"电负性"和"电正性"材料表面进行化学修饰后，增强其摩擦起电性能的情况。但是，在很多应用场景中不希望有过高的摩擦电产生，利用表面修饰的方法也可以实现抑制材料表面摩擦起电的效果。例如，通过表面修饰的策略，将易带负的分子全氟辛基三氯硅烷修饰到易失去电子带正电的尼龙表面，通过控制修饰剂全氟辛基三氯硅烷的含量，可利用表面修饰的方法实现对固体材料表面摩擦起电性能的调控。与之类似，香港城市大学的王钻开教授团队利用表面修饰的方法，将同时具有给电子和受电子功能基团的材料，即 N-(2-氨基乙基)-3-氨丙基三甲氧基硅烷和全氟辛基三甲氧基硅烷修饰在固体材料表面，依靠分子工程用两个具有强带电能力的化学异质基团来调节表面电位，制备了静电均质抗静电表面，可完全抑制接触带电过程中摩擦电荷的产生与积累[3]。与传统的静电异质表面相比，这种分子工程抗静电涂层在宏量制备和抗静电效果方面具有卓越优势。给电子基团分子和受电子基团分子的结合使涂层具有可调控的表面电位，以实现完全的静电抑制。与其他需要对大面积材料进行改性或对表面图案进行精细控制的抗静电策略相比，这种通过给电子的化学修饰剂和受电子的化学修饰剂对表面进行混合修饰的方法，可实现对界面摩擦起电的智能调控。

目前，利用表面修饰的方法虽然可以对界面摩擦起电性能进行调控，但是还存在一些局限性，需要在未来进一步完善。

（1）修饰剂与固体表面的结合力一般较差，不耐磨，极易因刮擦、摩擦等外界运动产生磨损，影响摩擦起电的调控效果与耐久性。

（2）表面修饰的方法往往会在一定程度上改变原有固体材料表面的其他性质。

（3）一般来说，表面修饰方法大部分需要特殊的工艺和一定的处理或反应时间，如何对基底材料进行快速修饰也是未来需要考虑的问题。

4.1.3 表面结构对摩擦起电的影响

材料的表面结构影响其摩擦起电性能，主要源于以下几点因素。

1. 粗糙度

一般来说，材料在加工过程中会不可避免地产生大小不等的粗糙度。假设两个具备原子级平滑的表面相互接触时其接触面积为 A，两个粗糙的表面相互接触时的实际接触面积可能仅为 A 的百分之几甚至千分之几。由此可以看出，粗糙度可以在很大程度上影响真实接触面积，进而影响接触表面之间的摩擦起电。摩擦起电与材料的接触面积具有直接关系，对材料的表面进行纳米化处理，可以有效地提高材料的比表面积，这样可以有效地增大摩擦起电过程中材料的实际接触面积，从而提高界面摩擦产生的摩擦电荷密度，增大摩擦输出。因此，在实际情况下将粗糙度（或由此计算出的接触面积）与界面摩擦起电联系起来进行研究十分重要。

2. 微观接触体的曲率

材料表面的微结构多种多样，有的是经过车、铣、刨、磨等工序产生的随机分布的微凸体，有的则是经过特殊工艺制备的具备规整结构的表面。例如，利用光刻工艺可以制备金字塔、纳米柱等结构；利用模板法可以制备纳米线、微纳米台阶等结构；利用飞秒激光刻蚀或者皮秒激光刻蚀可以制备纳米级或微米级的各种织构形貌。材料表面微凸体的曲率往往会引起表面原子的能量状态不同，从而引起界面摩擦起电的变化。通常，在摩擦过中材料的凸表面或正曲率更容易得电子而带负电荷，凹表面或负曲率则更容易失电子而带正电荷。

3. 润湿性

固体表面的润湿性主要受到材料的组分和表面结构的影响。对于同一种固体材料来说，不同的结构可能会使其润湿性发生很大变化，如从疏水变为超疏水，从亲水变为疏水等。这些状态的变化会极大地影响固–液界面的摩擦起电。Li 等 [4] 通过热压方法得到具有规整纳米结构的聚丙烯纳米线，当聚丙烯薄膜从平面结构转变为纳米线结构时，其表面的润湿性由疏水状态转变为了超疏水状态，从而使固体表面和水更容易分离，增大了固–液界面的摩擦起电输出性能。

从上述内容中可以看出，对界面摩擦起电性质的调控可以通过改变材料的组分或者表面结构等策略来实现。另外，还可以将表面改性和结构设计进行结合，利用表面组分和表面结构的耦合效应实现界面摩擦起电的调控。由于摩擦起电发生在材料界面处，摩擦电极性依赖于材料表面功能基团的性质，而不是体相材料，因此可以通过选择合适的供电子基团和吸电子基团来系统地调控材料的表面摩擦起电性质。用全氟辛基三氯硅烷改性后的聚丙烯膜组装水–固 TENG 研究表面组分对水–固 TENG 电输出的影响（图 4.3）。结果表明，平面聚丙烯膜、纳米聚丙烯膜、氟化的平面聚丙烯膜、氟化的纳米聚丙烯膜基 TENG 的输出电流依次增大。

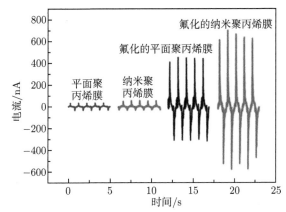

图 4.3　平面聚丙烯膜、纳米聚丙烯膜、氟化的平面聚丙烯膜、氟化的
纳米聚丙烯膜基 TENG 的输出电流对比

分析可知，材料表面结构和组成都对摩擦起电具有较大影响，当表面结构和组分起协同作用时，其摩擦起电输出最大。特别是在材料化学组成固定的情况下，表面结构对接触状态具有重要影响，包括接触面积、接触应力、润湿性等，可以深刻地影响界面的摩擦起电。在实际应用中，应当根据工况和材料性质等因素设计合适的表面结构，对表面的粗糙度等因素进行设计优化，以便实现基于表面结构对界面摩擦起电的调控。

4.2　环境因素对摩擦起电的影响

除材料本身组成、表面结构等性质导致界面摩擦起电能力的变化外，外部因素如环境温度、湿度等的变化也会引起材料摩擦起电性能的变化。最常见的一个现象是在温度和湿度较高的夏天，静电放电的概率要比干燥寒冷的冬天小很多，在冬季触摸门把手似乎更容易受到"静电电击"。环境因素是在测试摩擦起电的过程中无法避免的因素，研究环境因素对摩擦起电的影响对于研究摩擦起电的机理与应用具有重要意义。对于滑动摩擦和滚动摩擦，运动方向、法向载荷、运动速度、运动频率、摩擦时间等均会对摩擦过程中产生的静电产生影响。对于黏附界面的剥离起电，也受到剥离角度、剥离速度等因素的影响。在第 3 章中已经就其中的一些因素进行了讨论，受限于篇幅，其他因素在此不做详细介绍。

4.2.1　温度对摩擦起电的影响

温度是影响摩擦起电的一个非常重要的外因。人们普遍认为温度升高会导致摩擦电荷耗散加快，从而使摩擦起电能力变差。但实际上，温度对界面摩擦起电的影响是非常复杂的，影响的要素也比较多，主要包括以下几个方面。

1. 材料导电性

温度的变化会影响材料的导电性，从而改变材料的摩擦起电性能。温度升高时，材料分子的热运动及电子的热运动都会变得活跃，从而导致材料的导电性发生变化。一般来说，温度升高会使金属的导电性变差，这是因为电子的热运动受到原子核热运动的影响，降低了其电子的传输效率。某些半导体的导电能力则会随着温度的升高而减小，这是因为温度升高会促进某些半导体产生电子–空穴对，提高载流子的密度，从而提高半导体材料的导电性。对于大部分的绝缘体而言，温度升高将会使绝缘体中分子热运动增强，使脱离晶格结构的离子数目增多，从而使整体的电阻变低。因此，由于不同材料电导率随温度变化的规律不同，温度对材料摩擦起电的影响也会有差异。

2. 材料的介电性能

材料的介电性能是指在电场作用下，材料表现出对静电能的储蓄和损耗的性质，通常用相对介电常数和介质损耗来表示。对于绝缘体来说，温度的变化则可能会影响材料的电阻或者介电性能，同时还会影响表面静电荷的耗散。中国科学院北京纳米能源与系统研究所王中林院士团队系统地研究了温度对界面摩擦起电输出性能的影响[5]。该研究采用了常见的聚四氟乙烯和铝作为摩擦对偶，详细研究了两种材料在温度从 −20°C 到 150°C 变化的过程中界面摩擦起电的性能变化。结果表明，随着温度升高，界面摩擦起电性能呈现出逐渐降低的趋势。在整个过程中，PTFE 的介电常数也随着温度升高呈现出降低的趋势。介电常数的降低及表面缺陷的变化是造成该温度诱导效应的主要原因。

3. 材料的组分及结构

对于一些高分子材料或者其他对温度比较敏感的材料来说，温度变化可能还会使材料的组分或者结构发生变化，从而导致界面摩擦起电随之变化。例如，某些熔点较低的聚合物在温度升高时，可能会使其表面层的分子链发生运动或重新排布，进而使表面的微结构或化学基团发生变化，影响摩擦起电的性能。

4. 温差

在通常条件下，高温会降低摩擦电器件的摩擦电性能。兰州大学秦勇教授团队独辟蹊径，通过制造摩擦副之间的温差实现了摩擦电荷的增强[6]。通过将摩擦带电的电子–云势阱模型和热电子发射模型相结合，模拟研究了温差对 TENG 性能的影响，设计并组建了一种摩擦层温度可控的摩擦发电机，以提高电气输出性能。随着温差增大，电子从较热的摩擦层转移到较冷的摩擦层，摩擦电输出先增大然后减小。在最佳温差下，开路电压、短路电流、表面电荷密度和输出功率比温差为 0K 时分别增大了 2.7 倍、2.2 倍、3.0 倍和 4.9 倍。同时，摩擦的构造层温差可以扩展到其他摩擦纳米发电机以提高输出。

从上述内容可以看出，温度对界面摩擦起电的影响非常复杂，实际情况中，需要综合分析温度对材料的具体性能影响来分析温度对界面摩擦起电性能的影响。

4.2.2　湿度对摩擦起电的影响

环境湿度可以直接影响界面摩擦起电的化学组分和耗散速度，进而对摩擦起电的静电积累产生重要影响。由于摩擦起电对湿度特别敏感，且不同地域的湿度条件有较大差异，研究湿度对材料摩擦起电能力的影响，对于设计特定条件下的摩擦电收集器件及抗静电材料均具有重要的参考价值。

1. 常规摩擦电材料在不同湿度下的摩擦电输出

通常条件下，材料在干燥环境下更容易发生静电积累从而产生放电现象，也就是说，干燥环境下产生的摩擦电荷比潮湿环境下更多，这可能与固体表面的水分子吸附造成的静电耗散有关系。在大气环境下，大部分材料表面都会吸附水分子，使表面上带有羟基 S—OH（S 代表表面）。随着环境湿度的提高，材料表面产生一层水分子的物理吸附膜，这一层水膜将会导致表面电阻率大大降低，加速材料表面的静电荷耗散。Nguyen 等[7]通过实验证明了常规材料在高湿度环境下产生的摩擦电荷量更低。该研究以常见的硅橡胶和铝作为摩擦对偶，测试了硅橡胶和铝在不同湿度条件下的接触起电能力。结果表明，当湿度由 10% 增大到 90%时，硅橡胶与铝摩擦产生的电荷量降低了 25%，证明高湿度对摩擦起电具有明显的抑制作用。

2. 富含羟基材料在不同湿度下的摩擦电输出

与常规材料不同，一些富含羟基材料在高湿度时展示出了不一样的摩擦起电规律。Wang 等[8]研究发现，淀粉膜在 95% 高湿度环境下，与摩擦副 PTFE 接触摩擦时，其摩擦电输出比在 15% 湿度下约高 3 倍。主要原因是这种基于生物膜的 TENG 摩擦层是淀粉膜材料，其表面富含羟基，可以在高湿度环境中与水分子形成氢键，从而将游离水分子固定在膜表面上形成结合水，参与摩擦起电过程，并显现出比纯淀粉膜材料更正的摩擦电极性。这种富含羟基的摩擦电材料在雾气、海洋和其他高湿度环境中展现出在能量收集、自供电电子设备和预警设备中潜在的应用价值。同时，利用这一规律，该研究团队设计了用静电纺丝富羟基的聚乙烯醇 (polyvinyl alcohol, PVA) 代替口罩的聚丙烯熔喷层，制造了一种在高湿度环境下具有自充电并能保持电荷性能的新型医用口罩，以提高口罩的吸附效率和使用时间。这种新型医用口罩可以看作是一种由外层 PP 和内层 PVA 组成的 TENG。该设计可以将呼吸产生的水分子固定在 PVA 层的羟基上，使水分子作为电正性更强的摩擦带电材料参与摩擦起电。与传统的医用口罩不同，这种以 PVA 作为内部吸附层的医用口罩具有自充电功能，长时间佩戴充电电荷消散后，无须将其摘下，用手拍打即可为其重新充电使用。此外，由 PVA 和 PP 组成的 TENG 中，两个摩擦层在人的呼吸过程中也会相互接触并分离，从而产生接触电荷。与传统的 PP 医用口罩相比，该新型 PVA 医用口罩具有自充电和高耐湿性的优点。

4.2.3 气氛对摩擦起电的影响

除上述几个因素外，气氛也对界面的摩擦起电影响巨大。气氛的影响因素包括下列几个方面。

1. 气体的吸附

气体吸附对摩擦起电的影响是普遍的，这种影响几乎对全部材料适用，这是因为几乎所有的材料表面会发生气体分子或原子的吸附，并会对两摩擦副的界面接触状态或摩擦界面组分产生影响。一般来说，材料表面对于气体的吸附主要包括物理吸附和化学吸附，两种吸附可以同时存在。物理吸附是依靠范德华力作用使气体原子吸附在固体表面，这个过程一般比较快且是可逆的；化学吸附是指气体原子通过化学键被结合在固体表面上，这个过程大部分是不可逆的，且一般反应比较慢。因此，在很多情况下，实测的摩擦起电包括了吸附气体分子参与的摩擦起电。

2. 摩擦化学反应

由于摩擦过程中接触点之间产生极高的热量，可能会加速在平常条件下难以发生的反应。最常见的有气体参与的摩擦化学反应是摩擦过程中的氧化反应。另外，一些材料可能会与空气中的氧气及水分子发生反应，生成一层较为致密的氧化膜，使得界面的摩擦起电发生变化。

3. 气体放电

一般来说，两个固体表面之间因粗糙峰的客观存在，接触界面会存在一部分气体间隙。材料的摩擦过程或者接触过程中，可能会使表面之间产生较大的电势差。当电势差达到气体的放电阈值时，就会引起气体放电，使气体放电直接参与到摩擦起电中来。

气体放电与气体组分和气压之间存在密切的联系。研究人员研究了在不同气氛下及在不同气压（真空度）下气体放电的性能，利用接触–分离式摩擦纳米发电机将机械能转变为电信号，并在外电路中将其与真空硅管串联，真空硅管两侧各有两个金属针电极，针尖之间距离可调，通过调控真空硅管的气压控制气体放电。将真空硅管内气压预抽至一定气压，使两个金属针尖间发生放电，分别研究不同针尖距离的最大放电电流，具体数据如图 4.4 所示。实验发现，当放电距离从 0cm 增加到 0.9cm 时，最大放电电流从 0.08mA 增加到 26mA。但当进一步增大放电距离时，最大放电电流下降并逐渐消失。这是因为放电距离为零时，测得的电流信号为摩擦纳米发电机本身的输出电流信号。随着放电距离增大，测得的最大放电电流为击穿空气放电的电流。然而，继续增大放电距离则不能满足气体放电的阈值，不能发生放电现象。此外，随着真空度增加，受帕邢定律制约，放电电流呈现先减小后增大的趋势，并在 200Pa 左右出现一个最大放电电流的极值，这主要与气体分子在电极表面的排布状态和数量有关。为了验证普适性，分别在干燥空气、氮气、氦气和氩气中测试了不同真空度下界面摩擦电流的输出。结果发现，随着不同气体气压的提高，多种气氛下的界面摩擦电流均呈现先增大后减小的趋势，但是不同气氛下的界面放电电流的最大值和放电范围差别较大。综上所述，气体压力的变化会导致界面放电电流的变化，由气氛变化引起的界面放电改变现象具有一定的普适性。

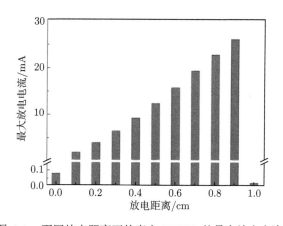

图 4.4　不同放电距离下的真空 TENG 的最大放电电流

4.3 特殊空间环境下的摩擦起电影响因素

空间环境，又称宇宙环境或星际环境，是指地球大气圈以外的宇宙空间环境，具有超高真空度、粒子辐照度、原子氧辐照、紫外辐照、高低温交变和微重力等特点。与地面环境相比，空间环境下摩擦起电和静电放电带来的危害更大，这是由空间环境的特殊性决定的。首先，真空环境可极大促进摩擦副的摩擦起电，并极大地抑制摩擦电荷的耗散，从而更易形成表面静电积累，对器件带来静电击穿等危害；其次，空间辐照中的质子、电子和原子氧等对摩擦副的摩擦起电影响也十分显著，它们一方面会引起摩擦副材料表面结构和组成的变化，从而影响其摩擦起电能力，另一方面，带电粒子通过辐射聚集在摩擦副表面造成正电荷或负电荷的静电积累，改变材料的表面电势，从而影响摩擦副的摩擦起电和摩擦学行为。目前，尽管有研究人员对空间环境下摩擦学行为进行了系统深入的研究，但是对于太空环境下摩擦起电与表面静电的研究却十分匮乏。本节将探索几种典型的模拟空间环境条件对摩擦起电的影响规律。由于真实的空间环境条件十分苛刻，在地面条件下难以实现其实际情况的模拟，本节将重点介绍真空度、原子氧辐照和紫外辐照对材料表面摩擦起电的影响。

4.3.1 真空度对摩擦起电的影响

真空 (vacuum) 是指在给定的空间内低于一个大气压力的气体状态。按照环境真空度的不同，通常将真空范围划分为低真空（$1\times10^5 \sim 1\times10^2 Pa$）、中真空（$1\times10^2 \sim 1Pa$）、高真空（$1\sim1\times10^{-5}Pa$）、超高真空（$1\times10^{-5} \sim 1\times10^{-9}Pa$）和极高真空（$<10^{-9}Pa$）。通常物体所处轨道距离地表越高，其所处环境中的真空度就越高。低地球轨道环境的真空度可以达到 $1.33\times10^{-7}Pa$ 左右，而在地球同步轨道上则可以达到 $10^{-11}Pa$。

高真空环境对于界面摩擦起电的影响主要体现在物质转移和电荷击穿两个方面。

1. 物质转移

真空度变化会引起界面黏附和物质转移的增加，直接影响材料的摩擦起电和电荷累积。真空环境对无机材料和有机材料的影响机理有着较大区别。金属和陶瓷等无机材料在高真空环境中的蒸发和放气基本上可以忽略不计，然而由于材料表面热对流基本消失、界面热散失困难、界面局部温度上升快，金属较好的延展性导致其容易发生塑性变形。在摩擦过程中，摩擦副界面原本较为平滑的表面会形成凸点，导致金属材料表面黏合，产生冷焊现象。有机材料在高真空环境下容易放气，释放出水分子、吸附性气体、溶剂、低分子量添加剂及其降解产物等，引起材料表面污染、材料尺寸稳定性降低及材料性能下降，从而直接影响参与摩擦起电材料的结构和组成。同时，组分挥发逸出表面所导致的材料老化和龟裂，也是密封舱工作环境安全的巨大隐患。这些影响材料界面性质的因素，都会使界面摩擦起电性能产生变化，从而带来潜在的界面摩擦起电威胁。

2. 电荷击穿

Luo 等[9] 研究发现，真空度的变化会影响界面的击穿电压阈值，导致材料表面电荷累积程度的变化。帕邢定律描述了气体击穿电压和气体压强的乘积与空气间隙之间的关系，具体公式如下：

$$V_b = APd/[\ln(Pd) + b] \tag{4.1}$$

式中，V_b 为气体击穿最低电压阈值；P 为气体气压；A、b 均为与气体本身性质有关的常数；d 为界面间距。根据式（4.1），随着界面真空度的增加，界面击穿的电压阈值呈现出先减小后增大的趋势。在低气压下，气体击穿阈值降低会导致界面电荷击穿。当处于高真空环境时，材料表面电荷消散困难，摩擦电荷会累积到大气环境下的数十倍甚至更高。这些异常累积的摩擦电荷会引起静电吸附和能源损耗，吸引空间微小物体，造成物体碰撞吸附，引发潜在的放电危险。

在模拟空间环境下，以尼龙盘和铜球组成的摩擦副之间的摩擦起电为例，研究气压对摩擦起电和电荷击穿的影响。由于材料吸电子能力的差异，当尼龙盘与铜球接触时，尼龙盘表面带正电而铜球带负电。当发生相对运动时，铜球将会在尼龙盘上新的位置产生正电荷，并且尼龙盘上的正电荷会因为积累而增多，使得盘上的磨痕处充满正电荷。当铜球运动到起始位置时，尼龙盘和铜表面的电子能量仍有差异，而相对运动会进一步增加界面的电荷转移，从而导致摩擦电荷进一步积累。根据聚合物盘存储电荷的能力和金属的导电能力，尼龙盘上的电荷会在聚合物盘上不断累积，从而导致聚合物盘上的电势增加到上千伏特，而铜球上的电势因其接地而无法累积，一直趋近于零。通过控制模拟空间环境腔体的气压，可以研究铜–尼龙摩擦副在球盘旋转模式下气压对摩擦起电的影响。研究发现，在气压下降的过程中，真空摩擦系统在界面处产生的摩擦电流可分为三个明显的阶段。铜球和尼龙盘在相对运动过程中表面产生正负电荷，在铜球接地时，负电荷会在电势差的作用下流向电流表并产生一个在几个纳安量级的负电流。随着气压的降低，放电电压阈值也随之降低，放电现象开始在摩擦界面出现。此时，摩擦过程中在尼龙盘上积累的正电荷可以击穿尼龙盘与铜球之间的空气段，形成非常大（约几个微安）的正电流。当真空度进一步升高，受帕邢定律的制约，放电现象将会很快消失，电流会再次变得很小（几个纳安）。高真空状态下摩擦磨损加剧，使得更多的聚合物磨屑黏附在铜球上，导致摩擦界面产生的摩擦电荷降低，因此高真空状态下的电流比低真空下的电流要略小，其等效电路如图 4.5(a) 所示。根据帕邢定律，当间距一定时，空气层间击穿的电压阈值随着气压的降低而降低。随着气压降低，摩擦副间近千伏的电势差将会击穿空气，从而产生放电现象，导致电流的急剧增大。当气压接近 200Pa 时，空气的击穿电压阈值达到最小，球盘摩擦界面最容易产生放电现象，摩擦电流最大。此外，不同高度的空气段所产生的放电电流也不一样。尼龙盘和铜球界面的放电示意如图 4.5(b) 所示。当真空度变化到合适的范围内，放电现象就会在摩擦界面处发生。随着真空度的进一步提高，击穿空气的电压阈值又会迅速升高，从而使得摩擦副界面的电势差不足以击穿空气，导致极大放电电流现象迅速消失。

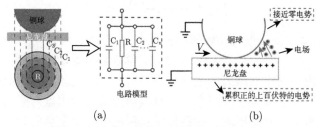

图 4.5　真空下铜球与尼龙盘的放电模型

(a) 包含了一个电阻 R 和无数个电容 C 并联的球盘模型等效电路图；(b) 尼龙盘和铜球界面的放电示意图

4.3.2　原子氧辐照对摩擦起电的影响

原子氧 (atomic oxygen) 是低地球轨道 (low earth orbit, LEO) 中残留的氧分子在紫外照射的作用下分解而形成的。低地球轨道距离地面 100～1000km，是对地观测卫星、气象卫星、空间站等航天器的运行区域。在正常的大气环境下，由于氧气较多，通过紫外分解的原子氧在游离过程中会与环境中的其他粒子碰撞，从而形成一些化合物并释放能量。低地球轨道中的气压较低，环境中形成的原子氧很难与其他粒子发生碰撞形成新分子并释放能量，因此低气压中的原子氧粒子较多。当高度进一步升高，环境中的氧气分子变得较少，虽然紫外辐照强度增加，但是最终分解出来的原子氧还是比较少的。因此，大气中的原子氧含量随着地面高度的升高呈现先升高后降低的趋势。此外，原子氧辐照随着轨道高度、轨道倾角、太阳活动周期与季节等变化而有所差异。当航天器以 8km/s 速度飞行时，原子氧撞击的束流密度可达 $10^{13} \sim 10^{15} O^{-}atoms/(cm^{2} \cdot s)$。此时，游离状态的原子氧具有较高的动能，一般在 5.3eV 左右。这一能量足以使许多材料的化学键断裂并发生氧化。由于原子氧的强氧化性，当大量原子氧粒子在太空中与材料表面进行碰撞时，会造成材料质量损失、表面剥蚀和性能退化。原子氧对有机材料的腐蚀作用还表现在会产生可凝聚的气体生成物，进而污染卫星上的光学仪器及相关设备。

Luo 等 [10] 初步探究了原子氧辐照对硅基材料聚二甲基硅氧烷 (PDMS) 的

表面成分和微观结构的影响，并且利用原子氧辐照的方法实现了对硅基聚合物界面的摩擦起电性能的调控。本小节将以此为例讨论原子氧对摩擦起电的影响。此部分实验是在模拟空间环境系统中进行的。原子氧辐照源是通过电离的方法将氧气转化成氧离子，利用一个远程回旋加速器给氧离子加速，使原子氧获得一定的动能，加速器的末端连接到一个带负偏压的钼板电场中。实验中利用微波电源（2.45GHz）赋予氧离子动能，为了模拟近地轨道原子氧的冲击能量，将微波电源的输出功率设置为 40V 和 5A。在辐照过程中，原子氧辐照射线以 5eV 的撞击动能对材料表面进行轰击。所有的辐照过程都是在 20°C 和 2×10^{-3}Pa 的真空环境下进行的。摩擦起电实验是将辐照后的 PDMS 分别与聚四氟乙烯 (PTFE) 和聚苯乙烯 (PS) 材料组成摩擦纳米发电机，并由一个可以控制频率和载荷的线性马达来驱动，以获得周期性的接触分离，利用摩擦起电和静电耦合的作用，在外部电路中产生连续不断的交流电，探究辐照对材料结构、组成和摩擦起电的影响。

1. 辐照时间对摩擦起电的影响

辐照时间对不同材料摩擦起电的影响规律是不同的。将经过不同辐照时间处理的 PDMS 分别与 PS 和 PTFE 组装成 TENG，探究原子氧辐照时间与其摩擦起电性能的关系。随着辐照时间的增加，利用 PS 和 PDMS 组成的 TENG 所测的开路电压呈现出先下降后上升的趋势，且开路电压的方向也发生了转变。当原子氧辐照时间接近 4h 时，界面的摩擦起电性能发生反转，TENG 的输出接近最小值，这反映了经过辐照之后 PDMS 材料的吸电子能力发生了巨大改变，在与 PS 摩擦起电的过程中，经原子氧辐照 4h 前后的 PDMS 摩擦电极性发生了翻转。对于 PDMS 和 PTFE 组成的摩擦纳米发电机，随着辐照时间增加，其输出呈现出不断增大的趋势，说明原子氧辐照后 PDMS 的摩擦电极性变得更正，在与 PTFE 材料摩擦时可以显著提高其界面的摩擦起电能力。因此，通过原子氧辐照对硅基材料表面进行改性，通过控制辐照时间，可以改变其表面带电能力，在不同的界面摩擦体系中满足不同领域的应用需求。

2. 材料性质变化

辐照时间引起 PDMS 的摩擦起电性能的变化与材料的性质变化存在内在联系。能谱仪 (EDS) 测试研究分析发现（图 4.6），经过原子氧辐照后，PDMS 表面的 Si 和 O 原子含量比体相内部增多，而 C 原子含量相对于内部变少，说明原子氧辐照过程中 O 原子以某种形式与硅基材料表面相结合，导致 O 原子含量增加；C 原子以某种形式从材料表面逸出，使得 C 原子含量减少；Si 原子含量变化可能是由 C、O 原子含量变化所导致的相对含量变化。另外，利用 X 射线光电子能谱 (XPS) 分析发现，随着辐照时间增加，氧的特征峰 (O1s) 强度在增强，硅的特征峰 (Si2p) 强度基本保持不变，而碳的特征峰 (C1s) 强度在减小，与 EDS 结果显示一致。经过 6h 的原子氧辐照后，Si—O 键强度增加，S—C 键强度降低，表明部分 Si—C 键可能被原子氧破坏后，与原子氧结合生成更稳定的 Si—O 键，最终，原子氧辐照处理的结果是在 PDMS 材料表面生成了类 SiO_2 的结构。由于类 SiO_2 结构给电子能力比原本的 PDMS 要强，在原子氧辐照处理后，硅基材料的供电子能力增强，其在与强电负性材料 PTFE 对摩过程中表现为摩擦电输出性能的持续增强，而在与弱电正性材料 PS 对摩时，随着辐照时间的延长，PDMS 摩擦电正性能力逐渐增强，直至电正性超过 PS 材料，宏观表现为其摩擦电极性在与 PS 对摩时发生翻转，由电负性变为电正性。因此，原子氧辐照可能会使材料表面组成发生变化，进而改变材料原有的摩擦起电性能。通过选择合理的对摩材料和辐照时间，利用原子氧处理可以实现界面摩擦起电的调控，这也为空间防静电材料的选择和设计提供了参考。

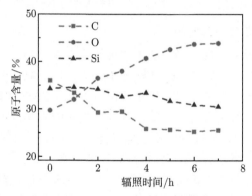

图 4.6　不同辐照时间下的 PDMS 薄膜表面的各元素的原子含量

4.3.3　紫外辐照对摩擦起电的影响

在外层空间，紫外辐照 (ultraviolet radiation) 是有机材料失效的主要因素之一。紫外辐照是指波长范围在 100~400nm 的辐射，根据波长，通常可以将紫外辐照划分为 A 波段（400~315nm）、B 波段（315~200nm）和 C 波段（280~100nm），并分别称为长波紫光 (UVA)、中波紫光 (UVB) 和短波紫光 (UVC)。地球的臭氧层阻绝了太阳辐照中大部分的紫外辐照，到达地球表面的大部分都是 UVA。由于 UVC 较高的能量会被消耗掉，仅占太阳常数的 0.001%（太阳常数是指在日地平均距离上，约 1.5×10^8km，同太阳光线垂直的单位面积在单位时间内所受的太阳辐照量，约为 1353W/m^2），但其作用却十分重要，它能使地球高层大气电离而形成电离层，航天器表面受它作用后会发生光电效应，使航天器表面带电，这将影响航天器内电子系统和磁性器件的正常工作。紫外辐照对于聚合物的影响主要有两个方面：一方面，辐射引起的断链导致材料在升温时塑性增加，形变量增大；

另一方面，辐射引发材料表面发生化学老化，使其在低温下表面脆化，产生微裂纹。此外，高聚物材料多为绝缘体，辐射损伤引起的电离效应会使其电性能发生变化。

紫外辐照对于材料的破坏作用不可忽视，聚合物材料中的一些共价键键能一般在 250~418kJ/mol（表 4.1），而紫外光子能量（400nm 时为 282.45kJ/mol，100nm 时为 1129.8kJ/mol）足以破坏例如含 C—C、C—O 等官能团的任意化学键，从而导致材料结构损坏和性能退化。对于大多数聚合物来说，紫外辐射的能量大部分由材料表层吸收。辐射引发聚合物网状结构断裂的结果导致其交联或降解。若交联是主要的，材料辐射的最终结果是产生网状聚合物，分子量变大；若降解是主要的，则辐照过程中分子量变得越来越小，材料失去聚合物的性质。无论是降解还是交联，辐射对聚合物的初级作用都是使聚合物激发或电离，即初级活化，产生一系列短寿命的中间产物，影响高聚物材料的各类性能。因此，在紫外光的长期辐照下，材料的摩擦起电性能也会发生相应的变化。研究紫外辐照对材料摩擦起电性能的影响，一方面可以为空间防静电材料的选择和设计提供参考，另一方面也可以为设计防老化、长寿命材料的设计提供数据支持。

表 4.1　聚合物分子的键能　　　　　　　　　　　　　　　　（单位:kJ/mol）

化学键	键能	化学键	键能	化学键	键能
C—C	347.7	O—H	462.8	Si—Si	221.8
C—O	351.5	N—H	394.6	Si—O	451.9
C—H	413.4	C—I	213.4	Si—H	318.0
C—N	290.8	Si—F	564.7	Si—C	318.0
C—Cl	326.4	Si—Br	309.6	Si—Cl	380.7
C—F	441.0	Si—I	234.3		

由于微波等离子体紫外辐照灯表面波的放电形式简单可靠，已实现越来越广泛的应用。微波源为标准的工业用磁控管（2.45GHz，最大功率 1kW），谐振腔用铜制成，为长度可调的凹腔，微波源的功率通过低损耗电缆传输到谐振腔，工作时微波源产生的表面波可以在等离子体和管壁的交界处传播，光谱信号通过窄带光学滤波器选择后接倍增管测量，净功率为传输和反射的功率之差，用功率计直接测量。紫外灯由熔融石英制成，充入 Hg 和 133Pa 的 Ar，灯插入共振腔的长度为 10mm，表面波在等离子体和管壁交界处传播。工作源由两套紫外辐照系统组成，可以模拟不同波长的紫外辐照，通过改变辐照强度、辐照时间和辐照波长，来探究紫外辐照对界面摩擦起电的影响。

1. 对材料表面粗糙度的影响

紫外辐照可能会导致材料表面粗糙度发生变化，从而改变材料的接触状态，影响界面的摩擦起电。在研究中，通过调整紫外辐照的强度和能量，将紫外辐照的波长范围设置在 300～350nm，以模拟实际环境中紫外辐照对材料老化的影响。以聚对苯二甲酸乙二醇酯塑料 (PET) 为研究对象，通过改变紫外辐照时间并测试紫外辐照前后 PET 材料表面形貌。经过 30d 的紫外辐照后，PET 表面的粗糙度明显增大。每隔 10d 取一次紫外辐照的 PET 薄膜样品进行对比，随着辐照时间的增加，其表面粗糙度也有着明显增加（图 4.7）。其中，未经辐照的 PET 薄膜表面的粗糙度约为 3nm，而辐照 30d 后 PET 表面粗糙度约为 6.23nm。这是因为聚合物表面在紫外辐照的作用下，某些官能团和结构被侵蚀，生成气体挥发后而形成的。

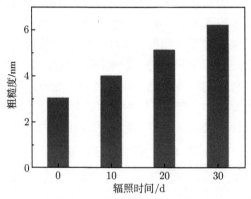

图 4.7   未经紫外辐照的和紫外辐照后的粗糙度的对比

2. 对材料组分的影响

紫外辐照也会导致材料组分发生变化，这来源于紫外光的高能量。为了进一步探究紫外辐照对材料组分的影响，将不同时间紫外辐照后的 PET 薄膜分别与电负性较强的 PVDF 薄膜和电正性较强的尼龙薄膜组成 TENG，并分别测试其摩擦起电性能的变化情况。其中，基于 PET 薄膜和尼龙薄膜的 TENG 的电学性能输出随着紫外辐照时间的增加而降低。基于 PVDF 薄膜和 PET 薄膜的 TENG，其电学性能输出随着紫外辐照时间的增加而增大。这可能是因为在聚合物表面生成某种得电子基团，并且该得电子基团会随着辐照时间的增加而增加。当对摩材料为得电子能力较强的薄膜时，其组成的 TENG 的电学性能输出会由于摩擦电极间得电子能力差异的增加而降低；与之相对的，当对摩材料为失电子能力较强的薄膜时，其组成的 TENG 电学性能输出会由于摩擦电极得失电子能力增加而增加。

通过 XPS 对紫外处理前后的 PET 材料进行表面表征后发现，随着紫外辐照时间的增加，C 元素的比例在逐渐降低，而 O 元素的比例在逐渐增加，且材料表面没有新的元素生成。为了细化官能团的变化情况，将未经辐照和经过 30d

辐照的 PET 薄膜的 C1s 的特征峰进行对比，未经辐照的 PET 薄膜中有结合能为 284.7eV 的 C—C 键，286.26eV 的 C—O 键，288.75eV 的 C═O 双键。经过 30d 紫外辐照后，C—C 键的比例有所下降，而 C—O 键和 C═O 键的比例有所增加，并且 C—O 键增加的幅度要比 C═O 高，说明紫外辐照所生成的 C—O 键比 C═O 键要多。由于 C—O 键的供电子能力比 C═O 键的得电子能力强，导致 PET 表面的供电子能力得到增强。因此，经过紫外辐照后的 PET 薄膜与尼龙薄膜所组成的 TENG 电学输出降低，而与 PVDF 所组成的 TENG 的输出升高。

4.4　摩擦起电器件设计对摩擦起电输出的影响

4.4.1　摩擦起电器件模型

自 2012 年王中林院士提出摩擦纳米发电机 (TENG) 的概念以来，研究人员非常重视摩擦起电器件的设计。通过对摩擦起电器件进行设计，一方面可以改变摩擦起电输出，另一方面还可能改变 TENG 的工作原理，因此有必要探究摩擦起电器件设计对摩擦起电输出的影响。通常，摩擦纳米发电机可分为四大工作模式，包括垂直接触–分离模式、水平滑动模式、单电极模式及独立层模式。这几种工作模式都是基于界面间的摩擦起电及静电感应而设计。以垂直接触–分离模式为例（图 4.8），当两种相互接触–分离的材料为绝缘体时，可以在两个材料背面分别溅射或粘贴一层导电电极，并在电极表面固定导线连接到外电路中以便形成闭合的工作回路。当两个材料发生接触并分离时，在背电极上就会由于静电感应驱动电子在外电路中流动，即可将摩擦电进行收集与利用。

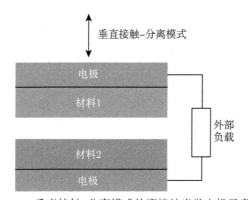

图 4.8　垂直接触–分离模式的摩擦纳米发电机示意图

随着对摩擦纳米发电机的深入研究，摩擦起电的机理及影响因素逐渐被深入地揭示和拓展，如摩擦起电的能带理论、"两步" 双电层理论、摩擦伏特效应、静电击穿效应、摩擦起电激发化学反应等丰富了摩擦起电的基本理论，摩擦纳米发电机的器件结构及运动模式（如滚动模式、剥离模式）也在这个研究历程中被逐渐丰富起来，下面就其中几个影响因素进行分析。

4.4.2 电荷储存层对摩擦起电的影响

传统的摩擦纳米发电机主要由摩擦层和导电层两部分组成。已有很多研究通过改变摩擦层表面结构或材料来提高摩擦纳米发电机的输出。Feng 等 [11] 创新性地在摩擦层和导电层之间引入了电荷储存层，实现了对摩擦发电机输出的增强。图 4.9 展示了具有聚酰亚胺 (PI) 电荷储存层的实验组和不具有电荷储存材料的对照组摩擦发电机电流输出对比，两个摩擦层分别为尼龙 (NY) 膜和聚偏氟乙烯 (PVDF) 膜，中间层 PI 被设计在聚偏氟乙烯与导电电极之间。根据输出测试结果，当加入 PI 电荷储存层之后，摩擦纳米发电机的短路电流输出得到了极大提升，从 9.2µA 提升到 65µA。在另一个对照组中，PI 电荷储存层和 PVDF 摩擦层被 Cu 导电层隔离开，从而排除 PI 和 PVDF 之间可能存在的接触起电电荷。与空白组相比，当把 PI 电荷储存层置于外侧时，摩擦发电机的短路电流输出几乎没有变化。因此，对比测试结果可以推断，PI 电荷储存层的引入可以极大地提高摩擦发电机的电流输出。另外，引入 PI 电荷储存层之后，摩擦发电机短路电流增长的速率非常快，经过大约 12500 个循环后达到最大短路电流 65µA。作为电荷储存层，PI 具有非常好的摩擦电荷储存性能，可以提升摩擦发电机的感应电荷数目和短路电流。这从侧面也反映出电荷储存层对实际的界面摩擦起电会有促进作用。通过设计中间层改变摩擦起电性能也是未来界面摩擦起电的有效调控策略之一。

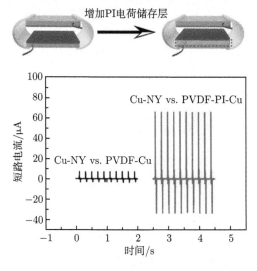

图 4.9　有无 PI 电荷储存层的摩擦发电机电流输出对比

4.4.3　导电电极对摩擦起电的影响

1. 导电电极对界面摩擦电荷的影响

当两个绝缘材料接触-分离之后或者在滑动摩擦时，导电电极一般需要被固定在两个材料的背面。这种情况下可以认为背电极实际上只起到了导电和产生感应电荷的作用，并没有直接参与到摩擦起电过程之中。因此，这种情况下导电电极对界面的摩擦起电及材料表面的静电荷几乎没有影响，可以认为其仅仅是一种反映摩擦起电状态的手段。当电极直接参与摩擦起电过程时，可以影响界面的摩擦起电性能，将其总结为两种情况。第一种情况，电极既作为导电电极，又作为摩擦层，在这种情况下，电极的性质显然会直接影响摩擦起电的性能。一般来说，除去表面粗糙度及表面吸附的影响，界面的摩擦起电与电极的功函数相关。图 4.10 展示了电极直接参与材料界面摩擦起电的两种情况，不管是对垂直接触-分离模式的摩擦起电，还是对滑动摩擦模式的摩擦起电，都与电极的材料性质存在密切联系。

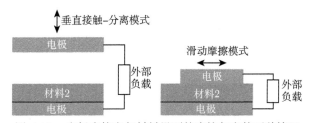

图 4.10　电极直接参与材料界面的摩擦起电的两种情况

第二种情况，电极并不直接参与界面摩擦起电的过程，主要是基于非接触模式下的静电放电或者称为静电击穿效应。图 4.11 所示一种比较典型的静电击穿电极的位置，电极往往距离材料表面有一定距离，当材料表面积累了较高的静电电荷时，就有可能与表面上方的电极发生放电，从而影响材料表面的静电电荷密度。例如，Xu 等[12] 基于气-固两相流间的摩擦，设计了一种新结构的 TENG，利用表面电荷与针尖的放电实现了对表面电荷密度的控制和收集利用（图 4.11）。

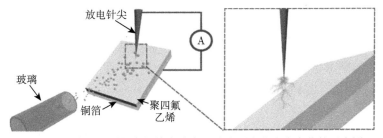

图 4.11　基于表面与电极静电放电导致表面电荷发生变化的示意图

2. 电极材料对摩擦电器件输出的影响

除摩擦层材料以外，负责感应起电的导电层对摩擦起电器件的输出也有一定影响。例如，选择固定的摩擦对偶和摩擦运动条件、仅仅改变背电极导电金属的种类进行摩擦起电性能测试时发现，采用金、铂、银、铜分别作为导电层时，得到的摩擦起电测试结果具有较大差异。其中，采用银作为导电层时获得的摩擦电信号最大，铜次之，铂其次，金最小。该测试结果的排序与这四种金属的电阻率基本一致，说明导电层对提高 TENG 输出的重要性，研究结果也为选择合适的导电层材料对优化 TENG 器件提供了新的思路。

3. 导电层粗糙度对摩擦起电的影响

由于导电层和摩擦层直接接触，导电层的表面结构也在一定程度上影响着摩擦层的结构，进而影响最终输出。研究人员利用砂纸在聚酰亚胺薄膜表面打磨出沟壑结构，并在沟壑结构上溅涂约 200nm 厚的银导电层，随后将摩擦层旋涂在导电层表面，使导电层和摩擦层之间存在一定的镶嵌结构。测试结果发现，从经 200 目砂纸到 1000 目砂纸打磨过的导电层，再到未打磨的平面导电层，其摩擦电输出呈依次降低的趋势。主要原因可能是低目数的砂纸打磨后的表面粗糙度过大，对摩擦层的结构产生了一定影响，降低了实际的接触面积，减少了摩擦电荷的产生。

4.4.4 曲率对摩擦起电的影响

1. 固–固界面

对于固–固界面直接接触的摩擦起电而言，固体材料的摩擦起电与表面的曲率密切相关。从宏观尺度上看，当两个材料接触时，其形状可能不一样，接触类型可能为平面与平面的接触、柱与平面的接触、球与平面的接触、柱与柱的接触、球与球的接触等，这些接触状态显然存在差异。从微观上看，两个表面实际接触的粗糙峰（或微凸体）的曲率也可能存在差异，如微米级与微米级粗糙度表面的接触以及纳米级与纳米级粗糙度表面的接触，二者显然会产生不同的摩擦起电效果。具体影响因素可能包括如下两个方面。

1）能量状态

曲率会导致两个固体材料相互接触时的能量状态发生改变，这一点在同种材料之间产生的摩擦起电尤为明显。如图 4.12 所示，当两个组分相同的材料相互接触或者摩擦时，往往是曲率更大的材料带负电，如当成分相同的砂粒碰撞时，往往是小砂粒带负电，大砂粒带正电。对于弯曲表面之间的接触起电或者摩擦起电来说，两个表面弯曲时会使材料的表面能发生变化，凸面的表面能会下降到一个较低的水平，而凹面的表面能则会略微上升。当两个不同曲率的表面相互接触时，就会使固-固界面摩擦起电与平面之间的摩擦起电性质产生差别，这也解释了为什么同种材料之间的摩擦也能产生摩擦起电的现象。

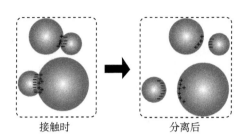

接触时　　　　　　　　分离后

图 4.12　不同曲率的同种材料摩擦起电示意图

2）接触面积

不管是从宏观尺度还是微观尺度上考虑，曲率都会对实际的接触面积造成很大影响。宏观尺度上，不同形状的材料之间接触面积不同，这可以根据接触力学的模型计算得到，也可以根据摩擦之后的磨痕或磨斑测试得到。从微观尺度上考虑，两个表面的接触面积与其表面的粗糙度、材料的模量和泊松比等因素存在密切联系。

2. 固-液界面

对于固-液界面，摩擦层的曲率对于摩擦起电也存在比较显著的影响。在前期研究中，多数水滴与固体表面的摩擦起电都是基于平面结构而展开，即将水滴置于水平或倾斜表面上进行研究。摩擦层曲率对固-液界面摩擦起电的影响却鲜有人注意，其影响因素主要包括如下两个方面。

1）接触面积

水滴与平面接触的面积相比于水滴与曲面接触的面积存在差异。与固-固界面的接触类似，当固体与液体接触时，固体材料表面形状变化之后，其接触面积也可能会发生变化，从而影响其界面的摩擦起电。

2）分离状态

材料表面曲率发生变化时，还会使液滴滚动速率发生变化，即液滴与表面的分离速度改变，从而影响界面摩擦起电。从理论上讲，固-液界面的接触面积越大，界面分离速度越快，摩擦过程就越激烈，从而产生更多的摩擦电荷。根据最速曲线原理，即在相同的距离条件下，在两点之间滚动的小球沿着曲线下降的时间最短。Peng 等 [13] 通过引入一种弧形表面结构并重新设计了基于水滴的摩擦电能收集器件，即将平面 TENG 改进为弧形 TENG，当水滴以每秒两滴的频率从 15cm 的高度下落时，平面 TENG 产生了 1.6μA 的短路电流，而弧面 TENG 则产生了

50μA 的短路电流,弧面短路电流是平面的约 31 倍,实现了对水滴能量的高效收集和利用。因此,通过弧形的结构设计可以极大地增加摩擦电荷分离速度,进而增大摩擦电输出。

3)润湿性

润湿性也可能会受到材料曲率的影响,尤其是对于一些带有微纳米结构的表面。当表面曲率发生变化时,可能会导致微纳米结构的分布产生变化,从而导致润湿性产生变化,影响固–液界面的摩擦起电。

4.5　摩擦起电的调控

作为界面接触常见的物理现象,摩擦起电是一把双刃剑,对人类的生活生产既存在有利的一面,也存在有害的一面。当需要利用摩擦起电为人类服务时,需要使摩擦起电量尽可能大;当表面静电积累可能带来危害时,则需要抑制它,使摩擦起电量尽可能小。因此,需要根据实际需求对摩擦起电量进行精准地调控,使其保持在一个可控的范围。

第 1 章已经介绍了摩擦起电的一些危害或者摩擦起电的潜在应用领域。一般,在一些容易因静电引起危害的领域,需要抑制其界面的摩擦起电,如在一些含粉尘、油品(油蒸汽)的场所,通过抑制界面的摩擦起电,可以预防这些易燃易爆物的燃烧或者爆炸。在纺织行业中,消除生产过程中的静电,可以使纺织过程中的线互不缠绕,提高纺织成品质量。在药品生产行业中,消除静电有利于药品成分质量控制更加精确,提高药品质量。在军工和航空航天领域,通过抑制摩擦起电可以提高信号传递精度,减少静电屏蔽带来的不利影响。摩擦起电还被用于静电存储、电子照相、静电起电机、静电马达、静电喷涂、静电分选、静电集尘、静电喷雾、静电植绒等方面。近年来,摩擦起电在能量收集领域得到广泛的研究和应用,如自驱动传感器、分布式能源、物联网和蓝色能源等。

4.5.1　摩擦起电调控方法

根据上面几节的讨论,摩擦起电的影响因素包括材料的成分、结构、润湿性等与材料相关的内部条件以及温度、湿度、运动方式等外部因素。本小节总结了界面摩擦起电的一般调控方法。如图 4.13 所示,通过改变材料的成分、结构及运动条件等可以对摩擦起电进行调控。在材料成分方面,材料自身性质决定了其摩擦起电能力,因此从材料的合成制备阶段就要综合考虑材料的基团、分子量等参数。除此之外,通过在材料体相内均匀添加石墨、石墨烯、钛酸钡、二硫化钼等填料对材料进行改性,也会改变材料的介电常数等性质,从而对其摩擦起电性质进行调控。对于两种摩擦起电极性不同的材料(一种材料容易带正电,一种材料容易带负电),将两者进行复合获得摩擦起电能力适中的材料也是一个较好的调控策略。另外一种对材料成分的控制策略是对其表面进行化学修饰。例如，可以在材料表面修饰胺基聚合物、氟聚合物等可以提高其起电能力，以及通过化学氧化、钝化、激光处理等使其表面具备不同的摩擦起电能力。

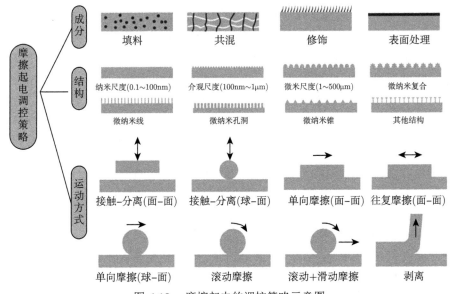

图 4.13　摩擦起电的调控策略示意图

1. 结构调控

在结构方面，通过改变材料表面结构可以影响接触时的应力状态、接触面积等。一般，在生活生产中接触的材料表面大都存在一些起伏不平的微凸体，这些微凸体的尺寸从纳米到微米不等。微凸体的客观存在使得发生摩擦起电的接触面积实际上很小。以两个平面之间的接触为例，其实际的接触面积可能是其表观接触面积的百分之一甚至千分之一。因此，两个表面的粗糙度的匹配度是调控摩擦起电的关键因素之一。

就材料微结构的尺寸而言，可以将其大致分为纳米尺度（0.1~100nm）、介观尺度（100nm~1μm）、微米尺度（1~500μm）。这些微结构可以利用光刻技术、模板法、飞秒/纳秒或皮秒激光刻蚀法、喷砂等工艺获得。其中，光刻技术是芯片制造、集成电路生产中的一个主要工艺，包括基底清洗、旋涂光刻胶、曝光、刻蚀等多道工序，工艺复杂，对环境要求苛刻。模板法适合用于一些热塑性的聚合物或者其他流动性较强的树脂，如低黏的硅橡胶材料的微结构制备等。激光刻蚀法是通过采用高能脉冲激光束，在基底表面刻蚀微米量级甚至纳米量级的图案或结构，可处理的基底范围比较宽泛，硅片、金属、聚合物等材料一般都能通过此方法进行加工。另外，在尺寸的设计中，将微米尺寸和纳米尺寸结构复合起来获得微纳米复合结构也是一种常见的策略，这是借鉴了自然界中荷叶表面的微凸体结构。一般来说，对表面结构的设计研究比较多的包括微纳米线、微纳米孔洞、微纳米锥和其他结构，通过控制微纳米（线）结构的长度、尺寸、分布的稀疏程度等，可以有效地控制摩擦起电。例如，通过构筑不同孔深的多孔阳极氧化铝模板，利用热压模板法可以在聚丙烯薄膜表面构筑具有不同长度和不同直径的聚丙烯纳米线。通过测试表明，具有不同长度和不同直径纳米线的聚丙烯薄膜，其摩擦起电的能力是不同的。利用这种聚丙烯纳米线不仅在固–固界面摩擦起电上可以实现有效的摩擦电调控，在固–液界面摩擦起电中也能实现对摩擦电的调控。

2. 表面成分调控

实际应用中，对于特定的工况下，材料的选择相对局限，通过表面结构处理的方法不一定能够有效地对摩擦起电进行调控，因此需要通过一些简单通用的后处理方式使材料表面的摩擦起电能力满足要求。由于材料的表面成分对于材料摩擦起电能力具有很大的影响，可以通过对材料表面成分及含量的改变来实现对摩擦起电的调控。例如，通过控制材料表面氟的含量以及胺基、羟基等易起电基团的含量，就能得到期望的摩擦起电能力。具体而言，通过化学气相沉积的方法在聚丙烯薄膜表面沉积全氟辛基三氯硅烷，可实现对材料表面成分的改性。摩擦起电测试结果表明，在表面的氟元素含量增大以后，聚丙烯薄膜的摩擦起电能力得到了大幅增强。这种增强效果不仅在固–固界面摩擦起电中表现突出，在固–液界面摩擦起电的调控中也具有非常好的效果。除通过增加氟元素的含量外，还可通过引入聚多巴胺的方法来改变材料表面胺基基团的含量，以增强材料摩擦起电能力。此外，对材料表面成分的调整也可以对实现摩擦起电能力的抑制，从而达到抗静电的效果。Zheng 等 [14] 通过调整材料表面氟和胺基等基团的比例，实现了对材料的静电抑制，从根本上达到了材料摩擦起电减少甚至不起电的效果。

3. 导电层的组成和结构调控

摩擦起电器件在进行能源收集的过程中，起静电感应作用的导电层对于摩擦起电输出性能也具有一定的影响。因此，通过改变导电层的元素成分、厚度和结构，可以对摩擦电器件的整体输出进行调控。例如，与铜、铂、金等相比，用银作为摩擦发电机的导电层时，其输出最大；通过调整导电层厚度约为 200nm 时，获得的输出较高，导电层的厚度过小或过大均会降低摩擦发电机输出。此外，导电层的摆放位置、尺寸及是否具有分支结构，均可对摩擦起电器件的最终输出产生较大影响，通过对导电层的设计可以实现摩擦电输出的调控。

4. 运动方式调控

通过对摩擦运动方式的设计或控制，可以实现摩擦起电器件输出性能的调控。界面的摩擦起电发生于多种界面，具有多种模式，如接触-分离模式、滑动摩擦模式、滚动摩擦模式和剥离模式等，不同模式之间的摩擦起电存在差别。每一种模式可能会有几种不同的运动状态，如在接触-分离模式中，摩擦副可以是面-面接触，也可以是球-面接触状态，其接触时的载荷、接触-分离的频率都会影响摩擦起电的大小。滑动摩擦模式可以是单向摩擦，也可以是往复摩擦，对摩擦起电影响较大的因素包括法向载荷、运动速度和摩擦时间等。在滚动摩擦的运动模式下也可能同时存在滑动的运动，两者以某个滑滚比同时影响着界面的摩擦起电。对于黏附界面的剥离起电，也会受到剥离角度和剥离速度等因素的影响。

5. 环境因素调控

摩擦起电还受到环境因素的制约和影响，环境因素主要包括气氛、温度、湿度、辐照度等。这些环境因素不仅可以影响摩擦副界面摩擦起电的发生机制，而且会影响摩擦电荷的耗散和积累途径，造成摩擦电输出或表面积累静电量的巨大差异。因此，通过对环境因素的控制，可以实现对界面摩擦起电的调控。

前面已经具体讨论了摩擦起电的影响因素，下面对摩擦起电的调控原则进行总结。其中，增大摩擦起电的策略包括以下几点。

1）材料的优选与设计

材料的基团或所包含的元素决定了材料的吸电子能力。如果将一种容易得电子的材料与另一种易失电子的材料（摩擦电极性分别位于摩擦电序列表的两端）进行组合，就会使其界面摩擦起电的能力增强。通过材料的成分设计、表面修饰等策略可以调控材料的吸电子能力，达到增强界面摩擦起电能力的目的。

2）优化界面接触状态

通过使两个表面的粗糙度匹配，增大其接触面积，进而增加界面摩擦起电的位点，有利于界面摩擦起电的发生。对表面进行微纳米化处理，也有利于电荷转移。对于固-液界面的接触来说，增大摩擦起电的策略有增大接触面积和超疏水处理等。

3）通过改善运动条件增大机械能的输入

当机械能转化为静电势能的转化效率不变时，通过改变运动条件就可以增大机械能的输入（如增大载荷和频率等），从而增强界面的摩擦起电能力。

4）能量转化

通过将其他方式的能量转化为电能的形式，可以在一定程度上增强界面的摩擦起电能力。

5）改善环境因素

对于大多数材料来说，较高的温度和较高的湿度不利于摩擦电荷的积累但有利于摩擦电荷的耗散。通过适当调节环境的温度、湿度等条件可以进一步增强摩擦起电能力。

摩擦起电的抑制策略主要通过以下策略实现（具体防静电策略将在第 7 章中介绍）。

1) 材料的抗静电设计

通过对材料本身进行表面修饰或者复合改性，使材料自身起电能力变弱，从源头上抑制摩擦起电。通过添加导电填料、抗静电剂，使材料本身积累的电荷可以很快耗散出去。另外，通过将两种不同极性的表面复合成一个表面，则可以实现表面正负电荷的原位中和，整体上表现出较少的摩擦净电荷。对于固–液界面的摩擦起电而言，通过材料的亲水化处理，使材料表面形成超浸润的效果，则可以实现电荷的屏蔽抑制，减小摩擦起电。

2) 接地处理

大地作为零电势点，可以容纳足够多的电荷而不会出现电势改变。将设备或者器件进行接地处理，可以将残留的静电荷直接导入大地，从而实现快速消除静电的目的。

3) 能量转化

通过将摩擦电以其他能量方式转化，使表面的静电流动起来，也可以实现界面摩擦起电的抑制。

4) 环境控制

对于大多数材料来说，通过提高温度、增加湿度有利于摩擦电荷的耗散，从而抑制摩擦起电。

4.5.2 摩擦起电调控实例

1. 基于能量转换的摩擦起电调控

摩擦是一个非常复杂的物理化学过程，从能量角度来说，摩擦过程主要是将摩擦副相互作用的动能转化为声子、光子和电子等其他形式的能量的过程。大部分科研人员认为，摩擦起电的本质可能来源于摩擦过程中的电子转移。除了摩擦起电，摩擦过程中还伴随有摩擦发光、摩擦生热等能量转化方式。因此，从理论上来说，可以通过控制摩擦过程中能量的转化方式，将更多的能量转化为光能或热能等，就可以调控摩擦起电，以达到预防或消除静电的效果。基于此，Wang 等 [15] 提出了一种通过摩擦起电和机械发光相互转换来控制聚合物表面摩擦电释放的新方法。通过向聚二甲基硅氧烷 (PDMS) 中引入 ZnS:Mn 材料，当发生摩擦接触时，PDMS 表面产生的电子会进入 ZnS:Mn 晶格中并参与机械发光，从而使其表面的摩擦电荷被 ZnS:Mn 的机械发光所耗散，以达到消除电荷的目的（图 4.14）。

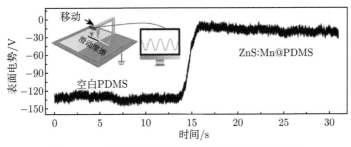

图 4.14　掺入力致发光材料前后表面电势的对比

Wang 等[16] 基于摩擦起电的电子转移理论和热电子发射理论，利用摩擦后聚合物表面的摩擦电荷可以被红外热激发所产生的电子中和，实现了对摩擦起电的调控。由于热激发的电子是瞬间产生的，聚合物表面的电荷将快速地被中和，而热激发电子可以被用来调控聚合物表面的电势。对于电正性聚合物而言，热激发电子会中和表面的正电荷，达到防静电的目的；对于电负性聚合物，热激发电子会增加表面电势，使聚合物的电负性增强。当采用 808nm 的近红外光照射制备的 $Fe_3O_4@PDMS$ 复合薄膜时，其表面电势会同步发生明显的变化（图 4.15）。这说明在红外照射下，材料表面的热电子会发生迁移，从而引起表面电势发生相应的变化。

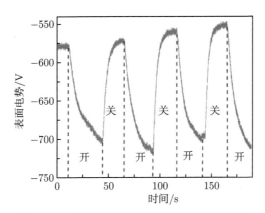

图 4.15　基于光热效应摩擦起电的调控效果

2. 基于温度场效应的摩擦起电调控

液–固界面摩擦电的智能化、高精度控制对能量收集利用和防静电设计具有重要意义。然而，传统的固–液界面摩擦起电调控大多是单向的、不可逆的，伴随着样品利用效率低、应用范围狭窄等难题。Li 等[17] 通过将双亲性的聚己内酯 (polycaprolactone，PCL) 修饰到固体摩擦层表面，利用 PCL 构象随温度变化，赋予固体摩擦层可调控的表面组分和界面润湿性，从而成功地实现了对固–液界面摩擦起电的原位智能操纵。当温度从 20°C 升高至 40°C 时，短路电流和输出电压急剧下降至原来的约 1/40。当温度再次降至 20°C 时，电输出又恢复到原来的水平。由于 PCL 表面重构行为的可逆性以及固体摩擦层在空气和水中的长期稳定性，在经过多次冷热循环甚至放置一个月后，电输出仍具有良好的可逆性和稳定性。除了水之外，PCL 与具有更低表面能的乙二醇摩擦时，也具有类似的温度可逆响应现象。该温度响应机制主要归因于 PCL 是一种两亲性聚合物，它在不同的环境温度下具有表面重构现象（图 4.16）。在相对较低的温度（20°C）下，PCL 链段的运动速率较慢，类似于"冻结"态，水的直接接触不会诱导 PCL 表面发生明显的重构，此时系统处于热力学不稳定状态，疏水链段聚集在外表面显示一定的疏水性。然而，随着温度的升高（40°C），PCL 链段的运动将变得活跃，即"活跃"态。最终，聚合物与水界面上的大多数疏水基团被亲水基团取代，从而使得体系达到热力学稳定状态，表现为亲水性。该工作解决了传统的固–液界面摩擦起电调控的单向性和不可逆性，为固–液界面摩擦起电的调控和应用开辟了新途径。

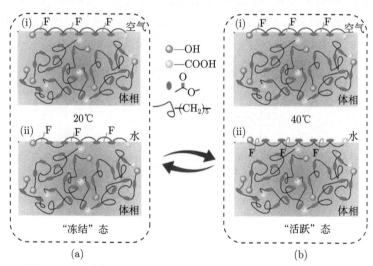

图 4.16　两亲性聚合物 PCL 在环境刺激下的表面重构示意图

与此类似，Feng 等[18] 将温敏性的聚（N-异丙基丙烯酰胺–甲基丙烯酸甲酯）(P(NIPAM-MMA)) 引入固体摩擦层表面，同样对液–固界面摩擦起电实现了智能化、高精度控制（图 4.17）。P(NIPAM-MMA) 作为一种温敏性聚合物，当环境温度低于低临界相转变温度 (lower critical solution temperature, LCST) 时，其嵌段呈现亲水状态；当环境温度高于 LCST 时，聚合物嵌段从亲水状态转变为疏水状态。因此，通过调节温度，可以使 P(NIPAM-MMA) 的链构象发生转变，进而实现对固体摩擦层表面组分和润湿性的调控，从而改变固–液界面摩擦电性能。当温度从 20°C 升至 60°C 时，基于 P(NIPAM-MMA) 的固–液界面摩擦纳米发电机输出增加了约 27 倍。当温度高低切换时，电输出表现出出色的可逆性和可重复性。这种基于温敏性 P(NIPAM-MMA) 材料的摩擦起电设计可与液滴无线预警系统结合，可用于特定温度的监测。在此项工作中，P(NIPAM-MMA) 的引入不仅为固–液界面摩擦起电的可逆调控提供了新思路，也为设计高灵敏度温度预警传感器提供了新方法。

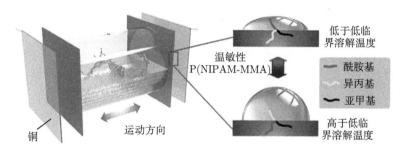

图 4.17　基于温敏性材料的摩擦起电调控示意图

总之，摩擦起电的调控策略在未来仍然需要深入研究，总结其深层次的调控规律，使摩擦起电能够更好地被利用起来，并且发展出更多的抗静电材料，也是未来的发展趋势。

参 考 文 献

[1] FENG Y, ZHENG Y, MA S, et al. High output polypropylene nanowire array triboelectric nanogenerator through surface structural control and chemical modification[J]. Nano Energy, 2016, 19: 48-57.

[2] FENG Y, ZHENG Y, RAHMAN Z U, et al. Paper-based triboelectric nanogenerators and their application in self-powered anticorrosion and antifouling[J]. Journal of Materials Chemistry A, 2016, 4(46): 18022-18030.

[3] JIN Y, XU W, ZHANG H, et al. Complete prevention of contact electrification by molecular engineering[J]. Matter, 2020, 4(1): 290-301.

[4] LI X, ZHANG L, FENG Y, et al. Solid-liquid triboelectrification control and antistatic materials design based on interface wettability control[J]. Advanced Functional Materials, 2019, 29(35): 1903587-1-1903587-10.

[5] LU C X, HAN C B, GU G Q, et al. Temperature effect on performance of triboelectric nanogenerator[J]. Advanced Engineering Materials, 2017, 19(12): 1700275-1-1700275-8.

[6] CHENG B, XU Q, DING Y, et al. High performance temperature difference triboelectric nanogenerator[J]. Nature Communications, 2021, 12(1): 4782-1-4782-8.

[7] NGUYEN V, YANG R. Effect of humidity and pressure on the triboelectric nanogenerator[J]. Nano Energy, 2013, 2(5): 604-608.

[8] WANG N, FENG Y, ZHENG Y, et al. New hydrogen bonding enhanced polyvinyl alcohol based self-charged medical mask with superior charge retention and moisture resistance performances[J]. Advanced Functional Materials, 2021, 31(14): 2009172-1-2009172-14.

[9] LUO N, YANG D, FENG M, et al. Vacuum discharge triboelectric nanogenerator with ultrahigh current density[J]. Cell Reports Physical Science, 2023, 4(3): 101320.

[10] LUO N, FENG Y G, LI X J, et al. Manipulating electrical properties of silica-based materials via atomic oxygen irradiation[J]. ACS Applied Materials & Interfaces, 2021, 13(13): 15344-15352.

[11] FENG Y, ZHENG Y, ZHANG G, et al. A new protocol toward high output TENG with polyimide as charge storage layer[J]. Nano Energy, 2017, 38: 467-476.

[12] XU S, FENG Y, LIU Y, et al. Gas-solid two-phase flow-driven triboelectric nanogenerator for wind-sand energy harvesting and self-powered monitoring sensor[J]. Nano Energy, 2021, 85: 106023-1-106023-11.

[13] PENG J, ZHANG L, LIU Y, et al. New cambered-surface based drip generator: A drop of water generates 50 μA current without pre-charging[J]. Nano Energy, 2022, 102: 107694-1-107694-11.

[14] ZHENG Y, MA S, BENASSI E, et al. Surface engineering and on-site charge neutralization for the regulation of contact electrification[J]. Nano Energy, 2022, 91: 106687-1-106687-10.

[15] WANG N, PU M, MA Z, et al. Control of triboelectricity by mechanoluminescence in ZnS/Mn-containing polymer films[J]. Nano Energy, 2021, 90: 106646-1-106646-13.

[16] WANG N, FENG Y, ZHENG Y, et al. Triboelectrification of interface controlled by photothermal materials based on electron transfer[J]. Nano Energy, 2021, 89: 106336-1-106336-11.

[17] LI X, ZHANG L, FENG Y, et al. Reversible temperature-sensitive liquid-solid triboelectrification with polycaprolactone material for wetting monitoring and temperature sensing[J]. Advanced Functional Materials, 2021, 31(17): 2010220-1-2010220-11.

[18] FENG M, KONG X, FENG Y, et al. A new reversible thermosensitive liquid-solid TENG based on a P(NIPAM-MMA) copolymer for triboelectricity regulation and temperature monitoring[J]. Small, 2022, 18(21): 2201442-1-2201442-11.

第 5 章　摩擦起电的应用及其实例

摩擦起电的应用领域可以大致分为三部分，如图 5.1 所示。首先，摩擦起电可以作为一种新的能量收集的方式被利用。随着界面摩擦起电研究的深入，摩擦电能作为一种能源受到了越来越多科研人员的关注。旨在收集摩擦电能的摩擦纳米发电机的应用范围不仅面向传统领域的能量收集和供应，还面向可穿戴电子设备、植入式医疗设备、人机交互等新兴领域。其次，在很多系统中，摩擦起电也可以作为一种信号源被利用起来。例如，在摩擦学中，摩擦起电可以作为一种反映摩擦副的摩擦或者润滑状态的信号，已经成为一种新型的检测手段。最后，摩擦起电还可以作为一种界面静电作用力来调控摩擦。摩擦起电可以产生摩擦电荷，导致两个表面之间存在静电作用力，同此利用界面的静电作用力可以实现调控摩擦的目的。

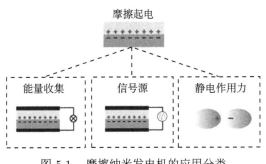

图 5.1　摩擦纳米发电机的应用分类

5.1　摩擦起电在能源收集中的应用

自从人们发现利用摩擦可以产生电能以来，多种样式的摩擦发电机陆续被研制出来，从最早基于硫黄球制备的起电机到后来发展的范氏起电机、维氏起电机、开尔文滴水起电机等等，最初这些将摩擦电利用起来的尝试也将人们带进了电磁学的神奇新世界。目前，传统的化石能源、电能、风能、太阳能等虽然已经深入生产生活的各个方面，但是这些能源的获取与利用具有一定的局限性。得益于摩擦随处发生的普遍性和广泛性，以及人为创造摩擦的可行性，王中林教授在 2012 年发明了摩擦纳米发电机（TENG），其在能源收集领域得到了飞速的发展，并在未来分布式的能源领域展现出广阔的应用前景。

5.1.1　基于固-固界面摩擦起电的应用

1. 基于机械运动的能量收集

基于简谐共振器的垂直接触-分离式的 TENG 是第一个被提出的利用摩擦纳米发电机来进行机械能采集的装置，它可以对环境中微小的机械能（如人体运动和机械振动等）进行能量采集。TENG 在接触或摩擦过程中的电荷产生是接触带电和静电感应耦合作用的结果。当两种具有不同摩擦电极性的材料发生机械接触时，电荷会出现在它们的表面上。当它们分开时，两种材料之间的静电势差导致电流流过外部电路。以基于氟化聚丙烯纳米线与铝膜作为摩擦副的垂直接触-分离式的摩擦纳米发电机为例进行说明 [1]：首先，制备氟化聚丙烯纳米线阵列材料，利用两步阳极氧化法在草酸溶液中制备了多孔氧化铝模板，再以多孔氧化铝作为硬模板，将聚丙烯薄膜高温热压入多孔氧化铝的孔中，形成聚丙烯纳米线/多孔氧化铝同轴纳米阵列结构；其次，在热的氢氧化钠溶液中浸泡去除多孔氧化铝模板，就得到了规整的聚丙烯纳米线阵列；最后，用含氟化合物对纳米线阵列进行修饰改性即可得到氟化的聚丙烯纳米线材料。将聚丙烯纳米线材料的背面贴附导电铜胶带并与另一个摩擦层铝膜用导线连接，即可组装成典型的垂直接触-分离式摩擦纳米发电机。

摩擦纳米发电机的工作原理是基于摩擦起电与静电感应的耦合。以上述例子说明，在聚丙烯纳米线与铝膜接触之前，没有发生电荷转移。当两者通过外力的作用发生接触时，接触使两个材料的电子云相互重叠并发生电子的转移。由于聚丙烯更强的得电子能力，在摩擦过程中铝原子的电子向聚丙烯发生转移，进而使铝膜表面带正电荷，聚丙烯纳米线表面带负电荷。由于静电感应效应，在释放过程中聚丙烯纳米线的背电极将产生与摩擦层相反的电荷，并在与铝电极形成的电势差的作用下使电荷发生流动，即在外电路中产生电流。因此，TENG 可以将摩擦起电与静电感应效应相结合，在按压和释放运动的循环过程的中产生电能。

2. 基于风驱动的能量收集

风能是自然界中的一种可再生能源，收集风能的传统装置大多是基于涡轮机结构和电磁感应原理进行设计的。利用摩擦纳米发电机的设计也可以实现对风能的收集，在此介绍两种基于摩擦电的风能收集装置。

1）颤振结构

风是空气流动的反映，当有风吹动时，气体流动作用到阻挡它的物体并产生振动时就可发出振动波。利用物体在风中的振动可以实现两个材料的接触和分离，这就满足了接触起电的条件 [2-5]。图 5.2 展示了一种颤振式风驱动聚四氟乙烯基 TENG 的夹层结构 [6]。此 TENG 器件结构主要由三层组成：顶层、中间层和底层。顶层和底层均为 PVA 薄膜摩擦层，背面贴有导电铜电极；中间层为 PTFE

柔性薄膜摩擦电极。将每个贴有铜电极的 PVA 摩擦层固定在一块有机玻璃板上，再将 PTFE 柔性薄膜摩擦层的一端固定在中间的垫片上。利用连接到空气压缩机的普通气枪模拟风驱动 TENG。由电子风速计测试的风速保持在 10m/s，该风速属于 5 级风速，在自然环境中具有普遍性。TENG 的有效摩擦面积共计 20cm^2。如图 5.2 所示，当风吹入装置时，PTFE 柔性膜随风向上移动并与上方 PVA 层发生接触摩擦。随着风的持续吹入，PTFE 柔性膜又向下移动，与下方 PVA 摩擦后并再次返回到其原始位置，整个上移和下移过程组成了一个运动循环。在此过程中，由于 PTFE 与 PVA 材料电负性的差异，使 PVA 中的电子转移到 PTFE 上，导致 PVA 表面带正电荷，PTFE 表面带负电荷。当中间的 PTFE 摩擦层随风又向下或向上移动时，在静电感应作用下，所产生的电位差将驱动电子在外电路中来回移动，从而形成可被利用的电流。另外，PVA 材料的羟基可固定空气中的水分子，可以提高材料的电正性并参与摩擦起电过程，因此该 TENG 在高湿环境下也显示具有较高的输出性能。利用此设计可实现在潮湿的环境中得到 29.72μA 的短路电流输出及 695.18V 的开路电压输出，并且被成功地应用到海洋高湿环境下的风能收集。

图 5.2　颤振式风驱动 TENG 装置的周期性接触和分离过程 [6]

2）转动结构

传统的风力发电是利用风吹动风机叶片转动并带动齿轮箱及发电机运转，然后通过电磁感应及电源管理系统运行发电，但如何提高输出电压并实现高效利用是一个难点。TENG 输出性能具有高电压的特点，将 TENG 技术与电磁发电技术相结合，取长补短，发展一种包含电磁感应发电机（electromagnetic generator，EMG）及 TENG 的转动式风驱动混合发电机，是一种有前景的技术 [4]。在这种设计中，TENG 由旋转层和固定层组成，利用摩擦起电及静电感应的原理产生交流电信号；而 EMG 由旋转层上的磁铁和固定层后面的铜线圈组成，通过电磁感应原理产生交流电信号。最后，利用风驱动的 TENG 和 EMG 在外部电路中通过电路整合可以产生更强的电输出信号，这种整合的发电技术可实现对风能的高效利用，可为小型的电子器件如 LED 灯、温湿度传感器、手机等提供较稳定的电能。

3）基于声波驱动的能量收集

声波是机械振动的一种特殊形式，广泛地存在于日常生活之中。因为声波本身是一种能量密度很低的能量源，所以目前还缺乏有效的技术对环境中的声波能量进行采集利用。

这里介绍一种基于摩擦电自供电技术的声波能量采集装置，即声驱动TENG[7]。声音驱动 TENG 主要由泡沫铜、PVDF 纳米纤维层、尼龙（NY）织网层、PEDOT 导电聚合物构成。其中，具有无规则的三维网状结构的泡沫铜可使得声波顺利流通，激发 PVDF 层和 NY 层产生振动。在声波的连续作用下，NY层和 PVDF 层可以形成持续的振动，在振动的过程中 NY 层和 PVDF 层不断地接触和分离，使两个表面分别携带正负电荷。运动过程中产生的电位差可驱动电子在外电路中流动，从而有效、连续地将声波能量转换为电能。

作为声能收集装置，声音的频率和强度对声波驱动 TENG 的输出有重要影响。其中，声音的频率主要影响振动膜的振动状态，在特定的共振状态下（50～175Hz），器件振动膜的振幅越大，两个材料的分离距离就越大，对摩擦层束缚的削弱就越强，层与层之间的接触变得更紧密，接触更加充分，产生的摩擦电荷量就越大，进而在谐振频率处产生更大的输出电压和短路电流信号。另外，器件的输出电能随着声音强度的增加而变大，这是因为振动膜的振幅和分离速度增加，促进了界面电荷的转移。声波驱动的 TENG 所收集的电能可用于照明、小型设备电源、自供电传感器等多个方面。作为应用示例，研究人员使用不同频率的声波和声强级驱动 TENG 产生电能，再通过整流桥连接电容，从而实现了电能的存储和应用，图 5.3(a) 和 (b) 分别展示了在不同频率 (25～425Hz) 和不同声强 (76～110dB)充电时声波驱动 TENG 充电曲线。不同频率下，相应充电曲线的斜率差异比较

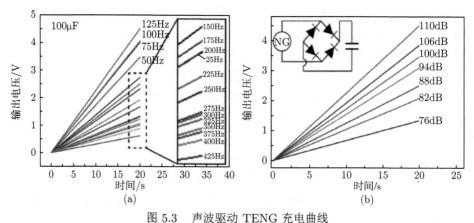

图 5.3　声波驱动 TENG 充电曲线

(a) 不同频率的影响，声强固定在 110dB；(b) 不同声强的影响，频率固定在 125Hz[7]

大，TENG 在 125Hz 和 110dB 声波下具有最快的充电速度。它可以在 20s 内将 100μF 电容充电至 4.6V，最大充电速率为 20.91μC/s。结果还表明，选择合适的驱动参数可以实现 TENG 的输出能量最大化。

5.1.2　基于固–液界面摩擦起电的应用

固–液界面摩擦随处可见，如海洋设备时刻处于与海水的不断摩擦之中，基于固–液界面的摩擦起电在能量收集等领域也具备潜在的广阔应用前景，特别是海洋中蓝色能源的收集利用方面。一方面，它可以收集低频运动范围的水波能量，发展为一种新的能源收集方式；另一方面，由于海洋环境的特殊性，利用 TENG 收集的这些能量可以被原位用于海洋设备设施自供能的防腐、防污等。在此介绍几种基于固–液界面摩擦起电模式的器件设计。

1. 液滴模式

液滴与固体的摩擦存在于很多场景之中，最常见的就是雨滴在下落时与固体表面的摩擦。液滴模式下的固–液界面摩擦电能收集也是基于摩擦起电与静电感应耦合原理工作的 [8]。液滴模式下摩擦电器件的输出性能受固体摩擦副材料组成、表面结构及电极设计等因素的影响。

从材料设计的角度考虑，一般需要考虑利用表面能比较低的疏水材料，此类材料便于水滴从其表面快速分离，如基于超疏水表面的 TENG 设计 [9]。除此之外，还要考虑材料的电负性，即材料得失电子的能力，这一般与材料表面的官能团相关 [10,11]。从结构设计的角度考虑，通过对材料表面进行微纳米化处理也是一种行之有效的策略。此外，改变材料的曲率也可以增大液滴的接触面积和分离速率，提高 TENG 的输出性能 [12,13]。从电极设计的角度考虑，香港城市大学的王钻开教授课题组通过引入一个放电电极，大幅增大了 TENG 的输出 [14-17]，通过设计水滴滴落的高度、位置及引入叉指电极等也可以提高 TENG 的输出 [12,18,19]。此外，一些其他设计被证实也可以提高液滴模式的 TENG 的摩擦起电性能，如基于冷凝液滴的设计 [20]、挤压水滴的设计 [21] 和水下油滴的设计 [22] 等。

2. 波浪模式

在生产生活和自然界中，液体因晃动或流动起伏时与固体材料发生摩擦的情况随处可见，如油罐车中的油与内壁涂层摩擦、浮标与海水之间的摩擦等。下面以全封装油罐车模型 TENG 为例，介绍波浪模式的能量收集设计策略 [23]。使用 PET 圆筒（6cm×4cm）作为基材和液体的容器材料，将 PTFE 薄膜固定在 PET 管的两侧作为固体摩擦层，将铜箔胶带粘在 PTFE 纳米纤维薄膜层的背面，然后将铜线作为引线附着在铜带的一侧，用硅橡胶密封以防止漏水。将蒸馏水填充到上述密闭容器中，用作与 PTFE 发生摩擦的材料。最后，利用外接直线音圈电机驱动容器做往复运动，使水发生周期性振荡，并与两端的 PTFE 材料发生摩擦起电。该类器件的摩擦起电输出性能一般受到摩擦副材料、水与圆筒的体积比、振动频率和振幅等条件的影响和制约。

　3. 连通器模式

连通器模式是液体在一个连通器内发生往复运动而产生的一种固-液界面摩擦起电的能量收集模式。图 5.4 展示了一种连通器模式的 U 型管 TENG 的基本结构 [24]。它是在由 FEP 制成的 U 型管中充入蒸馏水组装而成，并将两个铜电极贴在 U 型管的外侧顶部，作为产生感应电的电极。在该连通器模式的 TENG 中，蒸馏水为液相摩擦电材料（摩擦层，带正电），FEP 因其高电负性和透明性作为固相摩擦层材料（带负电）。在外部机械运动的驱动下，水在 U 型管内来回流动，从而利用 U 型 TENG 将机械振动能引起的水流能转化为电能。当水在 U 型管内表面流动时，摩擦起电效应会使水带正电荷，而 FEP 基 U 型管表面带上等量的负电荷。在外部机械振动的带动下，由于惯性作用水发生滑移，导致一侧暴露出带电部位并驱动电子通过外部负载流动，形成瞬时电流。利用该器件还可以对物体的振动等信息进行自驱动的传感设计。

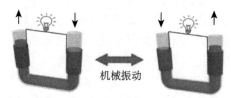

机械振动

图 5.4　连通器模式的 U 型管 TENG 的基本结构 [24]

5.1.3　两相流摩擦起电

　1. 气-固两相流摩擦电的应用

前面介绍的固-固界面、固-液界面摩擦起电模型均为单一界面的摩擦起电，其实两相流模式的摩擦起电在很多情况下也广泛存在，如气-固两相流、气-液两相流等。在沙漠、戈壁滩等地区频繁出现的地面沙尘活动，就是一种典型的气-固两相流现象，这些复杂的两相流情况通常会导致能源收集设备在设计和使用过程中面临多种困难，如高速移动的沙粒侵蚀会对发电机组和检测设备造成相当大冲蚀损害，缩短其工作寿命等。因此，如何收集风沙能量成为一个挑战性课题，而TENG 技术的发展为解决上述问题带来新的契机。在此介绍一种单电极模式的基于气流驱动沙粒的新型 TENG，用以收集风沙能量 [5]。

在此设计中，采用了沙-空气喷射法来模拟风沙流（气-固两相流）环境，通过玻璃管路中高速气流喷射出的沙子与固定的聚四氟乙烯薄膜表面摩擦产生电荷，利用单电极的 TENG 设计及静电放电模式的 TENG 设计两种策略同时收集连续风沙流的能量。该器件可直接对电容器充电并且点亮 LED 灯，而不需要额外的整流设备；该器件还可以作为一种自供电的传感器，在沙尘暴天气条件下可进行有效的沙浓度检测。这种设计可为沙漠地区风沙流动能的收集与利用提供一种简单可行的新方法。

2. 气–液两相流摩擦电的应用

基于固–液界面摩擦起电的 TENG 在水的能量收集和利用方面显示出广阔的应用前景。与固–固界面的摩擦起电相比，固–液界面的接触–分离摩擦起电过程中存在着接触–分离速度小、接触面积小及持续接触时间长等问题，严重降低了其输出性能及进一步应用。为了解决这些问题，利用流体的流变学特性和类似文丘里管的结构设计，开发了一种新型的超高功率的气–液两相流摩擦纳米发电机（gas-liquid two-phase flow triboelectric nanogenerator，GL-TENG）[25]，该设备可以大大提高输出电压及单位体积的输出电荷密度。

图 5.5 为 GL-TENG 的设计及输出性能，其结构包括喷雾产生部分、固–液界面摩擦起电部分、放电和电能收集四部分。在喷雾产生部分，当外部高速气流与内径 8.0mm、外径 10.0mm 的水平 PTFE 管的入口相连时，将在垂直毛细管顶部形成负压。鉴于流体力学的特点，流速越大的地方压强越小，在压力差的作用下，底部的液体会被吸出。需要注意的是，外部高速气流的流速必须足够大才可以提供一定的负压吸出来自底部水箱的液体。同时，吸出的液体在高速气流的强剪切力作用下被分散雾化，形成高速移动的气–液两相流喷雾。在高速气流的剪切力和壁面碰撞效应的作用下，气–液两相流在 PTFE 管中会发生摩擦起电。在这个复杂的过程中，水的运动形态和固–液界面的接触状态都会发生剧烈的变化。由于 PTFE 具有良好的储存电荷能力及较强的得电子能力，水与 PTE 紧密接触发生摩擦起电时因得失电子能力不同而使得水失去电子带正电荷，负电荷则会在 PTFE 表面积累，直到积累电荷与外部电极之间的电压足以击穿气–液两相流介质而产生放电。最后，在放电和电能收集部分，电能通过外电路被收集使用。这部分的特殊电极是 3D 打印机打印出来的直径为 2cm、厚度为 1mm 的规则的圆形多孔网状钛，这种多孔结构可使液体通过并提高捕获电能的概率。GL-TENG 的整体结构设计可以充分利用流体的流变学特性，大大增加了固–液界面接触面积，同时大大提高界面分离的相对速度。为了使 GL-TENG 实现对蓝色能源的收集利用，使用不同浓度的 NaCl 溶液模拟海水，成功地从液体中收集电能。当使用 0.5mol/L 的 NaCl 溶液进行测试时，其输出的最大短路电流约为 867μA，并且可以连续运行超过 10000 次循环不会出现衰减，具有良好的输出稳定性，此 GL-TENG 可以直接点亮 1500 个 LED 灯 [图 5.5(b)]。GL-TENG 的输出电压比目前报道的类似工

作都要高出不少，进一步表明了其在能源收集方面的优势。

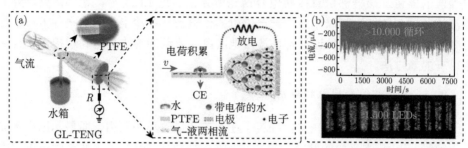

图 5.5　GL-TENG 的设计及输出性能[25]

(a) 气–液两相流发电机的设计；(b) 气–液两相流发电机输出的稳定性及输出点亮 1500 个 LED 灯的光学照片

5.1.4　基于人体运动的能量收集及应用

人体在运动时，小到脉搏跳动、眼睛眨动，大到走路、跑步、骑行等都会产生相对运动，这就为基于人体运动的摩擦起电的能量收集器件设计提供了基础条件，将这些能量收集起来可以实现 "分布式" 能源的利用。

1. 基于导电海绵的能量收集

基于人体运动和弹性材料的 TENG 正日益引起人们对不规则和随机机械能收集的兴趣。然而，TENG 中弹性材料的导电设计往往限制了其应用，在此提出了一种新型导电弹性海绵体摩擦纳米发电机 (elastic spongy triboelectric nanogenerator, ES-TENG)。该发电机将弹性材料和导电材料集成在柔性海绵体上，实现了基于人体运动的机械能收集，特别是对不规则和随机运动的机械能的收集[26]。将弹性海绵浸泡于苯胺溶液中，通过简单的化学聚合反应，在弹性海绵表面生长出导电聚苯胺纳米线，制备出导电弹性海绵。由于海绵的柔性变形特点，它可以收集不同幅度、不同方向的无序运动的动能。作为 ES-TENG 的摩擦电层，其表面的多孔海绵和聚苯胺纳米线结构可以提供较大的接触面积，提高摩擦电效率。同时，海绵表面的导电聚苯胺涂层也可以作为 ES-TENG 的导电电极进行电子传导，分别产生 540V 和 6μA 的电输出，可贴附在各种柔性物体表面，收集日常生活中普遍存在的不规则和随机机械能。此外，基于弹性海绵上聚苯胺纳米线对 NH_3 的传感性能，ES-TENG 可作为自供电传感器，对有毒 NH_3 进行非常灵敏的检测，检测限可达百万分之一，响应时间小于 3s。鉴于 ES-TENG 导电弹性海绵微孔和纳米线结构的特点，其具有弹性、导电性和易制作等优点，在各种不规则和随机机械能收集和自供电 NH_3 传感器方面具有广阔的应用前景。

基于导电海绵的 TENG 制备工艺如图 5.6(a) 所示。为了减小界面能垒，促进聚苯胺纳米线的进一步生长，聚苯胺的成核位点优先出现在聚氨酯海绵表面而不是本体溶液中。随后聚苯胺也会在本体溶液中消耗一些苯胺活性阳离子自由基并生成低聚中间体,从而抑制了聚苯胺在聚氨酯基体上进一步成核和生长。因此,聚苯胺纳米线可以在聚氨酯表面的成核位点垂直生长 [图 5.6(b) 和 (c)]。由于聚苯胺纳米线改性聚氨酯海绵具有多孔结构,可表现出良好的弹性 [图 5.6(d) 和 (e)]。根据海绵的弹性和聚苯胺的导电性,可以将导电弹性海绵这一摩擦起电材料切割成各种形状,以适应不同的环境中摩擦起电设计的需求 [图 5.6(f) 和 (g)]。

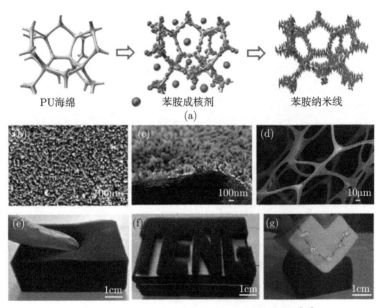

图 5.6　基于导电海绵的 TENG 制备与性能 [26]

(a) 稀释化学聚合法制备导电弹性海绵工艺示意图;(b) 导电弹性海绵的聚苯胺形貌;(c) 聚苯胺形貌的侧视图;
(d) 导电弹性海绵的结构;(e) 导电弹性海绵的弹性;(f) 导电海绵裁剪成复杂形状;(g) 点亮 LED 灯示意图

导电弹性海绵在 ES-TENG 中既可作为摩擦层又可作为导电电极,可制成不规则形状,以适应不同的摩擦电表面要求,这简化了不规则 ES-TENG 的制备过程,拓宽了 ES-TENG 收集机械能的范围。图 5.7(a) 展示了规则形状物体接触后摩擦层点亮 LED 灯的示意图。图 5.7(b) 展示了不规则形状物体接触后点亮 LED 灯,导电弹性海绵在与不规则形状物体的接触–分离过程中,可以通过改变其形状来适应聚四氟乙烯层表面的不规则构型以实现充分接触。当两个电极完全分离时,导电弹性海绵恢复到初始形状。为了提高导电弹性海绵长时间暴露在环境中的使用寿命,制作了在衣服上封装的 ES-TENG[图 5.7(c)]。在封装的 ES-TENG 中,采用弹性复合膜作为摩擦层和电极。复合弹性膜的抗拉强度和断裂伸长率分别为 5.2MPa 和 130%,表明复合弹性膜具有良好的抗拉强度和变形性能,能起到抵御外界冲击保护层的作用。在衣服上拍打封装好的 ES-TENG 就可以点亮 LED

灯，作为信号的指示。在人体运动的过程中，手臂经常会来回摆动，这是一种随机运动。手臂上的 PTFE 摩擦层在摆动过程中与导电弹性海绵接触–分离，具有可变的压缩变形和摆动频率，从而发生摩擦起电。由于 ES-TENG 中导电弹性海绵摩擦层的弹性，它可以通过发生变形来适应 PTFE 摩擦层的各种旋转运动。由图 5.7(d) 可以看出，在手臂晃动过程中，ES-TENG 产生的电能可以点亮 LED灯，这说明 ES-TENG 可以在环境中随机采集旋转机械能。基于 ES-TENG 的弹性特点，它可以用于手套、衣物、坐垫、鞋子等各种物体表面，收集日常生活中普遍存在的不规则和随机的机械能并加以利用 [图 5.7(e)]。

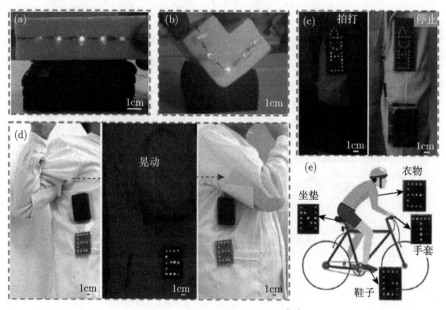

图 5.7　收集人体运动能量 [26]

(a) 规则形状物体接触后摩擦层点亮 LED 灯示意图；(b) 不规则形状物体接触后点亮 LED 灯；(c) 衣物上封装的 ES-TENG 在拍打时点亮 LED 灯；(d) 衣物上封装的 ES-TENG 在胳膊晃动时点亮 LED 灯；(e) 收集不规则和随机的机械能

2. 基于植物传导的能量收集

自然界中存在着形形色色的植物，利用这些植物进行能量收集具有比较大的优势，既可以实现人与植物的"物联"，又可为分布式的传感器设计提供可能。基于自然界活体植物设计了一种全绿色摩擦电能量收集系统，实现了对风能、雨水能及各种机械运动能在自然环境中耗散能量的收集 [27]。利用植物的茎和土壤的导电性传递电子，对环境非常友好，该绿色植物基摩擦发电机在植物与 PTFE 手套接触时的最大输出电流和最大输出电压分别为 4.6μA 和 35.3V。绿色摩擦电系统还可以被设计为一种预警传感器，用于危险警报。由于自然界植物数量众多且随处可见, 绿叶和植物摩擦发电机在全绿色能源采集和自供电预警传感器方面具有广阔的应用前景。

　　电荷不仅可以在草本植物体内传递, 还可以在木本植物的木茎内传递转移。从图 5.8(a) 中可以看出, 该植物具有一个木质的茎干, 可以用来研究真实树木中电荷的产生和传递过程。该装置也通过诱导层与地面隔离, 安培表与电路串联, 另一个接口与地面连接, 构成绿色植物摩擦发电机 (green plant triboelectric generator, GPTEG) 系统。首先, 测试单手连续接触叶片时的短路电流和输出电压。从图 5.8(b) 和 (c) 可以看出, 人工触摸一片树叶时, 最大的短路电流和输出电压值分别可以达到 0.62μA 和 0.63V。虽然作为照明或充电的可持续电源, GPTEG 的输出性能还不够高, 但手触点产生的信号足以作为触点报警传感触发器, 如图 5.8(d) 和 (e) 所示。在这个传感系统中, 手触摸树叶产生的信号是 "整个传感系统" 的开端。当手与叶片接触时, 摩擦产生的电被传输放大, 并给无线传感器的信号发射器供电, 触发预警信号。信号经由无线信号接收器接收到报警信号后, 发出报警声音, 实现报警。同时, 还可将此报警信息经互联网上传到在线服务器, 手机就可以实时接收到报警信息了。由于植物在自然界中随处可见, 基于此设计的无线传感器就具有良好的隐蔽性。基于这些类绿色植物的接触式传感器在一些特殊场

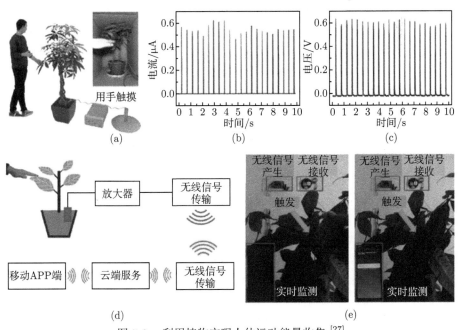

图 5.8　利用植物实现人体运动能量收集 [27]

(a) GPTEG 用于测试连续接触叶片时的输出示意图; (b) 短路电流; (c) 输出电压; (d) 无线接触传感器原理图;
(e) 无线接触传感器实物图

合，如隐蔽性接触报警中，具有非常重要的应用前景。

3. 基于冰摩擦的机械能收集

近年来，冰雪运动深受国人喜爱，如滑雪、滑冰、冰球等运动。固体与冰雪之间也存在摩擦，正是因为这些摩擦才使得冰雪运动成为可能。通常物体与冰雪的摩擦力比较小，运动速度比较快，能否以及如何将这部分能量进行收集利用逐渐引起人们的兴趣。基于此，设计制备了一种垂直接触–分离模式的基于冰摩擦的纳米发电机（ice based triboelectric nanogenerator，ICE-TENG）[28]。其中，与冰摩擦的部分由透明的有机玻璃基板、铜电极、PTFE 摩擦层组成，冰层部分通过铝合金模具固定。研究表明，冰材料和运动条件对 ICE-TENG 的电输出性能有显著影响。如图 5.9(a) 所示，冰层厚度的对短路电流输出的影响呈现出先增大再减小的趋势。当冰层厚度为 1mm 时，ICE-TENG 输出的短路电流为 0.4μA，当冰层厚度为 4mm 时，短路电流的最大值达到 2μA。进一步增加冰层厚度时，短路电流降至约 1μA。这可能是因为冰层太厚时，虽然具有更好的电荷储存能力，但电荷感应能力变差。除厚度外，接触压力和驱动频率也会对 ICE-TENG 的电输出产生影响。当接触压力从 10N 增加到 30N 时，ICE-TENG 输出的短路电流从 1.3μA 增加到 2.1μA [图 5.9(b)]。这是因为更高的压力可以增加有效接触面积，同时产生更多的摩擦感应电荷，从而表现出更好的输出性能。当负载从 30N 增加到 50N 时，ICE-TENG 的输出电流基本保持不变，当负载增加到 60N 时冰层开始碎裂，电流显著降低。同样，ICE-TENG 的电输出性能随着驱动频率增加而增强，在 5Hz 接触频率下，短路电流增加到 2.1μA[图 5.9(c)]。因此，冰层厚度、接触压力、驱动频率都会对 ICE-TENG 的电输出性能产生影响。

环境温度是影响冰层电性能的关键因素。通常冰的表面会存在部分水化层，温度对冰的状态影响巨大。在冬奥会时，为了提高运动员的成绩，会对冰层温度进行特殊的设计控制。为此，研究人员考察了环境温度与冰层电阻之间的关系。在 −4℃ 时，冰的电阻仅为 7MΩ，当温度降至 −28℃ 时，电阻可达 33MΩ，电阻随着温度的降低而显著增大。冰层的界面状态、冰晶结构和温度本身应该是造成这种现象的主要原因。当温度稍低于 0℃ 时，冰层主要由冰和少量界面水组成。少量的水可以显著降低冰层表面的电阻。再继续降低冰层温度时，水量减少，从而导致其电阻升高，有利于电荷积累。在 −5℃ 时，冰面上的电位记录为 180V，并且在 15min 的电荷耗散后降至近 1.41V。通过降低冰层温度，初始电位增加，电位降低变缓，从而在较低温度下产生更好的性能。因此，通过将温度从 −5℃ 降至 −25℃，短路电流将从 0.6μA 增加到 2.1μA [图 5.9(d)]。温度从 −25℃ 进一步下降到 −40℃ 时，ICE-TENG 的短路电流略有增加，变化不再显著。

由于冰层固有的脆性，ICE-TENG 在工作过程中可能经常会发生破碎和破

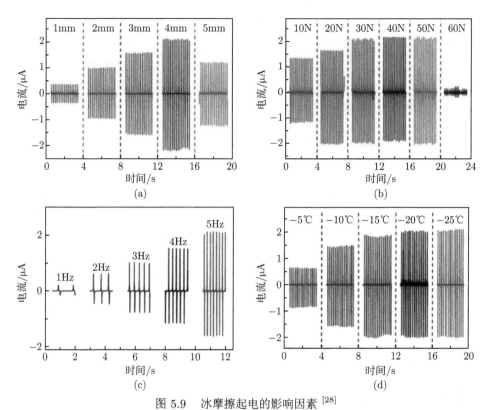

图 5.9　冰摩擦起电的影响因素 [28]

(a) 不同冰层厚度下的短路电流；(b) 不同接触压力下的短路电流；(c) 不同驱动频率下的短路电流；
(d) 不同温度下的短路电流

坏，降低器件的电输出性能并导致器件失效。然而，冰的低熔点和快速相变使得
ICE-TENG 自修复成为可能。冰层的破碎与修复过程如图 5.10(a) 所示。当裂缝
出现在冰面上时，可通过升温至冰的融点以上使裂缝处融化，待冰融化后，再降
低环境温度，水则在冰点以下冻结成冰。为了证明 ICE-TENG 的自修复特性，实
验通过温度控制设计了冰层的破碎—修复的循环实验。如图 5.10(b) 所示，实现
了温度在 −20℃ 和 5℃ 下冰层的可逆变化，以控制水分子在液体和固体之间转
换，从而修复冰层中的损伤。在最适宜的外部条件下，ICE-TENG 的短路电流可
达 2.3μA [图 5.10(c)]，而破碎的 ICE-TENG 的短路电流降至 0.15μA，为原始输
出电流的十五分之一左右。

通过控制环境温度，冰层可以恢复其原始状态，短路电流也恢复至原始值。
此外，进行了四次断裂损伤和修复实验，证明了冰层自愈过程的可行性和稳定性。
此自愈能力对于一些实际应用至关重要。通过比较充电曲线的斜率，愈合的 ICE-
TENG 似乎比破碎的 ICE-TENG 具有更好的充电性能，与破碎的 ICE-TENG

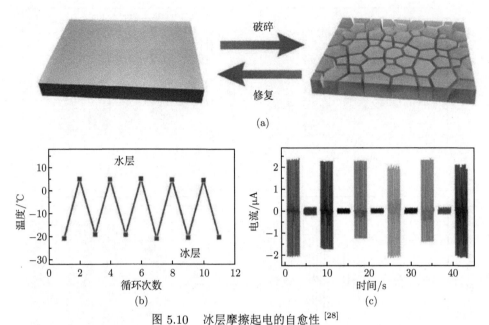

图 5.10   冰层摩擦起电的自愈性 [28]

(a) 冰层的破碎与修复过程；(b) 温度在 −20℃ 和 5℃ 下冰层的可逆变化；(c) 冰层破碎—修复时的电流响应

相比增加了十几倍。愈合的冰基 TENG 在 20MΩ 负载电阻下达到 $34\mu W$ 的最大功率，而破碎的 ICE-TENG 在 30MΩ 负载电阻下只能获得 $0.3\mu W$。与破碎的 ICE-TENG 相比，修复的 ICE-TENG 的输出功率提高至一百倍以上，证明了自愈能力在实际应用中的重要性和必要性。此外，该器件还可以被用于微型电子元器件的供电及冰层破裂的预警设计。

5.1.5   其他应用

人们接触和认识摩擦起电现象，常是通过一个塑料尺或塑料梳摩擦干燥的头发或者衣服开始的，摩擦后的物体产生静电吸引力，这个引力足以把碎纸屑吸引到其表面上。但是由于该过程产生的电荷是静电荷，很难直接利用。通过电极设计可以将运动过程中产生的电位变化转化为外电路中的电子流动。通过整流及电源管理策略还可以构建电场，从而实现摩擦电在驱动方面的应用，下面以两个例子进行说明。

1. 驱动液滴运动

目前，如何驱动液滴运动在表界面科学、安全合成等领域中被广泛关注。一般，在由两个非导体组成的分散相体系中，具有大介电常数的物相带正电，而另一物相带负电。由于水的介电常数大于油的介电常数，滴入润滑油中的水滴会由于沉降运动逐渐带正电。根据这一假设，研究人员首先研究了基于 TENG 产生的交流电场下不带电水滴的极化变形机制 [29]。在 TENG 的高脉冲电场下，液滴发生极化变形。不带电的液滴受到电场中四种力的影响，即极化后产生的静电力、液滴内外表面的压力、界面张力和流体阻力。前两种力是液滴发生极化形变的驱动力，后两种力则对极化变形有不利影响。在这四种力的综合作用下，一旦驱动力超过阻力，液滴就会发生极化变形。此研究中采用的 TENG 的输出电压是不对称的，最高峰值为 1440V，最低峰值仅为 −720V，这会导致独特的偏振变形。一个电压循环中水滴的变形如图 5.11 所示，液滴可以通过拉伸—回缩逐渐沿电场方向运动。另外，液滴在 TENG 交流电场中的运动时间比在普通直流稳压电源中的运动时间更短，在驱动液滴运动中更加有优势。基于这种液滴驱动方式，还可进行复杂的逐步化学反应。在连接 TENG 整流信号（1500V）的 Cu 电极正前方滴一滴硫氰化钾，另外用微量注射器吸入一滴硫酸铁溶液滴在 Cu 电极尖端，在电场力的作用下，硫酸铁液滴逐渐向硫氰化钾液滴靠拢，最后二者发生化学反应，生成血红色的硫氰酸钾。此外，利用 TENG 产生的电场，还可以操纵液滴以 S 路线运动轨迹穿过障碍物并与液滴发生化学反应，此方法在可控化学反应和微流体可控运动领域中表现出潜在的应用前景。

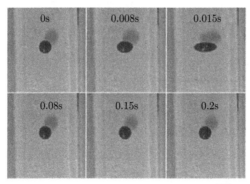

图 5.11　一个电压循环中水滴的变形 [29]

2. 油水分离

除了驱动液滴运动之外，利用 TENG 器件还可以实现油水分离。利用 TENG 作为交流电源或直流电源为平行电极充电并实现了油包水（W/O）乳液分离 [30]。液滴的破乳、聚结和沉降是在 TENG 所产生的电场力作用下实现的。图 5.12 比较了重力（无 TENG）、非对称交流电场、中心对称交流电场、常规直流电场四种方式驱动的 W/O 乳液分离效率对比。相比之下，纯重力很难在 120min 内将液滴与稳定的 W/O 乳液分离。在电压为 2000V 的 TENG 非对称交流电场下，分离效率随着工作时间的增加而增大。在 TENG 驱动下分离 30min 后，大量液滴

从 W/O 乳液中分离出来, 分离效率从 30min 到 120min 略有增加。对于电压为
2000V 的中心对称交流电场, 30min 时的分离效率约为 74.5%, 120min 的分离效
率约为 90.2%, 均低于 TENG 不对称交流电场作用时相应的分离率。在电压为
2000V 的常规直流电场下, 分离 30min 后分离效率约为 53.2%, 分离 80min 后
分离效率达到 83.4%(伴有电击穿现象), 然后略有增加, 这表明常规直流电场驱
动的 W/O 乳液分离比 TENG 驱动的分离效率低, 需要更多的分离时间。研究表
明, TENG 用于 W/O 乳液分离的有效性高于上述其他分离方法, 相对于传统电
源具有成本低、更安全等优点。

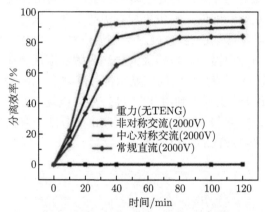

图 5.12   重力（无 TENG）、非对称交流电场、中心对称交流电场、常规直流电场四种方式
驱动的 W/O 乳液分离效率对比 [29]

为了实现利用自然能源进行油水分离, 研究人员还设计了一种夹层 TENG 来
收集风能并应用于 W/O 乳液分离。图 5.13 展示了由 TENG 驱动的自制分离装
置分离 W/O 乳液前后的对比照片。将 0.25g 十二烷基苯磺酸钠溶解在 50mL 去
离子水中, 再将该混合物加入到 450mL 润滑油中, 以 1000r/min 的转速机械搅
拌 30min, 制备稳定的 W/O 乳液。润滑油原始的水的质量分数为 10%, 制备的

图 5.13   由 TENG 驱动的自制分离装置分离 W/O 乳液前后的对比照片 [29]

稳定的 W/O 乳液呈乳白色。在 TENG 驱动下分离 30 min 后，大量水滴从 W/O 乳液中分离出来，沉淀在容器底部，游离水体积约为 49.1mL。W/O 乳液的颜色由乳白色变为浅黄色，接近纯润滑油的颜色。这些结果表明，利用 TENG 技术可以实现宏量 W/O 乳液的快速分离，并且证实了由 TENG 驱动的 W/O 乳液分离装置的实用性。

5.2　摩擦起电在自驱动传感检测中的应用

摩擦起电效应对于环境、物体的运动非常敏感，因此被广泛应用于传感监测领域。随着物联网和人工智能的发展，对具有高灵敏度、超强耐久性和卓越灵活性的自供能纳米传感器的要求越来越高。基于摩擦电信号的自供能传感器灵敏度高、制备简单且输出性能优异，因此在化学传感、环境传感、温度传感、压力传感和运动检测等领域具有广阔的应用前景。一般，可以通过将纳米发电机与现有传感器设备集成或将纳米发电机本身作为有源传感器来开发基于纳米发电机的自供电传感器。对于前一种模式，纳米发电机产生的电能可用来为传感器中的电池充电或直接为某些特定传感器供电；对于后者，通过利用纳米发电机输出电信号与外部刺激之间的定量关系，可直接设计为自供电传感器使用。

5.2.1　摩擦电信号用于自供电传感检测

1. 摩擦电信号用于氨气检测

利用摩擦副材料对气氛的敏感性可以实现自供电的传感检测。例如，聚苯胺在碱性的氨气气氛中可发生电阻的变化，聚苯胺成为一种常用的氨气传感材料。借助聚苯胺电阻的变化，并基于其与摩擦电器件输出之间的关系，设计了一种基于聚苯胺-TENG 的自供能氨气传感器，其无须外接电源供能而是直接从自然环境中收集机械能转化为电能，实现了自供电[31]。实验结果表明，TENG 的输出电压在空气中最大，并且随着氨气浓度的增大显著降低。这是因为当氨气气体吸附在聚苯胺表面时，部分导电型聚苯胺转变为不导电型聚苯胺。在该器件中，当氨气浓度低于 3‰ 时，传感的响应随着氨气浓度的增大而呈现线性增加。然而，当氨气浓度高于 3‰ 时，由于气体吸附位点的减少，并逐渐达到吸附饱和，响应的增加不再是线性关系。该氨气传感器的响应时间为 40s，恢复时间为 225s。

虽然聚苯胺-TENG 对于氨气具有较好的传感作用，但是其测试的下限仍然高达万分之五，对于万分之五以下的氨气含量不能给出准确的预警。针对该问题，在前期研究的基础上对传感器进行了改进[26]。研究人员将聚苯胺负载在多孔海绵的纤维上，可以极大地提高聚苯胺与气体之间的接触面积。更重要的是，在此设计中将聚苯胺复合的海绵作为回路的负载并暴露在待检测的氨气环境中，利用摩擦发电机提供恒定电压，负载中的聚苯胺与氨气反应时引起回路电阻变化，从而使传感端的分压出现变化，以此实现了对氨气的有效传感。这种改进的氨气传感器响应时间和恢复时间都小于 3s，对于快速检测氨气的含量具有重要意义 [图 5.14(a)]。同时，该传感器具有非常高的灵敏度，对于更宽范围的氨气浓度均具有较好的响应性，特别是低于 10^{-4} 的区间内，具有 10^{-6} 的高分辨率，实现了对氨气的准确传感检测 [图 5.14(b)]。

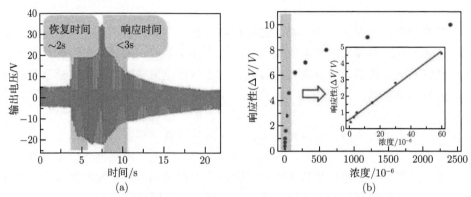

图 5.14　基于聚苯胺复合的多孔海绵的改进型氨气传感器 [26]
(a) 氨气传感响应时间和恢复时间；(b) 不同浓度下的氨气传感器的响应

2. 液体管道的堵塞泄漏检测

固–液界面的摩擦起电也可以用于自供电传感检测领域。基于摩擦起电设计了一种用于液体管道堵塞和泄漏检测的自供能摩擦电传感器（bubble motion-based triboelectric sensor，BM-TES）[32]。当检测气泡在浮力作用下沿着充满水的 PTFE 管向前移动时，管内壁与水将发生短暂的接触–分离过程。基于固–液界面的摩擦起电和感应起电理论，分布在 PTFE 管上的 Cu 电极与地面之间会出现交替的电子流动。当外接检测设备后可以检测到电压信号输出，并且输出电压峰的数量与管道上分布的电极数量相对应，使得 BM-TES 可用于检测管道的堵塞和泄漏。该传感器不仅能在不需要额外能源供应的情况下准确定位管道堵塞或泄漏的位置，而且在检测过程中也不会对被测系统造成任何损坏。实验结果表明，该检测方法简单、稳定、有效。BM-TES 还可以通过检测水中不连续气流的速度来检测管道中的液体流速。实验还探索了该传感器在检测管道局部堵塞或泄漏的能力，以进一步探索其在石油管道输运等相关领域的潜在应用，并取得了良好的效果。

在 BM-TES 工作过程中，虽然气泡在过流管道的水中的运动是一个复杂的物理过程，但只要有气泡通过电极，无论水是否流动都会产生稳定的电压峰值。开路电压随时间的明显峰值与电极分布相对应，当管道堵塞或有泄漏时，检测气泡无法到达电极, 此时产生的电压信号会发生很大变化。由于明显的开路电压峰值的数量与堵塞和泄漏位置直接相关, 这种电信号的变化可用作检测管道泄漏和堵塞。

BM-TES 通过收集电压信号的变化来完成检测。将宽度为 1.5cm 的六个环形电极以 10cm 的间隔均匀分布在管道上。如图 5.15(a) 所示, 当过流管道没有发生泄漏故障时, 会产生与电极数量相同的电压峰值, 并且产生电信号的位置与电极实时对应。如果管道发生严重泄漏, 无论管道中的水是否流动, 气泡都会在泄漏处从管道中逸出, 而不会沿着管壁移动到下一个电极。在第五和第六电极之间存在严重泄漏的情况下产生的输出电压如图 5.15(b) 所示。类似地, 如图 5.15(c) 所示, 存在三个电压峰值表明泄漏发生在第四和第五电极之间。如图 5.15(d) 所示, 存在一个电压峰值则表明泄漏发生的位置在第一和第二电极之间。这种方法可以准确可靠地找到泄漏点的位置, 但只适用于发生严重泄漏从而导致检测气泡完全逸出管外的情况。在管道发生轻微泄漏的情况下, 气泡会部分逃逸而不是全部逃逸到管道外面, 这种情况则需要另一种策略。因此, BM-TES 在检测过流管道的堵塞、泄漏和流体速度等方面具有潜在应用价值。

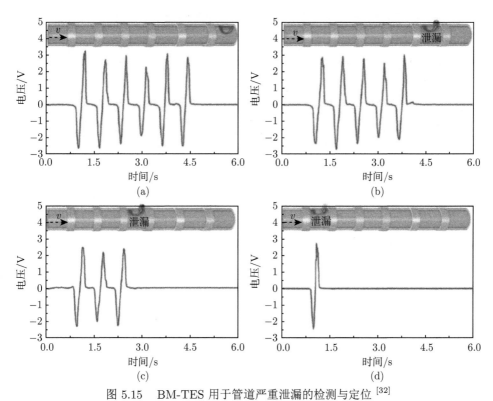

图 5.15　BM-TES 用于管道严重泄漏的检测与定位[32]

(a) 管道没有发生泄漏时的电压信号; (b) 管道右侧发生泄漏时的电压信号; (c) 管道中部发生泄漏时的电压信号;

(d) 管道左侧发生泄漏时的电压信号

3. 自供电压力传感器

基于摩擦起电自供电的器件还可以应用到压力传感领域。制备了一种 U 型摩擦纳米发电机（U-shaped triboelectric nanogenerator，U-TENG）用于检测压力 [24]。这种 U-TENG 是利用固–液界面滑动摩擦和静电感应的耦合效应实现探测的，其结构主要由一根 FEP 材料的 U 型管和贴附在 U 型管外壁上的铜电极组成。当被测试的水溶液在 U 型管中流动时，由于摩擦起电，水将带一定量的摩擦电荷。由于静电感应，它将引起两个铜电极之间自由电子的往返转移，从而形成电流输出电信号。此电流信号的大小与 U 型管中两端的水压和水的流速相关，利用它们之间的对应关系，可以实现压力和位移的自供能传感检测。

如图 5.16(a) 所示，自供电压力传感器的结构包括两个部分：一部分是可以感知压力的橡皮膜，用手指挤压橡皮膜时会排出一些空气，撤去压力时橡皮膜又恢复到原来的状态；另一部分是 U-TENG 器件，根据帕斯卡原理，由橡皮膜感知的压力会传递到 U-TENG 的液面上，一侧液面降低，另一侧液面升高，导致液体在 U 型管中运动，U 型管内侧会产生摩擦电荷。在 U 型管外侧贴上 Cu 电极，在 Cu 电极上便会感应出相反的电荷。压力周期性的变化将诱导 Cu 电极与大地之间电势差的改变，从而驱动电子通过外电路在 Cu 电极与大地之间来回流动，形成电流。为了探索 U-TENG 在自供电压力传感方面的运用，用一个线性马达（频率为 2Hz）来提供不同压力。图 5.16(b) 和 (d) 显示在不同压强下输出的电压和电流。当压强为 0.16kPa 时，U-TENG 的输出电压为 0.38V，输出电流为 6.45nA。当压强增大到 0.54kPa 时，U-TENG 的输出电压增加到 1.84V，输出电流增加到 30.6nA。灵敏度也是评价传感器的一个重要方面。如图 5.16(c) 和 (e) 所示，电压、电流与压强呈现较好的线性关系，线性拟合的灵敏度分别为 4.41V/kPa 和 72.94 nA/kPa。电压和电流与压强拟合曲线的相关系数（R^2）均为 0.998，说明 U-TENG 在自供电压力传感方面具有相当高的准确性和可靠性。U-TENG 在不同压强下（0.50kPa、0.38kPa、0.30kPa、0.21kPa、0.16kPa 和 0.12kPa）的液面高度差随着压强增加而逐渐增加。此外，U-TENG 以 2Hz 的工作频率在连续工作了近 20000 次循环后，输出电流没有明显下降，说明此设计相对稳定，能够满足实际应用需求。

4. 黏附界面断裂的传感

在实际生活中，道路桥梁建筑的断裂、机器零件的断裂、黏附界面破损等都会造成巨大的财产损失，对其进行断裂检测和预警设计十分必要。基于黏附界面在剥离时的起电现象可以实现对界面断裂行为的监测。为了能够可视化地实现界面的监测，设计了一种基于界面黏附–断裂的传感器 [33]。在钢板上粘贴一层全氟乙烯丙烯共聚物薄膜，用来增加其黏附–剥离起电时的输出。在 1N 的载荷拉力

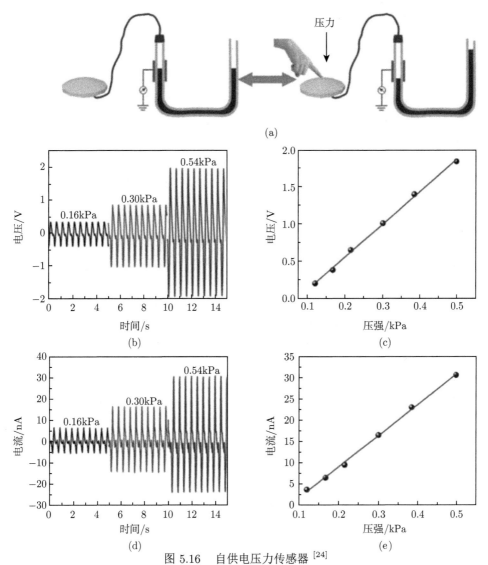

图 5.16　自供电压力传感器[24]

(a) 基于 U-TENG 自供电压力传感器的结构；(b) 和 (c) 压强与 U-TENG 输出电压的关系；(d) 和 (e) 压强与 U-TENG 输出电流的关系

下，界面黏附仍然有效，两个界面可以粘在一起。加大载荷，会使界面发生剥离行为，剥离时产生的最大电流幅值为 3μA 左右。在剥离时产生的摩擦电量足以点亮 LED 灯泡发出预警，从而实现了界面断裂的监测。界面处的黏附–剥离行为在其他很多方面也具有潜在应用，尤其是界面接触的传感。黏附作用广泛存在于各种表面，剥离起电产生的电信号可以用于自供能的界面的传感，如可以用来检测材料的断裂、机械臂的夹持和触觉的感知等。

5.2.2 摩擦电信号用于危险预警

1. 基于摩擦电的溺水预警传感器

近年来，由于监管疏忽，时常发生儿童意外落水事故而导致儿童溺水死亡的案例。目前，对于这种意外落水的情况仍然没有好的传感预警方式。便携和隐蔽是危险预警类传感器的基本要求。基于此，研究人员设计制备了基于功能化织物的摩擦起电装置[34]。通过对传统织物材料进行化学修饰，使疏水的含氟聚合物成功组装在织物纤维表面。经化学修饰后的织物材料不仅具有超疏水性质，可以有效地阻止衣物被雨水润湿，还具有非常优异的自清洁功能。由于含氟材料的得电子能力较强，可以作为摩擦起电材料进行电能的收集利用。将处理后的织物编织在衣物上，通过手臂摆动实现了两个织物之间的相对摩擦并产生摩擦电能。通过对织物进行的功能化设计，该织物既可以产生电能供给传感器，又能避免因落水后润湿而产生短路现象。鉴于此，设计出一种基于功能化织物和遇水导通的栅格化电极溺水预警传感器。在正常状况下，摆动手臂产生的电能会不断积累并对电容器进行充电。当儿童出现溺水时，衣物上的栅格电极遇水连通器件，为信号发射器供电，在通电的瞬间向外界发射预警信号。无线信号接收器接收到预警信号后，第一时间发出警报并通过物联网将危险预警信号发送到目标手机上，以此实现快速溺水预警，降低儿童因意外落水无法得到有效救助的风险。

2. 基于摩擦电的冰面破碎预警

冬天河水结冰后，会吸引很多人去冰面上滑冰。滑冰时如果冰面突然碎裂，后果非常严重。利用冰面的摩擦起电效应设计冰面破碎传感器，可以及时报告因冰面破碎而出现的落水事故，并可在第一时间通知相关人员进行救助，从而最大限度地降低事故死亡概率[28]。当冰面破碎时，其摩擦电信号突然减小，该变化可以作为传感的信号源触发传感器并引发预警。冰面破碎预警如图 5.17 所示，整个系统中含有一套无线信号发射和接收装置，并能够将预警信号通过互联网实时传递到手机上。正常在冰面上行走时，其摩擦电信号较大，不会发出预警。冰面破碎时的摩擦电信号变得非常小，此时，系统监测到信号的变化并发出预警，预警信号会在第一时间发送到指定手机从而实现快速应急救援。

3. 基于植物的接触预警与无线闯入预警

植物在日常生活中随处可见，是与人类生活息息相关的生物。由于植物存在的普遍性，通常会被多数人忽略。利用这种特点，研究人员将植物设计成可以用于预警的传感系统，具有高隐蔽性、设计简单、成本低等特点。这种基于植物的传感设计十分简单，当其他材料和植物接触时会产生摩擦电信号，通过植入电极并接入电流放大器即可检测出对应的电流信号[27]。例如，当用手拍打植物时，可以

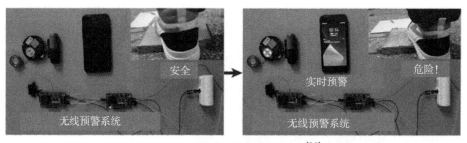

图 5.17　冰面破碎预警示意图[28]

产生 0.6μA 和 0.6V 左右的信号输出,将这个摩擦电信号作为传感的信号源,嵌入物联网预警系统中,即可实现接触预警。当手接触到植物叶片表面时,产生的摩擦电信号会触发预警器发出无线预警信号,经无线接收器接收后发出声信号或光信号进行预警。同时,借助物联网实现了预警数据的实时上传与手机通知,保证在第一时间内收到预警信号,避免产生进一步的经济损失。由于植物隐蔽性的特征,安装在特定位置的植物可以在不引起注意的情况下发出预警,有效避免了反侦查。

虽然接触式的预警方式准确率高,能够准确判断设定时间段内是否有非正常接触,但是该方式需要直接接触植物,其预警距离和范围都会受到很大的限制。因此,将接触式的预警方式改进为非接触式的预警方式可以有效提高预警范围[35]。如图 5.18 所示,人体与地面接触时产生摩擦电荷,远处的植物可以感应摩擦电荷并通过电流放大器对电流的变化进行监测,即可得到人体与植物之间的距离与电流信号之间的关系。从图 5.18 可以看到,随着人体与植物之间的距离逐渐增大,检测得到的电流信号逐渐减小,说明电流信号和距离之间存在对应关系。通过计算拟合,可以得到电流信号 $I_{SC}(r)$ 与距离 r 之间的关系公式:

$$I_{SC}(r) = A/[4\pi(r - r_0)^2] \tag{5.1}$$

式中,A 为取决于实验中使用材料的常量。实验数据收敛时 A 的值为 0.86×10^{-7}A·m^2($R^2 = 0.942$)。当测试距离间隔为 2cm 时,可以清楚地区分不同距离的输出。当距离间隔小于 2cm 时,无法清楚地区分输出。因此,该运动传感器的有效传感距离为 1.8m,分辨率为 2cm。

基于上述研究结果,将感应到的摩擦电信号作为传感器信号,即可在不用接触的条件下触发预警,提高预警距离与范围[35]。将植物和预警信号发射器相连,当人靠近植物时,植物感应到人鞋底接触地面产生的摩擦电信号,即可通过无线预警发射器发射预警信号,无线预警信号接收器接收到预警信号并发出声预警信号和光预警信号,借助物联网即时向手机发送预警信号。随着人与植物之间的距

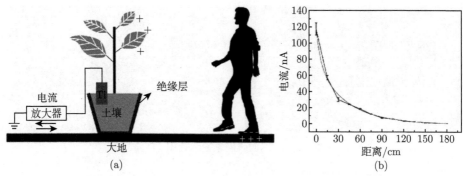

图 5.18　基于植物的无线预警原理 (a) 与输出性能 (b)[35]

离逐渐减小，电流逐渐增大，当人体远离植物时，其输出电流又逐渐降低。通过设定一个预警范围，当人体靠近植物到达一定范围时，即可触发预警。此外，这种无线的感应信号也可以用来监测运动的频率和步数等。当人在植物旁边以不同的频率踏步时，由于每个人踏步时产生的摩擦电信号类似指纹一样具有唯一性，每个人在穿不同的鞋子时产生的摩擦电信号虽然在峰值大小上可能有一些变化，但是在峰形上具有极高的相似度。这种基于植物的无线传感系统，具有非常高的隐蔽性，在危险预警与运动检测领域具有潜在的广阔应用前景。同时，检测到的信号是每个人身体运动的特征，因此也可用于人体生物识别或危险警告。

4. 石油工业静电积累与放电预警

在石油工业的油品流动、装卸、运输、过滤过程中，由于油品自身的大电阻率使电荷不断积累。石油产品中产生少量的静电荷不会严重影响其储运的安全，但是，一旦静电荷不能被及时导走并不断地积累，就会产生高电压，导致火灾或爆炸，对人身安全造成极大危害，并造成巨大的经济损失。因此，实时掌握油品中的电荷状态是非常有必要的。研究人员设计了一种无线报警的油基 TENG 传感器，如图 5.19 所示[36]。当油中的电荷积累到一定程度时，发射器就会发出无线信号。无线接收器接收到信号后，触发报警器。同时，手机会收到报警信号，实现实时远程监测。以油基 TENG 在 3200 个循环内的电流输出为例，随着油与固体壁接触–分离次数的增加，电流输出也在不断地增加。3200 个循环后的电流甚至是初始电流的 5.5 倍。为避免油中电荷不断积累引起一系列静电危害，设计了报警传感器，当油中电荷达到预设值时就会报警。因此，在经过与固体壁不断地接触–分离后，液体中的电荷会不断地积累，这是油的特有性质。因为常见的油品有很大的电阻率，所以石油工业上油品的带电问题是威胁安全生产的一大隐患，未来必须设计出更加智能的油品静电积累传感器。

图 5.19　油基 TENG 传感器的设计[36]

5.3　摩擦起电在摩擦学中的应用

摩擦消耗了世界上 1/3 以上的一次性能源，磨损是材料与机械设备失效的三种主要形式之一，润滑则是减小摩擦、降低或避免磨损的最有效手段。摩擦失效主要包括磨损损伤及润滑失效两个方面，而润滑失效不但会产生磨损，而且可能会导致运行系统被破坏。据不完全统计，全国每年因磨损失效造成的损失高达数百亿元人民币。随着机械设备向精密化、大型化、自动化、集成化和智能化等方向的快速发展，运动部件对润滑材料的可靠性提出了新的挑战，仅提高润滑材料的润滑性能难以满足实际需求，对润滑材料的服役行为进行监测、实时掌握机械设备的润滑状态已成为应对这一挑战的重要举措。作为一种可输出信号的方式，摩擦起电也被用于摩擦状态监测。本节将介绍一些基于摩擦电的摩擦状态监测及预警。

5.3.1　常见的润滑失效及监测方法

常见的润滑失效多发生在具有高频相对位移的部件上，如轴承、曲轴和气缸等。重度的润滑失效则会导致轴承的失效，如果不能及时发现和更换，就会出现抱死，从而造成更严重的事故，如飞机起落架因轴承失效而出现降落事故。当飞机发动机的主轴轴承润滑失效时会造成主轴断裂，从而导致整个飞机发动机报废。汽车发动机在出现润滑失效后，最直接的表现就是出现缸体磨损，从而导致整个发动机报废，造成巨大的经济损失。如果能够实时地对润滑状态进行监测，就可以在即将出现润滑失效或刚刚出现润滑失效时给出有效的预警，及时地对相关部件进行检查与维护，这样不仅可以提高仪器的使用寿命，而且可以将经济损失降至最低。因此，对润滑状态的实时监测研究对于有效预防润滑失效、降低摩擦磨损、减小经济损失具有重要意义。

导致润滑失效原因有很多，常见的导致润滑失效的因素有温度过高、湿气大、异物进入、润滑油黏度变化及润滑油液污染等。目前，针对具体应用工况，研究人员已开发了多种监测设备润滑状态的方法与技术，如基于油液信息、力信号、声信号、振动信号、电信号和磁信号的状态监测方法[37]。早在 1995 年，Martin 等[38]就通过在轴承附近安装加速计收集轴承的振动信号，通过计算机对信号进行一定的处理，并将正常轴承的信号和出现磨损的轴承的信号进行对比，从而判断轴承当前所处的润滑状态。Shinoda 等 [39] 通过安装基于超声共振的触觉传感器，借助摩擦时产生的共振信号来实时监测摩擦时的摩擦力和摩擦系数。Edmonds 等 [40] 也设计了一种基于超声共振的润滑油监测系统，将得到的信号与洁净润滑油的信号进行对比即可得到当前输油管内润滑油的状态，从侧面去判断当前的润滑状态。Baydar 等 [41] 在上述研究的基础上，将振动和声信号联合起来，用于两级工业螺旋齿轮箱的润滑状态检测，通过对齿轮振动和声信号的分析，可以成功地检测出各种类型的齿轮故障。除了声音振动以外，油液信息也是判断当前设备所处润滑状态的一种非常重要的手段，通过判断润滑油液的理化性质，可以判断当前的润滑状态 [42]。通过分析润滑油液中因磨损而出现的颗粒物的大小与数量，建立磨损量与磨屑颗粒物之间的定量关系，也可以得到轴承等转动摩擦副的摩擦与磨损状态 [43]。研究人员还通过温度传感器监测摩擦副的温度，判断摩擦副是否处于过度磨损或高负载状态 [44]。Mohanty 等 [45] 研究了在大功率三相电机运行过程中实时监测感应电流的变化，并通过调制解调的方式获取特征信号，建立齿轮磨损前后的关系以用于监测齿轮的摩擦磨损状态。此外，已经有研究者利用静电探头来检测摩擦过程中润滑油液的电荷量，进行润滑状态的监测。研究人员还设计了基于球–盘模型摩擦试验机的静电传感系统，用于监测磨损产生的磨屑数量，从而判断摩擦副的磨损状况 [46,47]。张进武等 [48] 设计了一种多个静电传感器复合的传感系统，用于销–盘系统的摩擦和磨损状态的动态监测。这些监测方法都需要对应的传感器采集对应的传感源并转化为电信号，声音、温度、振动等信号都存在较大的易干扰和滞后性等缺点，同时上述研究中使用的静电探头均为非接触式探头，信号的准确性和可靠性都存较大误差。同时，由于在实际工况中转动部件设计的局限性，依靠插入静电探头来检测磨屑电荷量的方式显然对检测工况的要求更高，而系统中磨屑的不确定性也增加了检测的难度。

上述几种方法均普遍存在工况依赖、技术复杂、实时监测困难、设备昂贵、特征信号提取复杂、检测灵敏度低和可靠性差等问题，难以满足实际工况对快速、灵敏、准确和可靠润滑状态监测技术的需求。同时，上述几种方法无法实现原位实时的监测，不能够实时、动态地给出预警信息，无法满足智能润滑监测的需求。因此，亟须发展新技术与新方法以解决这一重大需求。

5.3.2 基于摩擦电的摩擦状态监测及预警

摩擦过程中会经历一系列的摩擦化学反应，伴随着摩擦光、摩擦热、摩擦电等不同形式的能量释放 [49]，如果能通过传感器监测相应能量的释放过程，可能会为摩擦和润滑状态的监测提供可行方案。摩擦起电是摩擦过程中普遍存在的一种现象，摩擦电信号作为电信号的一种，本身就是一种传感电学信号源，不需要额外的传感设备进行信号转化即可直接用于传感监测。因此，如果能够在摩擦副表面或背面设计电极，通过接入导线的方式直接测试摩擦过程中产生的静电电流或电压信号，实现对润滑状态的实时监测，就可以降低对检测工况的要求，同时可以提高检测结果的准确性。此外，随着物联网的发展，建立在线的润滑状态监测系统、实现传感数据的近程和远程的实时预警也是一项亟待解决的研究课题。

1. 油润滑下的金属–绝缘体摩擦起电与传感

润滑油被广泛应用于各种摩擦系统中，在机械运转中高温氧化、异物进入、质量损失等因素可能会引起润滑失效，加剧设备的磨损及降低使用寿命，甚至导致设备报废，因此发展智能润滑监测系统、研制实用化的摩擦学传感器件是摩擦学和智能设备研究的重要方向。

固–油界面的静电极易产生，常见的几种途径包括在管道中流动时的冲流起电、油中杂质的沉降起电、高压下的喷射起电、油雾泼溅起电等 [图 5.20（a）]。当油品等非导电液体在管道中流动或在密闭容器内晃动时，由于扩散层电荷的分离可以产生极大的冲流电势，如输油管道、油品加注、油罐车内油品晃动等过程均可发生冲流起电行为；当油中含有水滴或其他杂质时，杂质沉降过程中与油品就会分别带上符号相反的电荷；油品从喷嘴喷淋而出时，油滴和喷嘴迅速分离产生强烈的摩擦起电；当油品粒径较小时，形成油雾与表面之间发生剧烈的泼溅起电，如利用高压水枪、蒸汽喷射器等清洗油舱时产生剧烈放电，可能会带来巨大的安全隐患。

为了研究固–油界面摩擦起电的性质，在不同情况下需要通过不同的测试方法对其摩擦起电性质进行表征 [图 5.20(b)]。目前，油滴的电荷一般通过法拉第杯结合探极法进行测量，利用浮球或探针可以对管道中或者油箱中的电势进行测量，用来大体估计静电荷的积累程度。如何对油润滑界面的摩擦起电进行原位地定量检测还存在挑战。

研究者系统研究了 PAO-4 润滑油为润滑介质时的钢球-PVDF 摩擦学行为与摩擦起电的关系[50]。使用商用摩擦磨损试验机实现钢球与 PVDF 样品之间进行直线周期性往复运动，液体润滑剂选择 PAO-4，添加量为 0.5μL，从钢球端引出导线测量其接地电流。实验发现，无论是干摩擦还是加入 0.5μL PAO-4 润滑时的接地电流，都是正负交替的双极性电流峰。干摩擦状态下钢球与 PVDF 摩擦产生的接地电流在 0.8nA 左右，在添加 0.5μL PAO-4 润滑油后接地电流开始增大，在经过 150s 左右电荷积累后接地电流稳定在 6nA，相比于干摩擦接地电流增大至其 7.5 倍。由于 PVDF 的电阻率很大，摩擦产生的电荷累积在 PVDF 表面难以流动，使 PVDF 表面产生极高的静电压，而摩擦产生的微间隙与 PVDF 表面间距较小，当电场累积到足够大时就会击穿空气，释放 PVDF 表面的电子，导致接

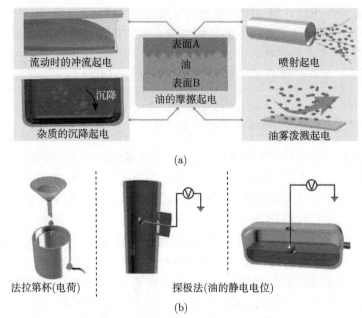

图 5.20   油品静电产生与测试示意图
(a) 含油界面产生静电的几种途径；(b) 常用的几种电学测试方法

地电流变小。在添加 PAO-4 后润滑油将划痕中的空气挤出摩擦界面使界面不易发生电荷击穿，减少了摩擦电荷的损失，使液体润滑下接地电流比干摩擦状态下的接地电流大。

这种放电现象具有较好的可重复性。在钢球-PVDF 摩擦副初始添加 0.5μL PAO-4，随着摩擦的进行，润滑油逐渐被填满在空隙中，呈现润滑油缺失的状态，放电峰重新出现。在出现放电现象后重新添加 0.5μL PAO-4 润滑油，重复 3 次，实验结果如图 5.21 所示。结果说明，随着摩擦时间的增长，接地电流都会出现 150~300nA 的放电峰，摩擦系数也相应上升；在出现放电峰后重新添加 0.5μL PAO-4，接地电流重新恢复到 6nA 稳定输出，并且摩擦系数也恢复到较小数值。接地电流出现放电峰的时间比摩擦系数上升的时间提前 50~100s，这为摩擦副润滑状态的监测提供了一种实时在线的策略，通过摩擦电信号的变化，能够实时反映摩擦副界面的润滑剂状态，并可提前预警摩擦界面的乏油状态，提高机器使用寿命和安全性。

2. 油润滑下的钢-铜摩擦副摩擦起电与传感

日常生活生产中金属-金属摩擦副最为常见，通常需要加入液体润滑剂来减少摩擦磨损，对摩擦副润滑状态的实时监测有助于提高机器使用寿命和安全性[51]。摩擦过程中通常伴随着摩擦起电现象，影响摩擦起电的主要因素包括材料、环境

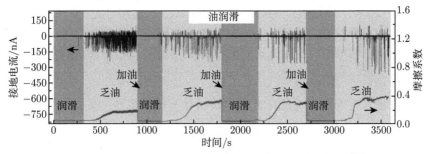

图 5.21 通过添加 PAO-4 来调控摩擦副摩擦电流信号 [50]

$F_N = 5N$；$s = 2mm$；$f = 4Hz$

中的温度和湿度、界面摩擦、界面润滑等。摩擦电信号对摩擦界面性质变化、液体润滑状态有着灵敏反映，可以作为监测摩擦及润滑状态的一种实时原位监测信号。对于钢–铜摩擦副来说，可以通过监测钢球或者铜箔摩擦材料的接地电流，从而实现对界面润滑状态的监测。

通过设计摩擦系数和接地电流集成系统，原位测得摩擦过程中摩擦系数和钢球的接地电流。摩擦系数保持在 0.1 左右，钢球的接地电流保持在 0.6nA。在 PAO-40 润滑下摩擦系数与钢球的接地电流均稳定输出，反映出钢–铜摩擦副在 PAO-40 润滑下摩擦学行为与摩擦起电行为可能存在关联性，可以利用摩擦电信号对金属–金属摩擦副摩擦状态进行监测。当钢球与铜表面接触后，由于材料保持电子的能力不同，铁的功函数小于铜的功函数，钢球表面的电子会转移到铜箔表面，此时摩擦界面内存在数量相等的正负电荷，因此摩擦界面的净电荷为零。钢球第一次摩擦铜箔表面，电子会从大地经过接地线流入钢球来补偿其失去的电子，产生一个正方向的电流。铜箔表面的电荷不会马上消散到空气中，会在铜箔表面停留一段时间。当钢球重新划过带负电荷的铜箔表面时，为了使铜箔表面能量保持最低，钢球上的电子会以流入大地的方式在界面产生一部分正电荷，使铜箔表面能量保持最低，同时平衡钢球与表面带负电荷的铜箔产生的电势差。因此，钢–铜摩擦副在旋转运动下钢球的接地电流表现出正负交替的双极性峰形。

在相同条件下，在钢–铜摩擦副中，不同供油量下钢球接地电流也较好说明乏油时会加剧放电现象。添加 1μL PAO-40 在铜箔表面，在摩擦 25s 时就开始出现放电现象，接地电流瞬时可达 10nA。在摩擦 300s 后，铜表面有明显的磨痕，铜表面划痕严重。添加 10μL PAO-40 后，钢球的接地电流在 300s 内稳定在 0.6nA，并且铜箔表面划痕较轻。这主要是因为摩擦过程中，液体润滑剂被氧化和消耗等，保持在摩擦接触区的液体润滑剂越来越少，润滑剂的减少使少量空气被卷吸进入接触区，摩擦电荷击穿空气产生放电。旋转运动同直线往复运动摩擦产生的电流信号都表现为正负交替的双极性峰形。这种与原始摩擦痕迹重合的往复运动产生的交变电流信号说明，摩擦后产生的电荷与摩擦学行为密切相关。旋转运动下钢–铜摩擦副在长时间摩擦时由于乏油，部分空气被卷吸进入摩擦接触区，导致钢球的接地电流出现剧烈放电现象。这对金属摩擦副润滑监测有着潜在的应用价值，将界面的摩擦电耦合到传统摩擦测试系统中是在线监测润滑状态的一种发展趋势。

3. 限量供油对界面摩擦起电的影响及润滑可视化传感监测

在摩擦学中，保持摩擦副具有良好润滑状态是一项基本任务，因此监测摩擦副润滑状态是尤为必要的。在现代化的实验室中，实验人员可以通过测量摩擦系数、采集光干涉图像等方法实现润滑状态的监测，但在实际应用中实现较为困难或者成本较高。摩擦电信号对摩擦界面性质变化、液体润滑状态有着灵敏反应，摩擦界面的磨损会引起摩擦起电现象的变化，可以利用界面摩擦起电的变化来反映界面润滑的状态。

通过测试集成系统可同时采集到的钢球的接地电流和摩擦系数两种信号，分析收集到的信号变化可以研究界面摩擦学行为与摩擦起电现象之间的关系。收集到摩擦过程中摩擦系数如图 5.22(a) 所示，摩擦系数一直随着摩擦时间增大，摩擦开始时由于 PAO-40 起到良好的润滑作用，摩擦系数较小且波动幅度也较小，在摩擦 240s 后摩擦系数在 0.07 左右。随着摩擦时间的延长，由于 PAO-40 润滑油在摩擦过程中氧化消耗，包括添加的 PAO-40 较少，钢球不断滑过同一轨道，润滑油被挤出轨道，不能及时回流到摩擦接触区造成乏油，这都导致了摩擦系数不断增大。在摩擦 480s 后摩擦系数在 0.1 左右，480s 后摩擦系数快速上升，并且摩擦系数的波动也较 480s 前增大，在 720s 时达到 0.25。收集到摩擦过程中钢球的接地电流如图 5.22(b) 所示，钢球的接地电流表现出稳定输出然后出现剧烈放电的特征。在摩擦前 460s 内，钢球的接地电流稳定在 0.4μA 并且平稳输出。在第 467s 出现第一个放电峰，电流大小为 2μA，是平稳输出的 50 倍。随着摩擦的继续进行，钢球接地电流开始不断出现大小不等的放电峰，大小范围在 0.1 ~ 4μA，在 880s 左右出现 4.6μA 的最大放电峰。这反映出摩擦学行为与摩擦起电行为息息相关，摩擦电信号的变化可作为监测摩擦副润滑状态变化的指标。

在确定工况以后，从正常的润滑状态到出现摩擦磨损异常时，摩擦电信号会出现变化。拟将开始出现摩擦磨损临界状态时采集到的信号作为特征信号并设定临界峰值。在该工况下，当采集到的电压信号达到临界峰值时，可判定当前摩擦副即将出现非正常磨损并发出预警。摩擦副在摩擦磨损试验机上摩擦时，摩擦电信号会通过电流放大器和数据卡采集到电脑上，电脑通过程序处理后判断当前摩擦电信号下是否处于润滑失效状态。若当前摩擦电信号处于润滑失效状态，则向可视化预警系统发送指令发出预警。如图 5.23 所示，将摩擦状态监测可视化处理，制作了乏油预警无线监测系统。润滑油充分时，钢球接地电流在 80nA 稳定输出；

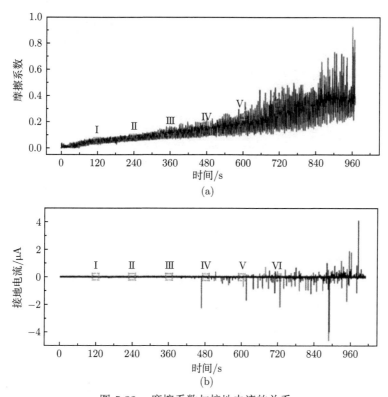

图 5.22　摩擦系数与接地电流的关系

(a) 0.1mL PAO-40 润滑下摩擦系数；(b) 0.1mL PAO-40 润滑下钢球的接地电流 $F_N = 5N$；
$r = 60mm$；$v = 60r/min$

出现乏油时，钢球接地电流发生放电，瞬时电流可以达到 $4\mu A$，为防止环境干扰导致的放电，实验将预警电流设置为 $1\mu A$。具体而言，当电流表检测到超过预定大小的电流后，发射器向无线接收器发送预警信号，并发出持续的视觉和听觉警报信号，以指示乏油预警。同时，接入互联网的无线接收器将预警信号上传到云端，并实时推送到手机端。通过这种方式，利用摩擦电信号实现了乏油监测和预警，同时可以实时将预警推送到手机。

4. 基于摩擦电变化的超润滑摩擦状态监测

超润滑是摩擦学领域中一个非常重要的概念，宏观上的超润滑是指摩擦系数小于 0.01 的摩擦状态。近年来，研制了很多种类的超润滑体系，超润滑的摩擦状态可以在宏观条件下实现，现在可以通过实验证明，即使材料表面粗糙度较大，也可以实现超润滑的状态。在实际滑动过程中，应掌握这些摩擦副的摩擦状态，以保持机器的安全运行并处理可能的故障。但是，目前研制的超润滑体系往往易受到外界条件的影响，超润滑过程的失效监测在未来的应用中存在巨大挑战。

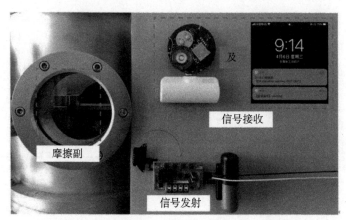

图 5.23   基于摩擦电信号的乏油预警无线监测系统

研究人员设计了一种新型的基于钢-含氢类金刚石碳（diamond-like carbon,
DLC）膜摩擦起电的器件,可以实现自供能的超滑状态失效检测[52]。类金刚石碳
膜目前已经成为一种比较成熟的超润滑材料,可以在真空、惰性气氛下达到超低
摩擦的状态。然而,某些异常的偶然因素可能会对实际应用中的 DLC 膜的使用
产生负面影响,导致超润滑失效。因此,如何检测材料的超润滑摩擦状态失效至
关重要。由于摩擦系数和电流之间的对应关系,利用摩擦起电的信号对于检测钢
球和 DLC 膜之间的异常摩擦学状况是有效的。图 5.24 表明,电流和摩擦系数随
着氮气和空气的间歇注入而同时变化。在干燥的惰性氮气气氛下,收集到约 14nA
的正电流,相应的摩擦系数低于 0.01。当注入空气时,稳态电流达到 −80nA,摩
擦系数也上升至约 0.05。随着气氛的反复改变,电流随着摩擦系数的改变而改变,
且该过程是可以重复的。这个结果表明,可以在摩擦过程中使用摩擦电流来原位
监测摩擦状态。通过外电路就可以将收集的摩擦电作为源信号,直接或间接地驱
动外部传感器进行润滑状态变化的指示。

5. 基于表面电势反演的摩擦过程跑合期监测

摩擦过程中材料转移是普遍现象。以材料 A 和 B 的摩擦过程为例（假设材料
A 向 B 表面转移）,材料转移实际上是材料 A 在剪切力的作用下发生了键的断裂,
而断裂的碎片与材料 B 表面发生了黏结,覆盖在材料 B 表面,从而改变了界面
发生摩擦及摩擦起电的物相。通过将常用的摩擦试验机与电学测试系统耦合,实
现了对摩擦过程中钢-PTFE 摩擦配副的摩擦系数、接地电流、摩擦电势三种信号
的原位监测,并对钢-PTFE 配副的摩擦系数及摩擦起电行为进行了研究[53]。其
中,材料转移有利于摩擦系数的稳定,并且对摩擦起电过程产生了重要影响。

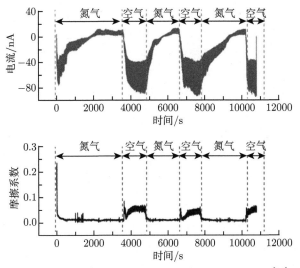

图 5.24　不同气氛条件下的摩擦电流和摩擦系数 [52]

在钢-PTFE 的摩擦过程中，PTFE 的表面电势发生反向转变的阶段对应了其摩擦过程中的跑合期，这一对应关系为实现摩擦状态的智能监测提供了新思路。通过上述的集成系统，实现了在摩擦过程中同时采集摩擦系数、钢球的接地电流及 PTFE 的表面电势三种信号，通过分析三种摩擦过程中收集到的信号变化，可以研究界面的摩擦起电信息及其摩擦学信息的关系，有利于揭示钢-PTFE 摩擦过程中界面处的一些现象（图 5.25）。就钢-PTFE 的摩擦系数而言，首先进入大约 70s 的跑合期，然后进入一个相对稳定的阶段。若仅考虑钢球与 PTFE 的接触，则会因机械强制压迫导致钢与 PTFE 的电子云发生重叠，钢球表面电子便会

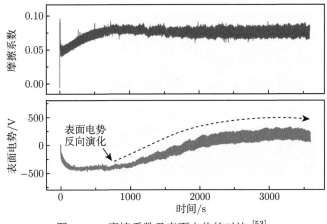

图 5.25　摩擦系数及表面电势的对比 [53]

被 PTFE 表面的势阱俘获，使 PTFE 表面携负电直至电荷积累达到动态的平衡。但是，在钢-PTFE 的整个摩擦阶段中，PTFE 的表面电势首先会积累到某一饱和值，然后反向充电达到一个动态稳定的值，这与所设想的单调递增的变化趋势相悖。另外一个比较有趣的现象是摩擦系数进入较稳定的摩擦阶段的时间点恰好对应 PTFE 的表面电势反向演化的初始时间。可以设想，PTFE 的表面电势变化有可能与其表层带负电材料的磨损以及向钢球表面的转移有关，当 PTFE 的表层带负电的材料发生转移后，使得 PTFE 的表面电势由初始的负电区域变成了正负电荷区域混合的表面，并且逐渐向正电荷区域演化。正是转移膜的存在使界面的摩擦变得稳定，同时使电流和表面电势也逐渐趋于稳定。

5.3.3 摩擦电在摩擦调控领域中的应用

摩擦是非常复杂的过程,除了包括传统的接触、黏附、摩擦、润滑和磨损问题,也包括复杂的物理过程和化学变化。作为一种常见现象，摩擦会引起诸多如能量损耗、材料变形和润滑失效的问题，影响材料的正常使用并降低设备的服役寿命，实际应用中亟须解决材料的磨损和润滑失效问题。因此，寻求一种经济直接的方法调控界面的摩擦磨损无论对工业生产还是日常生活都至关重要。摩擦起电作为摩擦过程中的一种现象，同样来源于摩擦副界面的相对运动。当摩擦副之间的摩擦电序列有差异时，或者相同材质摩擦副的能量状态存在差异时，摩擦副之间的相对运动和接触分离就会产生摩擦电荷。两个摩擦副在相对运动的过程中会带等量的异种电荷。当界面存在相对运动时，界面的摩擦和摩擦起电之间有很强的联系并且会相互影响。电子转移、离子转移和材料转移是摩擦界面传递电荷的三种基本方式，摩擦电荷的生成往往来源于摩擦，并且会受到材料转移、磨损、润滑介质的影响。由于不同的摩擦电序列和摩擦起电的生成机理，摩擦副界面往往会带等量的、异种的摩擦电荷。这些摩擦电荷的存在和积累会导致额外的静电力，特别是在聚合物中，电荷往往会累积到一个很高的程度，从而导致摩擦系数增大和磨损程度加剧。通过调控摩擦产生的电荷实现摩擦调控是一种可行的调控策略。

1. 基于电荷中和的摩擦调控

基于聚合物表面的摩擦静电的中和，研究者实现了可重复的摩擦调控。在传统的球–盘摩擦装置的基础上，增加了表面电势仪测量材料表面摩擦电荷累积，原位同步测量材料在摩擦过程中的摩擦力和摩擦电荷。电晕放电下可以完全消除电荷的累积，该状况下摩擦体系具有最小的摩擦系数和磨损体积。由于电荷积累与摩擦系数之间的强相关性，通过调控表面电荷累积的情况来调控材料的摩擦磨损性能 [54]。如图 5.26(a) 所示，在离子风机的有效距离内，摩擦系数可以通过开关离子风机来进行快速调控。在经过 3000s 的摩擦后，摩擦系数稳定在 0.50 左右；打开离子风机时，尼龙盘上的电势迅速下降到零，摩擦系数也由 0.50 迅速下降到 0.475。当摩擦系数稳定一段时间后，关闭离子风机，电荷累积迅速开始，尼龙盘上的表面电势迅速上升到 400V，摩擦系数也从 0.475 缓慢上升到 0.50 左右。反复三次开关离子风机，摩擦系数和表面电势可以在一定的范围内来回调控 [图 5.26(b)]。

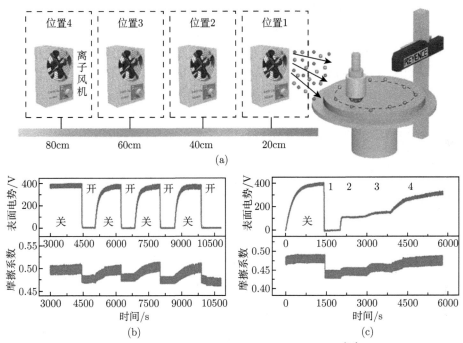

图 5.26　摩擦电势和摩擦系数之间的逐级调控[54]

(a) 通过改变距离来调控电荷的示意图；(b) 通过反复开关离子风机调控摩擦电荷及摩擦；
(c) 逐级调控界面起电及摩擦

如图 5.26(c) 所示，通过调整离子风机与摩擦副之间的距离来实现摩擦电势和摩擦系数之间的逐级调控。当离子风机与摩擦副之间的距离从 20cm 逐渐调整到 40cm、60cm 和 80cm 时，表面电势和摩擦系数也逐级增加。首先，摩擦系数经过 1500s 后，稳定在 0.47 左右，打开离子风机，表面电势和摩擦系数都有一个瞬间降低，表面电势由 400V 瞬间降低到 0V，摩擦系数也由 0.47 降低到 0.44 左右。保持这一状态一段时间，然后迅速将离子风机与摩擦副间的距离从 20cm 扩大到 40cm，尼龙盘上的电势会迅速从 0V 增加到 100V，导致摩擦系数从 0.44 增加到 0.447。进一步扩大离子风机与摩擦副间的距离至 60cm，尼龙盘上的电势会上升到 160V，而摩擦系数会上升到 0.457。最终，尼龙盘上的电势和界面的摩擦系数会进一步升高。因此，通过调控尼龙盘上的摩擦电荷的累积可以用来调控界面的摩擦磨损行为。通过瞬间的电荷消除和多级电荷的调控，展示了摩擦电和摩擦学之间密切的联系。该研究不仅为探究摩擦学和摩擦电之间的关系提供一种新的研究思路，还为简单有效地减小聚合物摩擦体系中的摩擦磨损提出了新的方法。

2. 基于热电子耗散的摩擦调控

基于热电子耗散也可以消除聚合物的表面静电荷，达到控制摩擦的目的。通过近红外照射引起 Fe_3O_4 掺杂的 PDMS 复合膜表面的摩擦电荷变化，实现了对 PDMS 复合膜表面的摩擦系数的调控[55]。将 Fe_3O_4-PDMS 复合膜置于往复式摩擦试验机上，对摩材料选择直径为 8mm 的 PTFE 球或玻璃球，载荷选择 2N。经过 7100s 后，Fe_3O_4-PDMS 复合膜与 PTFE 对摩的摩擦系数稳定在 0.98，而 Fe_3O_4-PDMS 复合膜与玻璃的摩擦系数稳定在 1.24。摩擦系数稳定后，开启近红外灯照射 PDMS 复合膜与对摩小球的摩擦交界处一段时间，然后关闭。实验结果显示，当 PDMS 复合膜与 PTFE 球对磨时（PDMS 表面带正电荷），近红外灯照射后，摩擦系数迅速降低；关闭近红外灯后，摩擦系数恢复到初始水平。然而，当 PDMS 复合膜与玻璃小球进行摩擦时，近红外灯的照射使摩擦系数迅速增加，关闭近红外灯后，摩擦系数恢复到初始水平。

近红外灯照射引起摩擦系数变化的可能原因是 PDMS 表面的摩擦电荷的数量越多，摩擦系数越大；反之，摩擦系数越小。当近红外灯照射 PTFE 与 PDMS 复合膜的摩擦位点时，PDMS 表面的正电荷被热电子中和，使得表面的正电荷数量降低，因此摩擦系数降低；当近红外灯照射玻璃与 PDMS 复合膜的摩擦位点时，PDMS 表面的负电荷与热电子发生叠加效应，使得表面的负电荷数量增加，因此摩擦系数增加。这种利用表面电荷变化调控摩擦的方法为摩擦学智能调控提供了新的思路。

总之，界面摩擦起电虽然是一个古老的问题，但是随着近年来的深入研究，摩擦起电逐渐活跃在摩擦学及表界面科学、新型能量收集、传感检测等领域，由于篇幅限制，本书仅介绍了作者的部分研究工作。相信随着时间的推移，在众多科研工作者的努力下，摩擦起电的应用会越来越广泛，商品化的摩擦电传感器件、分布式能量收集器等也会逐渐进入人们的视野中。

参 考 文 献

[1] FENG Y G, ZHENG Y B, MA S H, et al. High output polypropylene nanowire array triboelectric nanogenerator through surface structural control and chemical modification[J]. Nano Energy, 2016, 19: 48-57.

[2] CUI S W, ZHENG Y B, LIANG J, et al. Triboelectrification based on double-layered polyaniline nanofibers for self-powered cathodic protection driven by wind[J]. Nano Research, 2018, 11(4): 1873-1882.

[3] FENG Y, ZHANG L, ZHENG Y, et al. Leaves based triboelectric nanogenerator (TENG) and TENG tree for wind energy harvesting[J]. Nano Energy, 2019, 55: 260-268.

[4] XU G, ZHENG Y, FENG Y, et al. A triboelectric/electromagnetic hybrid generator for efficient wind energy collection and power supply for electronic devices[J]. Science China Technological Sciences, 2021, 64(9): 2003-2011.

[5] XU S, FENG Y, LIU Y, et al. Gas-solid two-phase flow-driven triboelectric nanogenerator for wind-sand energy harvesting and self-powered monitoring sensor[J]. Nano Energy, 2021, 85: 106023-1-106023-11.

[6] SUN W, WANG N, LI J, et al. Humidity-resistant triboelectric nanogenerator and its applications in wind energy harvesting and self-powered cathodic protection[J]. Electrochimica Acta, 2021, 391: 138994-1-138994-10.

[7] QIU W, FENG Y, LUO N, et al. Sandwich-like sound-driven triboelectric nanogenerator for energy harvesting and electrochromic based on Cu foam[J]. Nano Energy, 2020, 70: 104543-1-104543-9.

[8] ZHAN F, WANG A C, XU L, et al. Electron transfer as a liquid droplet contacting a polymer surface[J]. ACS Nano, 2020, 14(12): 17565-17573.

[9] XU W, ZHOU X, HAO C, et al. SLIPS-TENG: Robust triboelectric nanogenerator with optical and charge transparency using a slippery interface[J]. National Science Review, 2019, 6(3): 540-550.

[10] LIN S, ZHENG M, LUO J, et al. Effects of surface functional groups on electron transfer at liquid-solid interfacial contact electrification[J]. ACS Nano, 2020, 14(8): 10733-10741.

[11] LI S, NIE J, SHI Y, et al. Contributions of different functional groups to contact electrification of polymers[J]. Advanced Materials, 2020, 32(25): 2001307-1-2001307-10.

[12] PENG J, ZHANG L, LIU Y, et al. New cambered-surface based drip generator: A drop of water generates 50 μA current without pre-charging[J]. Nano Energy, 2022, 102: 107694-1-107694-11.

[13] PENG J, ZHANG L, SUN W, et al. High-efficiency droplet triboelectric nanogenerators based on arc-surface and organic coating material for self-powered anti-corrosion[J]. Applied Materials Today, 2022, 29: 101564-1-101564-9.

[14] WU H, CHEN Z, XU G, et al. Fully biodegradable water droplet energy harvester based on leaves of living plants[J]. ACS Appl Mater Interfaces, 2020, 12(50): 56060-56067.

[15] XU W, ZHENG H, LIU Y, et al. A droplet-based electricity generator with high instantaneous power density[J]. Nature, 2020, 578(7795): 392-396.

[16] ZHANG N, GU H, LU K, et al. A universal single electrode droplet-based electricity generator (SE-DEG) for water kinetic energy harvesting[J]. Nano Energy, 2021, 82: 105735-1-105735-9.

[17] WU H, MENDEL N, VAN DER HAM S, et al. Charge trapping-based electricity generator (CTEG): An ultrarobust and high efficiency nanogenerator for energy harvesting from water droplets[J]. Advanced Materials, 2020, 32(33): 2001699-1-2001699-7.

[18] LI L, LI X, YU X, et al. Boosting the output of bottom-electrode droplets energy harvester by a branched electrode[J]. Nano Energy, 2022, 95: 107024-1-107024-8.

[19] WANG X, FANG S, TAN J, et al. Dynamics for droplet-based electricity generators[J]. Nano Energy, 2021, 80: 105558-1-105558-6.

[20] CHEN Y, KUANG Y, SHI D, et al. A triboelectric nanogenerator design for harvesting environmental mechanical energy from water mist[J]. Nano Energy, 2020, 73: 104765-1-104765-10.

[21] NIE J, REN Z, XU L, et al. Probing contact-electrification-induced electron and ion transfers at a liquid-solid interface[J]. Advanced Materials, 2020, 32(2): 1905696-1-1905696-11.

[22] QIN H, XU L, LIN S, et al. Underwater energy harvesting and sensing by sweeping out the charges in an electric double layer using an oil droplet[J]. Advanced Functional Materials, 2022, 32(18): 2111662-1-2111662-11.

[23] SUN W, ZHENG Y, LI T, et al. Liquid-solid triboelectric nanogenerators array and its applications for wave energy harvesting and self-powered cathodic protection[J]. Energy, 2021, 217: 119388-1-119388-11.

[24] ZHANG X L, ZHENG Y B, WANG D A, et al. Solid-liquid triboelectrification in smart U-tube for multifunctional sensors[J]. Nano Energy, 2017, 40: 95-106.

[25] DONG Y, XU S, ZHANG C, et al. Gas-liquid two-phase flow-based triboelectric nanogenerator with ultrahigh output power[J]. Science Advances 2022, 8(48): eadd0464-1- eadd0464-9.

[26] LIU Y, ZHENG Y, WU Z, et al. Conductive elastic sponge-based triboelectric nanogenerator (TENG) for effective random mechanical energy harvesting and ammonia sensing[J]. Nano Energy, 2021, 79: 105422-1-105422-9.

[27] FENG Y, DONG Y, ZHANG L, et al. Green plant-based triboelectricity system for green energy harvesting and contact warning[J]. EcoMat, 2021, 3(6): e12145-1- e12145-9.

[28] LUO N, XU G, FENG Y, et al. Ice-based triboelectric nanogenerator with low friction and self-healing properties for energy harvesting and ice broken warning[J]. Nano Energy, 2022, 97: 107144-1-107144-11.

[29] SUN X, FENG Y, WANG B, et al. A new method for the electrostatic manipulation of droplet movement by triboelectric nanogenerator[J]. Nano Energy, 2021, 86: 106115-1-106115-11.

[30] YANG D, FENG Y, WANG B, et al. An asymmetric AC electric field of triboelectric nanogenerator for efficient water/oil emulsion separation[J]. Nano Energy, 2021, 90: 106641-1-106641-12.

[31] CUI S W, ZHENG Y B, ZHANG T T, et al. Self-powered ammonia nanosensor based on the integration of the gas sensor and triboelectric nanogenerator[J]. Nano Energy, 2018, 49: 31-39.

[32] ZHANG X, DONG Y, XU X, et al. A new strategy for tube leakage and blockage detection using bubble motion-based solid-liquid triboelectric sensor[J]. Science China Technological Sciences, 2021, 65(2): 282-292.

[33] ZHANG L, ZHANG Y, LI X, et al. Mechanism and regulation of peeling-electrification in adhesive interface[J]. Nano Energy, 2022, 95: 107011-1- 107011-11.

[34] FENG M, WU Y, FENG Y, et al. Highly wearable, machine-washable, and self-cleaning fabric-based triboelectric nanogenerator for wireless drowning sensors[J]. Nano Energy, 2022, 93: 106835-1-106835-9.

[35] FENG Y, BENASSI E, ZHANG L, et al. Concealed wireless warning sensor based on triboelectrification and human-plant interactive induction[J]. Research, 2021, 2021: 9870936-1-9870936-11.

[36] LI X, ZHANG L, FENG Y, et al. Mechanism and control of triboelectrification on oil-solid interface and self-powered early-warning sensor in petroleum industry[J]. Nano Energy, 2022, 104: 107930-1-107930-16.

[37] LU P, POWRIE H E, WOOD R J K, et al. Early wear detection and its significance for condition monitoring[J]. Tribology International, 2021, 159: 106946-1-106946-10.

[38] MARTIN H, HONARVAR F J A A. Application of statistical moments to bearing failure detection[J]. Applied Acoustics, 1995, 44(1): 67-77.

[39] SHINODA H, SASAKI S, NAKAMURA K. Instantaneous evaluation of friction based on ARTC tactile sensor[C]. Proceedings of the Proceedings 2000 ICRA Millennium Conference IEEE International Conference on Robotics and Automation Symposia Proceedings, California, USA, 2000: 2173-2178.

[40] EDMONDS J, RESNER M S, SHKARLET K. Detection of precursor wear debris in lubrication systems[C]. Proceedings of the 2000 IEEE Aerospace Conference Proceedings, Montana, USA, 2000: 73-77.

[41] BAYDAR N, BALL A. Detection of gear failures via vibration and acoustic signals using wavelet transform[J]. Mechanical Systems and Signal Processing, 2003, 17(4): 787-804.

[42] SMIECHOWSKI M F, LVOVICH V F. Iridium oxide sensors for acidity and basicity detection in industrial lubricants[J]. Sensors and Actuators B: Chemical, 2003, 96(1-2): 261-267.

[43] NILSSON R, DWYER-JOYCE R S, OLOFSSON U. Abrasive wear of rolling bearings by lubricant borne particles[J]. Proceedings of the Institution of Mechanical Engineers, Part J: Journal of Enginee-

ring Tribology, 2006, 220(5): 429-439.

[44]　GLAVATSKIH S B. A method of temperature monitoring in fluid film bearings[J]. Tribology International, 2004, 37(2): 143-148.

[45]　MOHANTY A R, KAR C. Fault detection in a multistage gearbox by demodulation of motor current waveform[J]. IEEE Transactions on Industrial Electronics, 2006, 53(4): 1285-1297.

[46]　SUN J, WOOD R J K, WANG L, et al. Wear monitoring of bearing steel using electrostatic and acoustic emission techniques[J]. Wear, 2005, 259(7-12): 1482-1489.

[47]　HARVEY T J, MORRIS S, WANG L, et al. Real-time monitoring of wear debris using electrostatic sensing techniques[J]. Proceedings of the Institution of Mechanical Engineers, Part J: Journal of Engineering Tribology, 2007, 221(1): 27-40.

[48]　张进武, 刘若晨, 孙见忠. 变工况下滑动磨损静电多传感器融合监测方法[J]. 传感器与微系统, 2020, 39(12): 149-152, 160.

[49]　NAKAYAMA K, MARTIN J M. Tribochemical reactions at and in the vicinity of a sliding contact[J]. Wear, 2006, 261(3-4): 235-240.

[50]　LIU X, ZHANG J, ZHANG L, et al. Influence of interface liquid lubrication on triboelectrification of point contact friction pair[J]. Tribology International, 2022, 165: 107323-1-107323-8.

[51]　ZHANG X, ZHENG H, WANG Y, et al. Electrification theory and experimental research of metal material[J]. Packaging Engineering, 2014, 35(19): 38-41,51.

[52]　ZHANG L, CAI H, XU L, et al. Macro-superlubric triboelectric nanogenerator based on tribovoltaic effect[J]. Matter, 2022, 5(5): 1532-1546.

[53]　张立强, 冯雁歌, 李小娟, 等. 钢–聚四氟乙烯摩擦界面的摩擦起电行为[J]. 摩擦学学报, 2021, 41(6): 983-994.

[54]　LUO N, FENG Y, ZHANG L, et al. Controlling the tribological behavior at the friction interface by regulating the triboelectrification[J]. Nano Energy, 2021, 87: 106183-1-106183-10.

[55]　WANG N, FENG Y, ZHENG Y, et al. Triboelectrification of interface controlled by photothermal materials based on electron transfer[J]. Nano Energy, 2021, 89: 106336-1-106336-11.

第 6 章　摩擦起电涂层的设计及应用

在过去的几十年，由于煤炭和石油等传统化石能源的逐渐枯竭以及环境的恶化，清洁与可持续能源的获取和利用逐渐成为最重要的研究方向之一。目前，已开发的清洁能源有生物能、太阳能、风能和水能等。地球蕴藏丰富的水能，仅海洋中无时无刻不在运动的波浪所产生的波浪能就大约相当于 700 亿 kW·h 的发电量。然而，海洋能虽具有蕴藏量大、地域广等优势，但与风能和太阳能等可再生能源发电相比，如何实现其向电能转化和利用一直充满挑战。这是因为受限于法拉第电磁感应定律，传统的电磁发电机的输出功率与驱动频率的平方成正比，想要获得稳定的输出，必须保证电磁发电机工作在一个稳定且非常高的工作频率。然而，在海洋中，无论是波浪、潮汐还是海流等，其运动频率都比较低，在 0.1 ~ 5Hz，并且这些运动没有规律，很难利用电磁发电机对其进行有效的能量收集和转化。基于摩擦起电和静电感应原理的摩擦纳米发电的方法，能够在一个较宽的驱动频率范围内（尤其是低频）进行机械能或摩擦能的收集转换，这就为其向电能转化利用提供了新思路。

然而，发电效率低和摩擦材料表面结构复杂等因素在很大程度上限制了摩擦起电在能量收集方面的大规模应用。为了增加摩擦界面处的有效接触面积，通常需要在电极表面制作微纳米结构，并且用低表面能材料对其进行修饰来获得超疏水表面，但其制备过程复杂且器件的机械稳定性较差。当摩擦起电电极表面上的低表面能材料和微纳米结构在工作环境中持续受到摩擦侵蚀时，器件易产生老化、腐蚀和生物污损等损坏，大大降低了摩擦起电的发电效率。通常，船舶及海工设备表面都需要涂覆一层涂层来对金属基体起到防腐蚀、防污损，增加耐磨性及装饰性的作用。涂层制备具有技术成熟、制备简单且适合大规模生产等优点。将涂层技术与摩擦起电技术相结合，可简化摩擦起电器件的制备工艺，扩大摩擦起电的应用范围。

因此，发展制备工艺简单、成本低廉并可规模化生产的摩擦起电涂层材料及其制备技术，是将摩擦纳米发电的能源收集利用并应用的重要途径。涂层材料作为摩擦纳米发电机的摩擦层，不但可以通过喷涂法进行大规模涂装，简化摩擦层的制备工艺，而且能够根据不同的需要，对摩擦层涂料成分配方进行优化，提高摩擦起电的效率，实用性非常强。例如，当摩擦电涂层直接应用于船体、海洋浮标或其他海洋设备的表面时，可以原位产生电能。此方法不需要增加额外的尺寸设计和复杂精细的结构设计，即可实现大面积波浪能、运动机械能的快速收集和利用，在海洋环境中的小器件供电、海水检测、自供电传感器等领域具有广阔的应用前景。本章将介绍具有摩擦起电功能的有机涂层、有机–无机复合摩擦起电涂层、防腐防污与摩擦起电功能一体化涂层的设计、制备及其在海洋能收集领域的应用。

6.1　有机摩擦起电涂层

有机涂层是指将有机涂料通过一定的方法涂敷在物体表面所形成的保护膜层。涂料一般由主要成膜物质、颜料、成膜助剂与溶剂四部分组成。主要成膜物质是指所用的各种树脂，它既可以单独成膜，也可以与颜料等物质共同成膜，是涂料的基础部分，因此也常被称为基料。颜料分为着色颜料和体质颜料，前者起着色作用，后者起填充与增强作用，通常为白色粉末。涂层按照成膜物分类，可分为松香树脂、醇酸树脂、酚醛树脂、氨基树脂、饱和聚酯树脂、聚丙烯酸酯树脂、环氧树脂、聚氨酯、聚脲树脂、氯化聚烯烃树脂、硝酸纤维素、有机硅树脂和氟碳树脂等。对涂层进行树脂改性、添加功能填料及表面结构设计是改善涂层摩擦起电性能的有效方法。

6.1.1　树脂改性涂层

聚丙烯酸酯涂层作为一种常用的保护涂层，具有十分广泛的应用领域，基于其制备的聚丙烯酸酯摩擦起电涂层也很有发展前景。使用甲基丙烯酸十二氟庚酯和其他丙烯酸酯单体在溶液中进行自由基共聚反应制备的氟改性聚丙烯酸酯树脂，具有良好的疏水性和摩擦起电性能，其合成路径如图 6.1 所示[1]。该树脂结合了摩擦起电功能及对海洋用金属材料的防护功能，可用于大规模收集波浪能并实现自供电防腐蚀和防污损。树脂的氟改性处理可以提高涂层表面的化学稳定性和摩擦起电性能，从而在与水接触时通过摩擦起电产生更多电荷，提高摩擦电能的输出。与利用微纳米精细结构获得的超疏水表面相比，氟改性树脂制备的有机涂层可以更牢固地附着于基体表面，其表面无微纳米结构，可大大减少波浪对表面结构的破坏。因此，基于传统涂料技术发展而来的摩擦起电涂层，保留了涂层技术成熟、制备简单且适合大规模生产等系列优点。当涂层直接涂覆于船体、海洋浮标或其他海洋设备的表面时，通过简单的电路设计可以实现原位海洋能的收集与利用。

涂层的成分对固–液界面摩擦起电性能具有重要影响。通过改变氟改性聚丙烯酸酯树脂和固化剂的比例可以调节涂层成分。其中，固化剂可以提高有机涂层与基体的黏结力，而二者的配比会影响摩擦起电表面的润湿性和固–液界面处的接触分离状态。氟原子具有较强的得电子能力，在涂层中添加氟化物可增加单位时间内摩擦副之间的摩擦电荷转移量。例如，基于氟改性聚丙烯酸酯涂层的 TENG，其摩擦短路电流可达到商用 PTFE 薄膜的 2.5 倍，转移电荷量约为 PTFE 薄膜

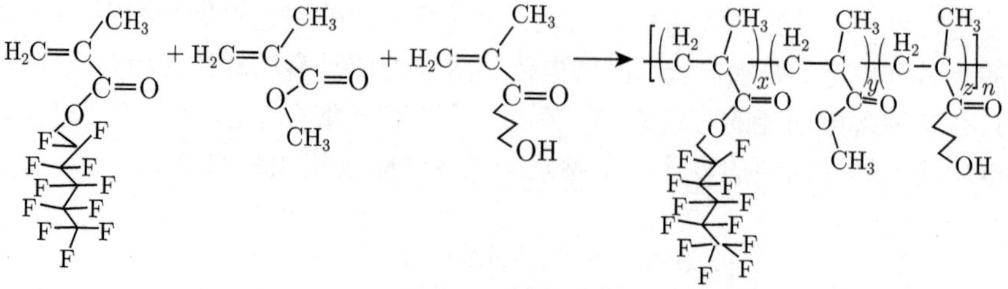

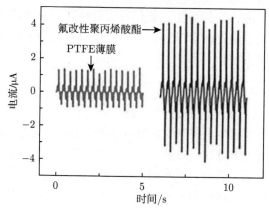

图 6.1   氟改性聚丙烯酸酯树脂的合成路径 [1]

的 3 倍（图 6.2）。随着氟改性聚丙烯酸酯树脂与固化剂比例的减小，有机涂层感应出的摩擦电荷在外电路所形成的电流呈现先增大后减小的趋势；当氟硅树脂含量较多时，涂层的成膜性不佳，导致摩擦电输出较低；固化剂含量较高时，则会出现氟硅树脂与固化剂相分离的现象，导致有机涂层不均匀，摩擦电流也较低。

图 6.2   氟改性有机涂层与 PTFE 薄膜的输出电流对比 [1]

　　除了高输出性能外，良好的稳定性也是摩擦起电涂层能否广泛应用的关键。氟改性摩擦起电涂层在经过 33000 次固–液界面摩擦循环后，输出性能基本保持不变，并且其表面水滴接触角在实验前后也基本无变化，表明其可在苛刻条件下长时间稳定运行。不同于涂层基 TENG 的摩擦起电表面，基于聚丙烯纳米线结构的摩擦起电表面在经历不到 4000 个循环时，电流降为初始状态的 1/5，其表面润湿性也发生巨大变化。液滴在样品表面由测试前可自由滚动的超疏水状态变为测试后的亲水状态，导致液滴难以从聚丙烯酸酯表面迅速分离，大大降低了摩擦起电性能。

　　涂料广泛应用于材料的表面防护领域，尤其是海洋防腐和防污等涂料是舰船、海洋设备和远海设施中必不可少的组成部分。如果防腐和防污涂料能够在船体或设备表面原位收集波浪能并将其转化为可用电能，就能实现海洋设备自供能的目标，支持其长期的海洋服役活动。因此，在基底材料表面涂覆疏水有机涂层是将固–液界面摩擦电推向大面积稳定应用的重要步骤。Wang 等 [1] 将组装好的涂覆有氟改性有机涂层的船模放入水中并人为制造波浪反复冲击船体表面，经过长时间的水下工作后，氟改性摩擦起电器件未出现短路或损坏的情况。

除了对树脂的氟改性外，有机硅改性也是提高其性能的常用方法之一。用有机硅对聚丙烯酸酯树脂进行改性，主要有物理改性和化学改性两种方法。物理改性方法是将聚丙烯酸树脂与有机硅树脂进行物理共混，制备含有有机硅组分的聚丙烯酸树脂。化学改性方法是通过将聚丙烯酸酯树脂中的羟基与含烷氧基的有机硅进行缩合反应。有机硅改性树脂比氟改性树脂更为绿色环保，有大规模应用的前景。通过将含有功能基团的有机硅改性的聚丙烯酸酯树脂涂层接触角可达到 90°以上，可以兼顾固–液界面的有效接触与快速分离。与聚丙烯酸酯涂层相比，以有机硅改性的聚丙烯酸酯作为摩擦起电层，可增强摩擦起电的电输出性能，其输出电流可达到数百微安。

工程应用上，通常采用简单的树脂拼合来提升某项性能。在丙烯酸甲酯、丙烯酸丁酯、全氟辛酯和丙烯酸羟乙酯等单体存在下，采用自由基共聚法合成含氟聚丙烯酸酯树脂，并将其与商业聚丙烯酸酯树脂共混，之后在固化剂作用下交联形成涂层，作为摩擦副表面。摩擦层表面含氟量的增加增强了其获得电子的能力，从而增大摩擦电输出。涂层中的氟含量还会影响涂层的表面润湿性，从而影响摩擦电输出。这在微观上可以归因于氟原子在与其他原子的摩擦过程中，很容易获得电子并可缩短接触分离的时间；在宏观上表现为，当水接触到低表面能涂层的表面时，黏附力减小，从而实现了水与涂层界面的快速接触分离，减小了电荷的耗散与复合，在结果上表现为摩擦起电输出电流增大。涂层中的氟含量可以通过计算在合成过程中进行精确调控，如通过控制聚丙烯酸酯树脂和含氟聚丙烯酸酯树脂的比例来调节。随着含氟聚丙烯酸酯树脂在涂料中所占比例的增加，摩擦起电的输出电流增大，当含氟聚丙烯酸酯树脂的比例过大时，涂层表现出各种表面缺陷，摩擦起电输出电流将会减小。

6.1.2　添加功能填料涂层

填料作为涂层中的重要组分之一，常用于提高涂层的强度和耐磨性等性能。SiO_2 颗粒具有粒径小、比表面积大、稳定性好等特点，在涂料工业中被广泛应用。Kong 等 [2] 通过在聚丙烯酸酯涂层中加入介孔 SiO_2 纳米颗粒来提高发电涂层的耐磨性，并通过在 SiO_2 纳米介孔内负载全氟辛基乙醇来提高摩擦电输出性能。当多孔 SiO_2 填料中填充了全氟化合物后，由于全氟化合物具有较高的得电子能力，在与水的摩擦起电过程中可以获得更多的电子，实现更高的摩擦起电输出。此外，将全氟化合物填充到介孔 SiO_2 硅填料中还赋予涂层自修复性能。当用等离子体处理涂层表面并破坏全氟辛基乙醇后，其摩擦起电输出性能降低；当在烘箱中加热涂层，负载于介孔 SiO_2 填料的全氟化合物会迁移到涂层表面，其摩擦起电性能恢复到初始水平，表明涂层具有摩擦起电自修复功能。SiO_2 添加量对摩擦起电输出也有影响。短路电流先是随着介孔 SiO_2 纳米颗粒添加量的增加而增大，当 SiO_2 质量分数超过 2% 时，短路电流又开始降低，电压的变化趋势与电流一致。SiO_2 纳米颗粒增加了涂层表面摩擦电输出，主要是因为加入 SiO_2 增大了涂层的介电常数，摩擦材料之间的转移电荷密度增加，静电感应增强。当 SiO_2 颗粒质量分数过高时，颗粒可能出现在涂层表面而导致涂层有效摩擦面积减小。因此，最佳添加量受到这两种因素的影响。

除了提高摩擦起电输出性能，介孔 SiO_2 的加入还能提高摩擦起电材料的抗磨和减摩效果，这对实际应用非常重要。通过对比不同涂层材料的摩擦学性能测试结果可以看出，与纯聚丙烯酸酯涂层相比，加入质量分数为 2% 的 SiO_2 纳米颗粒时，摩擦系数可由 0.120 降低至 0.045，磨损体积降低约 89%。这是因为随着介孔 SiO_2 的加入，部分 SiO_2 可能会聚集到涂层表面提高涂层的硬度，钢球与涂层之间的摩擦变为钢球与 SiO_2 颗粒之间的摩擦，从而降低了摩擦系数。这类涂层材料可以方便地涂敷于墙壁、器材等表面，组成自供电器件。例如，在日常生活中，当人们下班回家时，家里有时会很暗，在黑暗中摸索照明开关总是不方便。若通过将此类涂层喷涂到墙壁或门把手上，轻轻触摸墙壁或门把手，就可以点亮LED 灯泡用作指示光源。

钛酸钡是另一种可用于发电涂层的功能填料。钛酸钡是无机化合物，具有高介电常数、低介电损耗、绝缘性优异和压电性好等特点，广泛应用于电子陶瓷、电容器、热敏电阻等行业。当钛酸钡颗粒掺杂到涂层中作为摩擦层时，涂层的介电常数显著增强，摩擦电输出性能也显著提高。掺杂钛酸钡是通过提高涂层的功率存储容量来提高其摩擦起电的输出性能（图 6.3）。通过气相氟化将易于得电子的含氟化合物引入涂层中，可进一步提高其摩擦起电性能。经过相同条件的摩擦后，添加了钛酸钡涂层的摩擦电流先增大，后减小。这是因为随着钛酸钡质量分数的

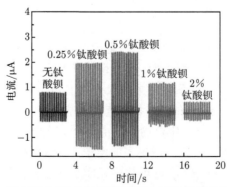

图 6.3   涂层添加不同质量分数钛酸钡颗粒前后的摩擦电流

增加，涂层的介电性能增大，其捕捉电荷的能力增强，降低了涂层表面电荷的损失，提高了摩擦电流的输出。当钛酸钡的质量分数达到 0.5% 时，涂层的摩擦电流达到最大。随着钛酸钡的质量分数进一步增大，部分钛酸钡分散在涂层的表面，降低了表面参与摩擦起电的氟原子含量，导致涂层摩擦电流的减小。

6.1.3　表面结构涂层

超疏水涂层通过其低表面能和表面微纳结构的协同作用，在自清洁、防污、防腐等领域有着广泛应用。与其他涂层相比，超疏水涂层可以与水之间进行快速的分离，提高摩擦电输出，因此超疏水涂层作为摩擦发电材料具有天然优势。然而，通常所用的超疏水材料因结构精细，制备工艺较为复杂，不易大面积制备，限制了其广泛应用。此外，材料表面的微纳米精细结构在使用过程中容易被物理机械力破坏，从而失去超疏水性并降低摩擦起电性能。因此，超疏水涂层制备的简易化和微纳米结构的稳定性是影响超疏水摩擦起电涂层应用推广的重要因素。

通过使用简单的黏结方法来制备用于固–液界面摩擦起电的可自修复超疏水表面，可以实现制备的简易化和使用的高稳定性 [3]。将聚四氟乙烯纳米颗粒用双面胶黏结在聚酰亚胺薄片上，将铜胶带黏附在聚酰亚胺薄片的另一侧作为电极，可制备出摩擦起电超疏水表面。为了进一步增强其疏水性和摩擦起电输出性能，将含氟硅烷化合物负载到超疏水表面的孔隙中。当表面的氟元素在使用过程中损耗，负载在孔隙中的含氟化合物将会迁移到表面，实现超疏水和摩擦起电输出的自修复。多尺度表面结构和低表面能特性的结合使涂层表面具有超疏水性，其与水接触角大约为 155°，水滴始终保持球形，不会浸润表面。对于固–液界面摩擦起电，表面超疏水特性可减少表面水的残留从而增加摩擦电输出，而稳定的输出性能对于摩擦起电能否应用非常重要，涂层经过 10000 次摩擦起电循环后，未出现明显的摩擦电输出下降现象。聚四氟乙烯纳米颗粒仍然黏结在胶带表面，超疏水表面的形貌没有发生破坏，表面结构的良好稳定性赋予了摩擦起电输出的稳定性。

在自然界中，某些植物表面可以产生低表面能物质来补充其表面物质的流失，就像荷叶释放蜡状成分使其保持超疏水性一样。在人造超疏水涂层表面，低表面能物质的破坏会导致其超疏水性破坏。当用等离子体处理涂层表面时，摩擦起电的电流值降低，通过升高温度处理被破坏的表面一定时间后，含氟物质迁移到表面，其摩擦电流又开始增加，表现出可修复的摩擦电输出特性。经过数个破坏—修复循环后，表面仍具有超疏水性，并具有较高的摩擦电输出。可修复的超疏水性赋予涂层表面可修复的摩擦电输出性能。

超疏水涂层表面复杂的微纳结构受到机械摩擦或冲击时容易损坏，表面就会失去超疏水性，电输出则随之下降。表面微纳米结构一旦损坏，疏水性就很难恢复。利用上述黏结方法制备的超疏水表面中，当其一部分区域被破坏，底部的聚酰亚胺层就暴露出来，水接触角从 155° 减小到 50°，输出电流减小到 0.15μA 左右（图 6.4）。表面为微纳米结构的聚四氟乙烯时具有超疏水性，容易与水分离，当表面被损坏后，水在裸露出的聚酰亚胺表面的接触角较小，水流与摩擦表面的分离也被延迟，甚至部分水滴残留在表面，严重降低摩擦电输出性能。鉴于此，使用在双面胶带一侧粘贴有聚四氟乙烯颗粒的超疏水胶带，通过在破坏区域重新粘贴可实现快速修复。破坏区域被粘贴后，水的接触角从 50° 增加到 155°，摩擦电流从 0.15μA 增加到 0.37μA。使用该方法进行摩擦起电表面的修复，操作简便，具有广泛的应用前景。

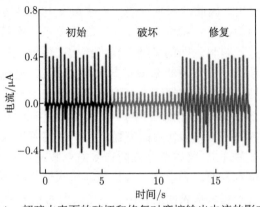

图 6.4　超疏水表面的破坏和修复对摩擦输出电流的影响 [3]

除了采用物理改性方法制备具有纳米结构的超疏水表面外，化学聚合也是一种在基体上制备摩擦起电表面的有效方法。Cui 等 [4] 利用化学聚合法在聚酰亚胺薄膜上制备了聚苯胺的纳米线层，并对其摩擦起电性能进行了研究。采用简单的稀溶液化学聚合法，在聚酰亚胺表面合成了纳米纤维结构的聚苯胺，作为摩擦电极材料和氨气传感材料。锥形纳米纤维垂直排列，均匀地分布在聚酰亚胺基板表面，顶部直径约为 70nm，底部直径约为 110nm，平均长度约为 420nm（图 6.5）。在该类型的基于聚苯胺的摩擦起电器件中，生长在聚酰亚胺基板上的聚苯胺纳米线既充当摩擦层又充当导电电极。通常，摩擦电极的表面形貌对摩擦起电输出性能有很大的影响。作为摩擦起电材料，纳米线结构的聚苯胺可有效提高摩擦接触面积，提高摩擦起电性能。另外，所制备的具有大比表面积的聚苯胺纳米线同时也有利于氨气分子快速扩散到聚苯胺纳米纤维表面，使基于此材料设计的氨气纳米传感器具有更高的灵敏度和更短的响应时间。该传感器原理：聚苯胺是一种独特的聚合物，具有氧化和还原两种状态，两种形态可以通过酸和碱处理可逆转化。氮掺杂聚苯胺可以通过酸质子化以获得酸掺杂聚苯胺，酸掺杂聚苯胺也可以被氨气修饰转化为氮掺杂聚苯胺。在酸和碱的可逆质子化和解质子化过程中，聚苯胺的电学和光学性质会发生巨大变化，使得聚苯胺成为一种高度灵敏的传感器材料。

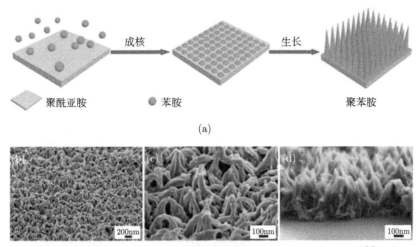

图 6.5　聚苯胺纳米线摩擦起电涂层的制备及其 SEM 形貌图[4]

(a) 聚苯胺纳米线的生长过程；(b) 聚苯胺纳米线的表面 SEM 形貌图；(c) 聚苯胺纳米线的表面放大 SEM
形貌图；(d) 聚苯胺纳米线的截面 SEM 形貌图

化学聚合方法优点之一就是可以在不规则的表面上制备具有纳米结构的材料。利用稀溶液聚合的方法可在多孔海绵上制备具有纳米线结构的摩擦起电层，得到基于海绵弹性体材料的摩擦起电输出，实现对各种不规则机械能的收集。导电弹性海绵可通过苯胺的简单稀释化学聚合制得，即在弹性海绵表面生长导电聚苯胺纳米线。由于海绵具有弹性，它能以不同的振幅和不同方向收集无序运动的动能。这种基于导电弹性海绵的纳米线结构，具有独特的弹性、导电性和易制造性，使得其在各种无规机械能量收集和自供电氨气传感器领域具有广阔的应用前景。

6.2　有机–无机复合摩擦起电涂层

金属材料表面通常采用涂层技术进行处理来提高其性能，如通过微弧氧化、阳极氧化等技术得到的无机涂层大多具有较好的耐磨性和抗老化性。在摩擦起电涂层中，通常通过引入有机分子提高其电输出性能，获得有机–无机复合涂层。无机涂层技术（如微弧氧化）产生的微孔结构作为负载有机分子及其他特殊功能分子的容器，可以赋予复合涂层优异性能。

6.2.1　微弧氧化–氟化复合涂层

微弧氧化（microarc oxidation，MAO）涂层技术是一种成熟的工业加工工艺，不仅工艺简单、成本低廉且可大规模制备，通常用于在金属表面制备无机涂层。最简单的摩擦起电有机–无机复合涂层可以首先通过微弧氧化技术制备金属氧化物涂层，再使用氟化试剂对涂层表面进行修饰，得到疏水性能良好的复合涂层摩擦材料。

简单的一步氟化操作实现了有机–无机涂层的复合，其摩擦电输出性能大大提高。微弧氧化–氟化复合涂层摩擦起电的电输出性能是聚四氟乙烯薄膜的 $3 \sim 5$ 倍，其输出电流通过整流桥整流后，可以轻松点亮几十个商用 LED 灯（图 6.6）。在相同频率下，氟化后的摩擦起电输出的电流明显增加，这是因为涂层表面氟化物的增加使其更具电负性，可以从水中获得更多的摩擦电荷。MAO 涂层的存在使摩擦起电表面的电输出性能进一步提高。这是因为 MAO 涂层表面存在大量的微纳米结构，这些微纳米结构的表面容易与氟化物分子结合形成超疏水表面，该表面可以加速水与固体界面的分离，从而通过固–液界面摩擦产生更多电荷。

图 6.6   微弧氧化–氟化复合涂层的制备 [5]

摩擦起电输出性能与设备中添加水的体积之间具有一定的对应关系。输出电流随着水的体积增加呈现先增大后降低的趋势。当水的体积较小时，由于水上升的加速度很小，其不足以覆盖整个涂层表面，产生的摩擦电荷较少，输出电流较小。当水的体积太大时，受限于设备容量，涂层表面与水之间的接触面积会减小，并引起不规则的振荡，输出也受影响。只有当水的体积处于合适大小时，水能够覆盖 MAO 涂层表面，既保证了最高的振动频率，又使接触面积最大，此时可获得最优的输出效果。因此，该类摩擦起电表面适合收集低频和中频的波浪能。同时，摩擦起电的输出性能受摩擦电极的形貌和摩擦层厚度影响。与光滑表面相比，微纳米结构的表面可以显著提高摩擦电的输出电压和电流；微弧氧化层厚度会影响感应电荷的产生，厚度较大的涂层产生较小的摩擦电输出。

微弧氧化产生的微纳米孔状结构可以作为储存自修复剂或其他特殊功能分子的容器，赋予涂层自修复或其他性能。另外，微弧氧化–氟化复合涂层还表现出良好的耐久性，在 3Hz 的接触频率下可以连续稳定运行 10000 次循环以上，不出现性能降低现象 [5]。同时，该复合涂层制备简单，可用于大面积收集能量，是一种结合涂层技术和摩擦起电技术优势的收集海浪能的优异方案。

6.2.2   微弧氧化–（溶胶–凝胶）复合涂层

微弧氧化–（溶胶–凝胶）复合涂层是近年来发展起来的另一种复合涂层制备方法。其中，有机硅溶胶–凝胶涂层是以烷氧基硅烷为前驱体、采用溶胶凝胶技术制备的一种材料。有机硅在分子水平上为有机、无机杂化化合物，有机硅溶胶–凝胶涂层同时具有有机材料和无机材料的性质，可以通过调节有机成分和无机成分达到预期性能。溶胶–凝胶杂化材料，其热稳定性、耐刮擦性和结合性能均高于有机材料，而结合性能和柔韧性则高于无机涂层。基于这些特点，溶胶–凝胶涂层已被广泛用于保护金属材料，如铝、铁、镁和铜等。在铝表面进行微弧氧化和氟化处理后即得微弧氧化–氟化有机硅溶胶–凝胶（fluorinated sol gel，FSG）涂层（图 6.7）。微弧氧化涂层的微纳米结构和氟化有机硅溶胶–凝胶涂层的低表面能相结合，比 MAO 涂层具有更好的疏水性，其摩擦起电的短路电流和开路电压可达到 30μA 和 860V，是 MAO 涂层基摩擦电的 8 倍。该类涂层通过良好的疏水性可减少水对基材的润湿，提高其耐腐蚀性。此外，摩擦起电收集的电能还可以通过外加电流阴极保护的方式进一步提高其耐腐蚀性。

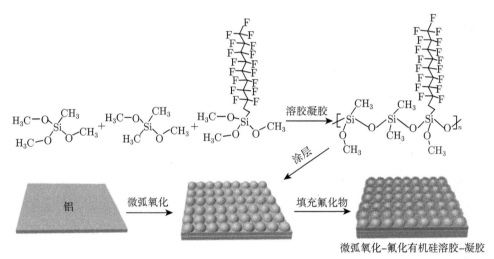

图 6.7　微弧氧化–氟化有机硅溶胶–凝胶涂层制备示意图 [6]

有机–无机复合涂层通过摩擦表面的接触和分离来收集电能，摩擦起电层的耐磨性会影响电输出的效率和稳定性。溶胶–凝胶涂层是在分子水平上形成的有机–无机杂化涂层，具有比有机涂层更好的耐磨性。与聚丙烯酸酯涂层相比，溶胶–凝胶涂层具有更小的磨损深度和磨损体积，减少了摩擦起电过程中外力对表面造成的损伤，并显示出更好的摩擦起电输出稳定性。

除了摩擦电表面层的机械磨损外，溶胶–凝胶涂层表面的化学成分也容易受到一些外部因素的破坏，降低摩擦电的输出效率。在自然界中，一些植物叶子可以通过持续分泌蜡状物质来实现自愈合疏水性。对于人工疏水涂层，当低表面能的化学基团被破坏时，疏水性能就会永久性丧失。受自然界中自愈疏水表面的启发，通过用低表面能化合物填充人工涂层中的微孔，可以实现涂层的自愈合疏水性。当溶胶–凝胶涂层的表面被等离子体破坏，表面受损时，涂层的疏水性丧失，涂层摩擦电的输出随之降低，此时，涂层微孔中负载的低表面能化合物（如氟硅烷）会迁移到涂层表面并恢复其疏水性，摩擦电性能也随之恢复。经过数个破坏和修复周期后，溶胶-凝胶涂层摩擦电的输出仍保持在较高水平，表明利用溶胶-凝胶法制备的摩擦起电涂层的自修复性能具有可重复性。有机-无机复合摩擦起电涂层具有制备简单、耐腐蚀、耐磨和自修复等优点，可用于收集波浪能和各种类型的机械能，适合于偏远地区的照明和海洋腐蚀防护 [6]。

6.2.3 阳极氧化-氟化复合涂层

作为轻金属材料，由于钛、铝具有高强度和低密度特性，在各种环境中的应用越来越多，如在飞行器、舰船及海工设备中，钛金属制备的部件经常处于固体摩擦、雨水或者水流冲刷状态中，因此研究其表面摩擦电性能具有重要意义。然而，由于钛表面的摩擦起电能力较低，有必要对其表面进行改性以改善摩擦起电性能。增加摩擦电输出的一种方法是通过增加接触面积来提高摩擦起电性能。增加接触面积的常用方法之一是在摩擦表面上构建纳米结构。阳极氧化技术，通常用于在金属表面制备具有纳米结构的无机涂层，具有纳米结构形状和尺寸可调的优点，它广泛用于钛、铝等轻金属的表面结构处理。同时，通过阳极氧化，在钛金属表面形成的钛纳米管层，可以保护钛基体免受损伤。增加摩擦电输出的另一种方法是增加摩擦材料获得或失去电子的能力，如改变摩擦材料表面的化学成分。含氟化合物容易地从摩擦材料中捕获电子，从而增加摩擦电输出。由于气相氟化易于操作，通常用于改变材料表面的化学成分来改善性能，如增强表面的疏水性。因此，经过氟化的阳极氧化钛纳米管表面可以从对摩擦副材料中获得更多的电子，增加摩擦电输出性能。此外，这些中空的氧化钛纳米结构还可以用作储存含氟化合物的纳米容器。

用于摩擦电荷收集的有机-无机复合涂层由两层组成，分别是钛纳米管层和全氟硅烷氟化层。在钛片表面可以通过阳极氧化制备纳米管结构的无机氧化钛涂层，这些氧化钛纳米管阵列排列在钛片表面，以形成纳米管层。纳米管的直径约为100nm，长度约为 7μm。氧化钛纳米管阵列从钛基生长而来，实为一体，与基体结合性良好，因此复合涂层的机械性能优异。阳极氧化后发生接触摩擦时，为氧化钛纳米结构表面与对摩擦电极接触，接触面积大大增加，在两种摩擦材料的分离过程中就会产生更多的静电荷。这些静电荷会通过静电感应过程在金属电极上产生更多的感应电荷。因此，通过设计和调控纳米结构表面可以增加摩擦过程中的接触面积，进而提高电输出性能。不同化学基团的电子获取和失去的能力是不同的，这使得不同的摩擦材料在接触分离过程中在表面上产生静电荷。为了进一步提高涂层的疏水性和电输出性能，可以对氧化钛纳米管涂层进行氟化处理。当氧化钛纳米管涂层被氟化物氟化时，氟原子被添加到涂层的表面化学成分中。与氧

化钛相比，氟原子具有更大的获取电子能力，与尼龙对摩电极分离时更容易获取
电子，从而导致表面的电荷更多。因此，氟化二氧化钛纳米管摩擦电复合涂层具
有更高的摩擦起电输出性能（图 6.8）。同时，在氟化过程中，一些氟化物进入氧化
钛纳米管，赋予了涂层自修复性能。在氧化钛纳米管和尼龙的摩擦过程中，电子
转移发生在表面并产生摩擦电荷，将这些摩擦电荷通过电极和导线进行传导，可
在外部电路中产生电流，从而实现摩擦机械能的收集。

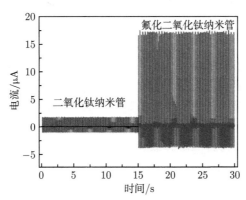

图 6.8　二氧化钛纳米管及氟化二氧化钛纳米管复合涂层的摩擦起电输出电流 [7]

　　基于二氧化钛纳米管和氟化物的复合涂层可以兼具有机涂层和无机涂层的特
点，易于收集环境中的摩擦机械能。当其表面上的含氟化合物被破坏时，涂层通
过释放负载在纳米管中的含氟化合物而具有摩擦电输出和疏水自修复性能。摩擦
起电收集的电流还可以通过外加电流阴极保护提高金属的耐腐蚀性。

6.3　摩擦起电功能一体化涂层

　　涂层技术被广泛应用于船舶防腐防污领域，船用设备表面的防腐涂层通过隔
离水与金属之间的接触，可以增强金属基材的耐腐蚀性。涂层的疏水性越强，金
属基材的耐腐蚀性越好。因此，使用疏水性涂层是制备防腐涂层的方法之一。同
时，这些疏水性涂层在与水接触和分离的过程中会产生更高的摩擦起电输出。如
果可以收集防腐涂层和水之间摩擦产生的电能来保护金属基材，则可以进一步提
高金属基材的抗腐蚀性能。因此，涂覆涂层是实现大面积摩擦起电表面制备和增
强金属防腐防污性能的重要解决方案之一。
　　腐蚀是钢结构材料在服役过程中所面临的最大威胁，会严重缩短其使用寿命。
监测和量化金属结构的腐蚀行为和腐蚀影响，改进和修复金属表面就显得极为重
要。一般的防腐蚀方法涉及金属表面的涂层，这些涂层形成钝化层，提高了与金
属阳极溶解相关的电荷转移反应的抵抗力，从而为金属提供保护。涂层可以通过

物理吸附或化学吸附结合到金属表面，其中聚合物涂层被认为是防止金属腐蚀最有效的方法。然而，由于恶劣环境的危害，通常涂覆在金属表面上的聚合物涂层可能会被破坏，腐蚀则从被破坏的薄弱区域开始蔓延，形成水泡，从而对涂覆的基材造成部分或全部损坏。

防腐涂层和阴极保护是防止金属腐蚀的两种主要方法，商业建筑和海洋设施的腐蚀防护通常结合使用这两种方法。如果在防腐涂层上出现缺陷，使用外加电流阴极保护会给耦合金属带来更大的负偏压，从而实现腐蚀保护效果。在持续施加外加电流的过程中，提供有效的电源对于维持其防腐性能至关重要。普通的供电设备通常存在额外的能耗和高维护成本的问题。通常条件下，阴极保护的电源系统中要使用稳定的直流电源，这会存在许多应用限制，如对环境的依赖，更换周期短和不耐用等问题。近年来发展的光生阴极保护方法是利用太阳能作为阴极保护的电源，但阴极保护系统无法在阴天、雨天和夜晚提供有效的保护。因此，开发更具环境非依赖性的和全天候特性的用于阴极保护系统的新型电源具有重要意义，设计开发一种兼具腐蚀防护功能和发电功能的涂层，可能是一条有效的途径。

中国科学院兰州化学物理研究所王道爱研究团队以商用防腐防污涂料为基础，研究设计了多种兼具高效摩擦起电与防腐防污功能的一体化涂层材料[8-18]，如将氟化聚丙烯酸酯树脂和聚丙烯酸酯树脂进行复合。通过调整氟化聚丙烯酸酯树脂和聚丙烯酸酯树脂的不同比例来提高涂层的润湿性和防腐性，且收集的电能可以通过外加电流阴极保护，为金属基体提供电子，以提升其耐腐蚀性。

涂层中氟的含量影响涂层表面的润湿性，进而影响摩擦起电的电输出性能。这是因为涂层中的氟含量越高，涂层的表面能就越低，当水接触低表面能涂层的表面时，不易在涂层表面黏附，可获得高接触分离速度。在此复合树脂中，通过控制聚丙烯酸酯和氟化聚丙烯酸酯的比例可以改变涂层中的氟含量。影响涂层材料性能的另一个指标是其成膜性。聚丙烯酸酯树脂具有良好的成膜性和耐久性，但是由于其高表面能和低疏水性，在与水摩擦时产生的摩擦电输出较低。结合这两种涂层的优点，以不同的比例进行混合，制备复合功能一体化涂层，并测试其摩擦电输出。随着涂层中氟化聚丙烯酸酯的质量分数不断增大，摩擦电的输出电流增大，直到氟化聚丙烯酸酯与聚丙烯酸酯的质量比为 7:3 时，涂层仍可以保持良好的成膜性，并获得高的摩擦电输出。当氟化聚丙烯酸酯的比例继续增加时，其成膜性变差，喷涂的涂层表面形成各种缺陷。

涂层材料的耐腐蚀性能可用电化学测试手段表征。氟化聚丙烯酸酯与聚丙烯酸酯复合的涂层，其电化学阻抗值大于聚丙烯酸酯和纯 Q235 碳钢基材的电化学阻抗值；而表面未涂覆涂层的 Q235 碳钢基材的电化学阻抗比其他两个样品小得多，这证实了氟化聚丙烯酸酯复合涂层的良好耐腐蚀性能（单独氟化聚丙烯酸酯因不易单独成膜，未进行电化学测试）。电荷转移电阻越大，电荷转移速率越慢，并且转移的电子数量越少。因此，材料的电荷转移阻力越大，材料的耐腐蚀性越好。与未涂覆的样品相比，在涂覆聚丙烯酸酯涂层后，样品的电荷转移电阻从 $1.88\text{k}\Omega$ 增加到 $23.62\text{k}\Omega$。将氟化聚丙烯酸酯添加到聚丙烯酸酯涂层后，样品的电荷转移电阻从 $23.62\text{k}\Omega$ 增加到 $55.88\text{k}\Omega$。这表明聚丙烯酸酯涂层具有良好的耐腐蚀性，当加入氟化聚丙烯酸酯后，耐腐蚀性进一步提高了。在喷涂聚丙烯酸酯之后，样品的腐蚀电流密度从 $5.731\mu\text{A}/\text{cm}^2$ 降低到 $1.256\mu\text{A}/\text{cm}^2$，喷涂聚丙烯酸酯/氟化聚丙烯酸酯复合涂层后，样品的腐蚀电流密度降至 $1.091\mu\text{A}/\text{cm}^2$，可见聚丙烯酸酯/氟化聚丙烯酸酯复合涂层的耐腐蚀性得到明显提高，其塔费尔曲线的变化见图 6.9。

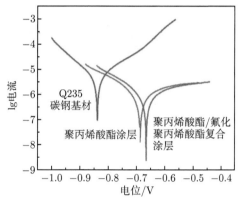

图 6.9　基于 Q235 碳钢基材、聚丙烯酸酯和聚丙烯酸酯/
氟化聚丙烯酸酯复合涂层的塔费尔曲线[8]

中性盐雾测试可用于验证涂层的耐腐蚀性。当实验进行 20d 时，聚丙烯酸酯涂层显示出轻微腐蚀，但是聚丙烯酸酯/氟化聚丙烯酸酯复合涂层却没有显示出腐蚀的迹象。当实验持续 30d 时，聚丙烯酸酯/氟化聚丙烯酸酯复合涂层仅显示出少量腐蚀点，而聚丙烯酸酯涂层腐蚀迹象明显。40d 后，聚丙烯酸酯/氟化聚丙烯酸酯复合涂层的腐蚀逐渐变得严重，而聚丙烯酸酯涂层样品已被严重腐蚀。

摩擦起电所收集的电能既可以用于电子设备的能量供应，也可以用于外加电流阴极保护，从而实现涂层保护和阴极保护的协同作用。使用质量分数 3.5% 的 NaCl 溶液作为电解质溶液来模拟海洋中的腐蚀环境，在没有加持摩擦电流的情况下，Q235 碳钢基材的开路电位（open circuit potential，OCP）约为 -0.65V。当摩擦电通过整流桥供电时，OCP 将显示明显的负移。如果摩擦电的电源中断，OCP 将迅速返回其原始值。当摩擦电阴极保护工作时，样品的腐蚀电流密度从 $1.091\mu\text{A}/\text{cm}^2$ 增加到 $5.731\mu\text{A}/\text{cm}^2$。在进行摩擦电干预后，样品的耐腐蚀性得到了显著提高[8]。

此复合涂层可以通过添加具有储电功能的填料材料，进一步减少涂层基摩擦电材料在工作过程中所造成的电荷损耗，增大摩擦界面的表面电荷密度，达到提高摩擦电输出的目标，如将纳米钛酸钡颗粒添加到聚丙烯酸酯树脂中。具体制备方法为将纳米钛酸钡掺杂在聚丙烯酸酯树脂中，再与氟化聚丙烯酸酯按照一定比例进行复合。由于钛酸钡纳米粒子的电荷俘获能力，摩擦电输出随着介电常数的增加而增加，并导致表面电荷密度的增加。此功能一体化复合涂层摩擦电的短路电流和开路电压可分别达到 15μA 和 800V，是纯聚丙烯酸酯树脂涂层的 10 倍，且长时间工作无衰减。

6.4   摩擦起电涂层的应用

摩擦起电涂层具备广泛的应用前景，除了作为灵活持续的能源获取方式为用电器件供电，还可用于海工设备的防腐防污、海洋设备的自供电传感检测等。例如，在海工设备的防护涂层中引入摩擦起电功能，使得涂层在防护船舶及海工设备的同时可以将海洋中的波浪能转化为电能，进行能源利用及功能性防护。

6.4.1   海洋能收集

1. 滴水发电

通常，相比于固–固界面摩擦起电，固–液界面摩擦起电的效率要低得多。特别是对滴水发电来说，一滴水所能产生的电荷数量非常少，所形成的摩擦电流和摩擦电压都非常小。通过对摩擦表面材料的选择和器件结构的设计可以提高滴水发电效率。在之前的研究中，所开发的大多数水滴 TENG 都是基于平面结构，即都是将水滴置于水平或倾斜的表面上进行研究的。理论上讲，固–液界面的接触面积越大，界面分离速度越快，摩擦过程就越激烈，从而产生更多的摩擦电荷，因此如果在不改变外部条件下使摩擦过程加快，则产生的摩擦电会增加。在物理学中，根据最速曲线原理，即在相同的距离条件下，在两点之间滚动的小球沿直线下降时间不是最快的，而沿着曲线下降的时间是最快的。基于此，在设计水滴 TENG 时，通过引入一种弧形结构，可用来实现对水滴能量的高效收集和利用。例如，利用氟烯烃–乙烯基醚（FEVE）树脂，设计组装的弧形滴水发电器件与基于 FEVE 薄膜的平面滴水起电器件，一滴水产生的短路电流可从 0.52μA 增大到 18μA，输出电压从 39V 提高到 80V，最大输出功率从 423nW 提高到 322μW[19,20]。

在电极设计方面，通过体积效应和对电极与导体底板间的连接方式的改变可实现大电流输出。选用导体板材（如纯铝）作为基底，保证基底材料有良好的导电性、足够的机械强度以及与涂层良好的界面结合能力。使用溶剂将树脂稀释至合适的黏度，通过喷枪在基底材料上喷涂涂层，可根据需要多次喷涂，得到所需厚度的表面均匀平滑的涂层。然后，在涂层表面设计不同形态的双电极结构，如常规的对电极或叉指电极。一滴自来水从 15cm 高度处滴落在涂层表面，铺展并接触电极时可以实现 500μA 与 50V 左右的电输出。

利用 TiO$_2$ 半导体可以制备滴水发电的装置。首先，摩擦层材料选用疏水的 TiO$_2$ 纳米管阵列，该材料由阳极氧化和含氟硅烷改性制得。由于氟改性后提高了得电子能力，增大了表面粗糙度，可显著提高与水摩擦后的表面电荷密度。为了进一步提高电输出性能，在水滴流经的位置引出另一个金属电极，可将水滴和底部的钛基底连接成一个闭合回路，从而打破了固–液界面上的界面效应，使得输出成倍地增长。由于 TiO$_2$ 半导体材料具有紫外光响应性，该设计可实现水滴能和太阳能的共同收集，为新兴摩擦电子学领域的摩擦电与光电的进一步耦合提供思路。

2. 涂装与器件集成

摩擦起电功能化一体涂层可以将涂层原有的功能与摩擦起电功能结合起来。海洋防污防腐涂层对船舶和海工设备具有重要的防护作用。防污防腐摩擦起电一体化涂层能够在舰船或海工设备表面将收集的波浪能并转化为可用电能，实现海洋设备自供能的目标，以辅助支持海洋设备的长期运行。通过将防污防腐和摩擦起电等性能集成在一个涂层中，可实现涂层摩擦起电及其他功能一体化。Wang 等 [1] 在模型船表面涂覆氟改性聚丙烯酸酯树脂涂层，对大规模收集和利用波浪能的可行性进行评估（图 6.10）。带状铜电极以一定的间距粘贴至 PET 基板上组成平行阵列，其中每一块铜电极连接一个桥式整流器，最后将整流后的电流汇聚在一起。为避免在水中出现短路问题，使用聚酰亚胺薄膜将铜电极的一侧完全覆盖，边缘使用有机硅固化密封，确保器件良好的防水绝缘性。将制备好的氟改性丙烯酸酯树脂涂料使用喷枪喷至聚酰亚胺薄膜表面，并将固化处理后的 PET 基板粘贴至模型船侧面。当船体移动或是波浪冲击时，水波将与船体表面的涂层在不同位置产生接触和分离，因此在静电感应的作用下，涂层表面积累的摩擦电荷会在铜电极上感应出大量感应电荷并形成摩擦电流。将组装好的模型船放入水中并人为制造波浪反复冲击船体表面，经过长时间的水下工作，其未出现短路或损坏的情况。模型船在水波的作用下可成功点亮 "LICP" 字样的 30 个 LED 灯泡。该实验验证了在模型船上涂覆摩擦起电一体化涂层收集波浪能的可行性，同时为实际应用中海洋能源的收集、利用，如船用电源供电、小型设备的照明、自供电感应和紧急求助等提供了可行性思路。

3. 能量收集与应用

由上述可知，通过背电极的设计可以提高 TENG 的输出功率。为了使已开发的涂层更有效地收集摩擦电，Liu 等 [8] 使用了一种简单的方法来制备背电极，即采用紧凑的叉指电极来增大 TENG 器件中的电流输出，使得 TENG 中的电流输出急剧增大（图 6.11）。当水滴接触涂层表面时，接触电荷分别在水滴和涂层表

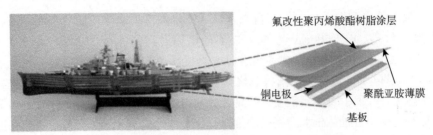

图 6.10　模型船示意图和 TENG 结构放大图 [1]

面中感应出正电荷和负电荷。在被覆盖表面的下表面，即在第一 Cu 电极上，负电荷积聚并有效地遮蔽了液滴的正电荷。叉指电极中的其他三个电极带正电，以中和涂层表面上的负电荷。当液滴开始沿 PTFE 表面移动时，累积的负电荷通过 Cu 电极，从而产生电流。当液滴到达第二个 Cu 电极的顶部时，负电荷将累积并有效屏蔽液滴的正电荷。当液滴进一步在 PTFE 表面移动时，累积的负电荷通过 Cu 电极沿相反方向流动。类似地，当液滴到达两个相邻的 Cu 电极之间时，累积的电荷将来回移动，从而产生大量的输出电流峰值。当波浪撞击到摩擦层的表面时，波浪会扩散成许多水滴，这些水滴与涂层表面的接触分离使得摩擦起电涂层能更有效的将波浪能转化为电能。这种输出电流的增加是非常可观的，它具有大面积能量收集的应用前景。

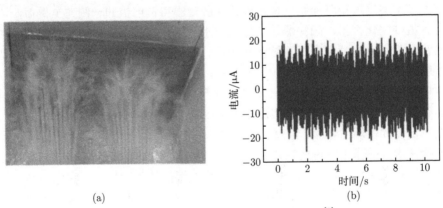

(a)　　　　　　　　　　　　　(b)

图 6.11　水浪冲击及 TENG 的输出电流 [8]
(a) 水浪冲击摩擦起电涂层表面；(b) 摩擦起电输出电流

　　Cheng 等 [21] 基于跷跷板等臂杠杆的结构特性，制作了一种跷跷板 TENG（SS-TENG）用于收集海洋能。SS-TENG 的结构轻巧简便，对外界振动反应灵敏，在两端各放置 TENG 后便可以搭载在浮标的外部或者内部工作。因为浮标在海浪上可以保持自身重心平衡，所以 SS-TENG 搭载在浮标上随着海浪晃动时便可

以将机械能转换成电能,如图 6.12 所示。利用产生波浪装置制造水波,可模拟
SS-TENG 在海面上收集波浪能并为电子设备供电。

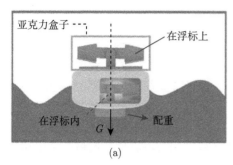
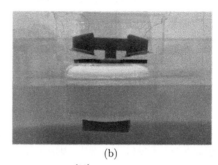

图 6.12　SS-TENG 示意图及照片 [19]
(a) 密封的 SS-TENG 在水面上保持重心平衡; (b) 密封的 SS-TENG 在水面上的照片

6.4.2　自供电防腐

　　金属材料包括铁、铝、铜、镁、钛及其合金广泛用于人们的日常生活、农业、
工业、制造业、船舶、航空航天等各个领域。船体在海水中经过长时间的浸泡后会
遭受到严重的破坏,包埋地下用于传输液体或气体的管道也会逐渐地被腐蚀,这
些都是最常见金属腐蚀现象。腐蚀会降低金属的机械性能,缩减其使用寿命,从
而造成了极大的资源损耗和经济损失。据估计,全球每年由金属腐蚀所造成的经
济损失超过 4 万亿美元。然而,金属腐蚀不仅带来了经济损失的问题,还会造成
严重的安全事故并且损害人们的身体健康。金属腐蚀造成的事故屡见不鲜,如桥
梁中的钢筋结构发生腐蚀后,会降低它的承重能力,甚至会造成桥梁的坍塌事故。
此外,起到矫形作用的金属植入物在人体组织中会不可避免地发生腐蚀,一方面
会破坏植入物的结构完整性,另一方面将会对人体系统造成不利影响。因此,金
属的腐蚀和防护一直以来都是科学研究的热点问题。

　　防腐蚀的方法多种多样,如涂覆涂层法和阴极保护法等。阴极保护作为一种
有效的金属防腐蚀方法得到了越来越多的关注,其中有牺牲阳极的阴极保护、外
加电流阴极保护、光生电阴极保护及摩擦电阴极保护等。其中,摩擦电阴极保护
作为一种新兴的防腐蚀方法,可以与其他方法进行互补。例如,当晚上光生电阴
极保护不能工作时,摩擦起电所产生的电流可以对金属进行及时的供电防护。此
外,摩擦起电还可以收集多种机械能,具有设备简便、能源来源绿色等特点,使
得其具有良好的应用前景。

　　1. 工作原理

　　传统的外加电流阴极保护存在依赖电能、成本高昂的缺陷,而自然环境中的
各类机械能是取之不尽、用之不竭的能量。摩擦纳米发电技术基于摩擦起电和静

电感应原理，可将环境中的机械能转变为电能，因此可作为一种新型的电源装置对阴极保护系统供能。由于摩擦纳米发电机可收集外界环境中的机械能并转化为电能，在阴极保护过程中摆脱了对外部电源的依赖，可被称作自供能的阴极保护。摩擦纳米发电机驱动的自供能阴极保护体系可有效利用自然环境中各种形式的机械能，成为新型的金属阴极保护手段，有望与传统的阴极保护手段进行优势互补，避免金属发生腐蚀。

基于摩擦起电的自供能阴极保护是将被保护金属与摩擦起电的整流桥负极相连，而辅助阳极则与整流桥的正极相连。在整流桥或整流器的整流作用下，电子可以源源不断地输送到被保护金属的表面，使得金属的电位低于周围环境，从而达到保护金属的目的。如图 6.13 所示，将被保护的碳钢金属与摩擦纳米发电机的整流桥负极相连，摩擦起电的电子可还原溶解氧生成 OH^-，并使得碳钢金属处于阴极极化中。外加电流阴极保护可以理解为一种电解过程，即被保护金属发生电极化作用。若阴极保护过程中向被保护金属施加的电压过高，阴极上（即被保护金属的表面）会有大量氢气产生。金属表面沉积的氢气对阴极保护产生了不利的影响，其中最主要的是发生过保护现象。大量的氢气会沉积在被保护金属表面，这将会导致阴极剥离或者有机涂层的分层，有时甚至会出现氢脆现象，这些现象会使得金属重新遭受破坏。因此，合理地选择摩擦发电的输出电压范围（即阴极保护的电压范围），既能为被保护金属提供有效的防腐蚀，又能避免过保护现象的产生。

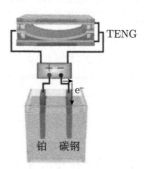

图 6.13　基于摩擦纳米发电机的自供能阴极保护的装置示意图

2. 固–固界面摩擦电自供能阴极保护

利用风驱动的摩擦纳米发电机可以将自然界中的大量风能转化为可利用的电能。柔性薄膜基风驱动摩擦电器件在不需要外部电源的情况下，产生可以起到阴极保护作用的摩擦电流。被保护的碳钢金属连接在整流后的摩擦电负极，铂电极连接正极。当摩擦对副在风的作用下工作时，所产生的电子将会注入被保护金属的表面，导致金属表面电子过剩及阴极极化。

自供能阴极保护系统的防腐效果可以通过金属的浸泡实验直观地观察。将连接与不连接风驱动摩擦电阴极保护系统的碳钢在质量分数为 3.5% 的 NaCl 溶液中浸泡 2h 后进行对比，连接风驱动摩擦电的碳钢表面几乎没有发生腐蚀现象；没有连接风驱动摩擦电的碳钢表面发生了严重腐蚀，有大量的铁锈出现。金属的浸泡实验证明，自供能的阴极保护系统可减缓碳钢的腐蚀[4]。

电化学测量作为一种有效且无损的分析手段常常被用来评价金属的腐蚀行为。电化学测量包括开路电位的变化和塔费尔曲线（基于电化学工作站的三电极体系进行测试）。图 6.14 为交替地连接和断开风驱动摩擦电的碳钢开路电位的变化曲线。从图 6.14 中可以看出，没有连接摩擦电时，碳钢的开路电位约为 −0.66V（相对于饱和甘汞电极）。连接摩擦电后，开路电位出现明显下降，负移至 −1.12V（相对于饱和甘汞电极）。开路电位的负移可以说明，摩擦电为碳钢提供了有效的阴极保护作用。当去除摩擦电的连接之后，碳钢的开路电位能恢复到原来的值。开路电位的周期性变化说明，摩擦电供能的阴极保护体系具有可重复性。此外，连接和断开风驱动摩擦电的碳钢的塔费尔曲线也有明显不同。连接阴极保护体系的碳钢的腐蚀电位呈现出明显的负移，此实验结果进一步证实自供能阴极保护体系能够保护金属避免发生腐蚀。

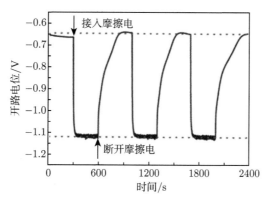

图 6.14　交替地连接和断开风驱动摩擦电的碳钢开路电位的变化[4]

3. 固−液界面摩擦电自供能阴极保护

固−液界面摩擦起电的能量同样可以用于自供电能的阴极保护中。Xu 等[5]采用微弧氧化工艺在铝片上制备具有微纳米孔状结构的 MAO 无机涂层，然后通过简易的气相沉积方法对 MAO 涂层表面进行氟化改性，以获得超疏水的表面特性。在氟化过程中，MAO 涂层表面的多孔结构会存储一部分氟化物，使其具有自我修复性能。MAO 涂层的表面存在大量的微纳米孔洞结构，该微纳米结构不仅可增加摩擦界面的有效接触面积，还有助于氟化物的附着和存储，从而使摩擦起电具有更高的输出性能。这种摩擦电表面可高效地将储量巨大的波浪能转换为电能，在能源领域具有广阔的应用前景。采用摩擦电作为电源组装自供能阴极保护系统，可模拟海洋环境下的防腐蚀性能。在饱和甘汞电极（SCE）作为参比电极和铂作为对电极的三电极系统中（电解质为质量分数 3.5% 的 NaCl 溶液），测量连接摩擦电碳钢的 OCP 变化。在未连接摩擦电的情况下，碳钢的 OCP 约为 -0.61V（相对于 SCE）；当连接摩擦电时，OCP 会显示一个较大的下降幅度，其值保持在 -1.28V（相对于 SCE），下降幅度约 -0.67V，表明摩擦电对碳钢提供了有效的阴极保护。此外，移去摩擦电后，OCP 会迅速恢复到接近初始值的位置。

图 6.15 显示了连接与未连接摩擦电碳钢的塔费尔曲线。外加电流阴极保护系统通过对被保护金属注入电子，使金属的电位负向偏移至腐蚀电位以下，且电位负移的程度越大表明防腐效率越高。在连接摩擦产生的电流时，碳钢的腐蚀电位从 -0.633V（相对于 SCE）下降到 -0.908V（相对于 SCE），并且腐蚀电流密度从 $0.19\mu A/cm^2$ 增加到 $0.82\mu A/cm^2$。在连接摩擦电的情况下，碳钢的奈奎斯特图则显示出较小的电弧直径，表明该自供能阴极保护系统具有良好的防腐蚀性。较低的电荷转移电阻表征较高的电子转移次数和较快的转移速率，这主要归因于摩擦电的供能对闭合电路中电子的加速，使得摩擦电可以作为阴极保护系统的有效电源。

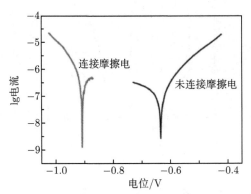

图 6.15　连接与未连接摩擦电碳钢的塔费尔曲线 [5]

6.4.3　自供电防污

海洋中的船舶和设备经过一段时间的使用后，会在表面附着海洋生物。为减少海洋生物的附着，通常使用的方法是在涂层中加入防污剂、杀菌剂等，抑制海洋生物在涂层表面的附着。然而，这些杀菌剂、防污剂通常有一定的毒性，对环境产生一定的影响。用摩擦起电生成的电能对涂层表面的海洋微生物的附着进行抑制，是一种新的防止海洋生物附着涂层的方法，是对常用防污剂方法的有效补充，其机理如图 6.16 所示。Feng 等[22]选取了两种典型的海洋藻类（杜氏藻和舟形藻）进行摩擦电防止海洋藻类黏附实验。防污测试使用的装置和电化学防腐使用的装置类似，由于电极的正负极均为脉冲电流，两个电极可能都会有一定的防污效果，因此两个电极均使用不锈钢片来进行相应的防污实验。将不锈钢片在杜氏藻和舟形藻的溶液中浸泡一定时间后，再在盐水中浸泡除去表面游离的藻类，然后将不锈钢片放在荧光显微镜下进行拍照表征。对照组使用相同的金属片浸泡在藻类溶液中并在荧光显微镜下进行表征。同空白组相比，不管是在正极还是负极，摩擦电产生的脉冲电流均对藻类有很好的抑制效果。对杜氏藻的抑制效果要优于对舟形藻，这可能是由藻类表面对电荷的敏感程度以及对材料表面的黏附程度不同决定的。因此，摩擦起电产生的脉冲电流对舟形藻和杜氏藻的表面黏附均具有非常好的抑制作用。

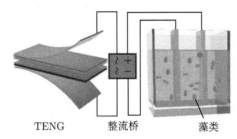

TENG　　　　　整流桥　　　　　藻类

图 6.16　基于摩擦纳米发电机的自供能阴极保护的装置

由涂层摩擦电供能的外加电流阴极保护装置也可以有效的应用于海洋防污领域。涂层摩擦电在工作时，电流达到 18μA，电压达到 800V。将连接摩擦电保护装置的两块钢板浸泡在舟形藻溶液一定时间后，在荧光显微镜下观察藻类的数量，与未连接 TENG 保护装置的空白对照实验相比，舟形藻密度下降至原来的近 1/100，大大降低了藻类的附着率。

参 考 文 献

[1] WANG B Q, WU Y, LIU Y, et al. New hydrophobic organic coating based triboelectric nanogenerator for efficient and stable hydropower harvesting[J]. ACS Applied Materials & Interfaces, 2020, 12(28):31351-31359.

[2] KONG X, LIU Y P, LIU Y, et al. New coating TENG with antiwear and healing functions for energy harvesting[J]. ACS Applied Materials & Interfaces, 2020, 12(8):9387-9394.

[3] LIU Y P, ZHENG Y B, LI T H, et al. Water-solid triboelectrification with self-repairable surfaces for water-flow energy harvesting[J]. Nano Energy, 2019, 61: 454-461.

[4] CUI S W, ZHENG Y B, LIANG J, et al. Triboelectrification based on double-layered polyaniline nanofibers for self-powered cathodic protection driven by wind[J]. Nano Research, 2018,11: 1873-1882.

[5] XU C G, LIU Y, LIU Y P, et al. New inorganic coating-based triboelectric nanogenerators with antiwear and self-healing properties for efficient wave energy harvesting[J]. Applied Materials Today, 2020, 20: 100645.

[6] LIU Y P, SUN W X, LI T H, et al. Hydrophobic MAO/FSG coating based TENG for self-healable energy harvesting and self-powered cathodic protection[J]. Science China-Technological Sciences, 2022, 65(3): 726-734.

[7] LIU Y P, SUN W X, FENG M, et al. A TiO$_2$ nanotube coating based TENG with self-healable triboelectric property for energy harvesting and anti-corrosion[J]. Advanced Materials Interfaces, 2022: 2201287.

[8] LIU Y P, SUN G Y, LIU Y, et al. Hydrophobic organic coating based water-solid TENG for water-flow energy collection and self-powered cathodic protection[J]. Frontiers of Materials Science, 2021, 15: 601-610.

[9] SUN W X, LUO N, LIU Y B, et al. A new self-healing triboelectric nanogenerator based on polyurethane coating and Its application for self-powered cathodic[J]. ACS applied materials & interfaces, 2022, 14 (8): 10498-10507.

[10] CUI S W, WANG J P, MI L W, et al. A new synergetic system based on triboelectric nanogenerator and corrosion inhibitor for enhanced anticorrosion performance[J]. Nano Energy, 2022, 91: 106696.

[11] LI T H, DONG C J, LIU Y P, et al. An anodized titanium/sol-gel composite coating with self-healable superhydrophobic and oleophobic property[J]. Frontiers in Materials, 2021, 8: 618674.

[12] SUN W X, ZHENG Y B, LI T H, et al. Liquid-solid triboelectric nanogenerators array and its applications for wave energy harvesting and self-powered cathodic protection[J]. Energy, 2021, 217: 119388.

[13] SUN W X, WANG N N, LI J R, et al. Humidity-resistant triboelectric nanogenerator and its applications in wind energy harvesting and self-powered cathodic protection[J]. Electrochimica Acta, 2021, 391:138994.

[14] FENG M, LIU Y, ZHANG S N, et al. Carbon quantum dots (CQDs) modified TiO$_2$ nanorods photoelectrode for enhanced photocathodic protection of Q235 carbon steel[J]. Corrosion Science, 2020, 176: 108919.

[15] ZHANG J J, ZHENG Y B, XU L, et al. Oleic-acid enhanced triboelectric nanogenerator with high output performance and wear resistance[J]. Nano Energy, 2020, 69: 104435.

[16] SUN W X, LIU Y P, LI T H, et al. Anti-corrosion of amphoteric metal enhanced by MAO/corrosion inhibitor composite in acid, alkaline and salt solutions[J]. Journal of Colloid and Interface Science, 2019, 554: 488-499.

[17] LI Z X, YANG W B, YU Q L, et al. New method for the corrosion resistance of AZ31 Mg alloy with a porous micro-arc oxidation membrane as an ionic corrosion inhibitor container[J]. Langmuir, 2019, 35(5):1134-1145.

[18] CUI S W, ZHENG W B, LAING J, et al. Conducting polymer PPy nanowire-based triboelectric nanogenerator and its application for self-powered electrochemical cathodic protection[J]. Chemical Science, 2016, 7: 6477-6483.

[19] PENG J L, ZHANG L Q, SUN W X, et al. High-efficiency droplet triboelectric nanogenerators based on arc-surface and organic coating material for self-powered anti-corrosion[J]. Applied Materials Today, 2022, 29: 101564-1-101564-9.

[20] PENG J, ZHANG L, LIU Y, et al. New cambered-surface based drip generator: A drop of water generates 50 μA current without pre-charging[J]. Nano Energy, 2022, 102: 107694-1-107694-11.

[21] CHENG J H, ZHANG X L, JIA T W, et al. Triboelectric nanogenerator with a seesaw structure for harvesting ocean energy[J]. Nano Energy, 2022, 102: 107622.

[22] FENG Y G, ZHENG Y B, RAHMAN Z U, et al. Paper-based triboelectric nanogenerators and their application in self-powered anticorrosion and antifouling[J]. Journal of Materials Chemistry A, 2016, 46(4): 18022-18030.

第 7 章　静电防护技术与方法

摩擦起电作为一种常见的物理现象，两个不同的物体只要有摩擦或接触–分离运动，就会产生摩擦起电。一方面，摩擦起电引起的静电效应在机械、轻工等领域有着广泛的应用，如选矿、除尘、植绒、喷涂等；另一方面，随着现代科学技术电子产业的飞速发展，静电危害日益严重，静电所产生的影响进入不断发展的工业生产部门，给石油输运、工业生产等带来安全隐患，对人们的生活及安全造成不利影响。特别是随着现代科学技术电子产业的飞速发展，静电危害日益严重，静电放电所形成的瞬时大电流会对电子组件及其他静电敏感系统造成极大破坏，静电放电的瞬时火花甚至会引燃、引爆易燃的气体与粉尘。因此，研究防静电的有效方法，控制静电的产生及累积，消除由材料摩擦起电引起电荷的方法尤为重要。

7.1　静　电　概　述

两种物体之间发生接触或摩擦就极可能产生静电，静电产生是非常宽泛的概念，至今没有一个十分精确的定义。洛布（Loeb）曾给出一个定义：静电产生是指所有能使正、负电荷出现分离的现象。相关研究人员对静电危害的事件实地分析研究，并通过实验进行模拟验证，从而得出了导致静电危害产生的关键要素：① 产生并且累积一定量的静电，即能够产生"危险静电源"，能够使某一部分的电场强度达到甚至超过周边介质的场所击穿强度，从而发生静电放电；② 这种静电源所处的场所应该包含易燃、易爆气体，同时能够达到它的爆炸极限，如存在机械电子装置、静电敏感产品；③ 在危险静电源和易爆材料相互作用时可以产生能量耦合，同时能量应大于等于前者的最低静电敏感度。引起静电事故的这三种要素共同作用，寻找方法使其中一个要素受阻，就能够避免静电事故的出现。目前，科学研究主要围绕研究减少摩擦电荷的产生、增大电荷消散速率或者中和消除静电，有效抑制静电的累积，减少静电造成的安全事故。因此，所谓静电，宽泛意义上就是一种处于静止状态的电荷或者说不流动的电荷（流动的电荷形成电流）。静电通常是通过摩擦引起电荷的重新分布而形成的，两个不同物体只要有摩擦或接触–分离就会有表面静电产生。此外，由电荷的相互吸引形成电荷的重新分布也可能会产生静电，如感应静电起电、热电和压电起电、喷射起电等。在某些特定工况下，如卫星总装过程中静电作用会产生很大的静电电压，影响生产和设备的正常运行（表 7.1）[1]。

表 7.1　卫星总装过程中的静电产生 [1]

名称	过程	静电电压/V	发生率/%
有机玻璃保护罩	作为电池的保护罩，与人手接触	+13900	85
聚酰亚胺膜保护罩	在卫星电测期间合舱时用	−13800	60
海绵	电缆移植后插头包覆海绵	+5500	20
塑料整理箱	与线缆及人体的摩擦	−13300	100
人造革面椅子	工作区中操作者的座椅	−3600	30

在日常生活中，各种各样的物体都会通过接触或摩擦而产生静电。当静电荷累积到一定程度就有可能会出现放电现象并造成严重的安全事故与经济损失 [2]。摩擦起电产生的瞬间高电压还有可能引发静电击穿和静电吸附，航天器飞行时静电放电产生的电磁干扰甚至会影响飞行的安全（表 7.2）。静电的产生在工业生产中也是不可避免的，其造成的危害主要可归结于静电放电（electro-static discharge, ESD）和静电引力（electro-static attraction，ESA）。例如，ESD 可能会引起电子设备的故障，造成电磁干扰；击穿集成电路和精密的电子元件，或者促使元件老化，降低生产成品率；高压静电放电造成电击，危及人身安全；在有易燃易爆品或粉尘、油雾的生产场所极易引起爆炸和火灾等。ESA 可能会吸附灰尘，造成集成电路和半导体元件的污染，大大降低成品率；使胶片或薄膜收卷不齐、沾染灰尘，影响品质；引起纸张收卷不齐，套印不准，吸污严重，甚至纸张黏接，影响生产；在纺织工业造成根丝飘动、缠花断头、纱线纠结等危害。因此，由摩擦起电产生的表面静电危害广泛存在于生产与生活中，对固体、液体、粉体及气体介质造成不同程度的影响。

表 7.2　航天器飞行时的静电放电危害 [2]

火箭名称	飞行代号	发射年份	故障原因
民兵 I	FTM-502	1962	静电放电造成制导计算机故障
民兵 I	FTM-503	1962	静电放电造成制导计算机故障
欧罗尼 II	F-11	1971	静电放电使制导计算机阻塞
侦察兵	S-112	1964	电爆管桥丝和壳体之间因电弧击穿
大力神 IIIC	C-10	1967	静电放电使制导计算机故障
大力神 IIIC	C-14	1967	静电放电使制导计算机故障
德尔安	2313	1974	制导系统控制器件故障

固体与固体间进行摩擦起电的方式繁多，摩擦表界面经过接触–分离过程时，电荷从一种摩擦副向着另一种摩擦副转移，从而使两个摩擦表面带等量的异种电荷。摩擦起电对固体介质影响的具体表现：在有可燃性固体的外界环境，当摩擦起电所产生的能量比其最小的着火点大时，就可能会有危险发生。例如，摩擦起

电造成橡胶产品的质量严重下降；人体衣物间产生的摩擦起电会对精密器件造成极其严重的损坏等。

粉体介质间通过流动等方式与相接触的固体管道之间发生摩擦起电，另外，粉体颗粒之间通过相互摩擦等方式也可以产生电荷，且粉体介质之间摩擦起电所输出的电压极高。因此，粉体介质之间的摩擦起电常常造成非常严重的后果，使工作人员受到电击甚至危及生命。

液体介质表面也可能因摩擦起电引起带电，其机理：液体介质和固体相互接触时，液体中的同种电荷离子吸附在固体的表面，固体的表面电荷层中与液体中距离较近且电性相反的电荷层构成偶电层，当液体受其他外力作用使偶电层分离，会引起液体带电。液体带电同样会引发巨大的灾难，近年来石化行业多次出现因静电产生的巨大的火灾爆炸事件，造成重大人员伤亡和经济损失。在石油运输途中，石油液体在管道内的流动使液体带有电荷，电荷无法释放，最终会引发事故。例如，2009 年 10 月，浙江一家企业的丙烯酸储罐区出现了爆炸事故并造成火灾。事后调查发现，用泵向储罐内输送丙烯酸乙酯的过程中产生静电并发生放电是爆炸的直接原因，结果造成严重的人员伤害与经济损失。

当气体介质中混合有固体颗粒时，气体快速流过固体管道所产生的气体与固体表面之间的摩擦、碰撞等，严重破坏固体表面的偶电层，从而让气体介质带上电荷。通过限制气压较高气体释放的压力值，可降低因气体介质带电荷而引发的安全事故。由于摩擦电荷在生产生活中可引发灾难，需要深入开展摩擦起电的防护研究，一种方法是通过减少摩擦的发生，从根本上尽可能抑制摩擦电荷的产生；另一种方法是在不能避免摩擦发生的场所，提高周围环境的湿度，达到提升固体材料电导率的目的，或在聚合物材料中添加抗静电剂，从而将电荷尽可能导出也是常用的摩擦起电防护方法。

7.2　常用的防静电方法

针对摩擦起电与静电累积带来的危害，人们发展了多种防静电方法，目前最常用的方法是使产生的摩擦电荷在材料表面快速耗散或迅速导走，以达到防静电的目的。在摩擦电荷的导走方面，主要可以通过两个途径来实现，一是进行接地导引；二是使电荷向空气中耗散或放电。

此外，根据表面静电产生的来源，由摩擦起电积累引起的静电，可以通过调节摩擦起电的影响因素，进而在源头抑制电荷的产生与累积，进而达到防治静电的目的。例如，通过减少摩擦起电电荷的产生或者降低摩擦起电速率，可以从根本上抑制静电的产生。在特定的环境中，通过调整摩擦表面的形貌结构、成分和摩擦过程中的载荷、频率、摩擦方式及摩擦副的结构，减少摩擦起电电荷的产生，就能够降低静电的累积，避免静电放电现象的发生。在实际生产中，绝大部分静电是因物体之间彼此摩擦、碰撞造成的，因此需要注意包装、装卸及输送等过程中物体之间的摩擦及接触。在液体运输过程中，必须限制液体流速或降低液体晃动的频率，以减少摩擦起电电荷量。

1. 接地

接地是指将带电体与大地连接，使其和大地处于等电位状态的方法。设备和人员的接地，即通过截面积符合标准的金属导线将设备接地，人员则通过手环、服装、防静电鞋等措施接地。摩擦过程中产生的静电聚集在物体表面，当带电体与大地处于良好的绝缘状态时，带电体对地的电位升高。如果人或者其他的接地导体接触到或者接近这个带电体后，其所带的电荷会瞬间释放，给予接触体强烈的电流冲击，产生电火花，可引起火灾、爆炸等危险。如果带电体是导体，经过接地后能防止电位的上升。但是，如果带电体为非导体，接地可以认为几乎没有效果。总之，接地的方法不一定在所有情况下适用，这一点在防静电的措施中较为重要。

2. 静电屏蔽

为了避免外界电场对仪器设备的影响，或者为了避免仪器设备的电场对外界的影响，用一个空腔导体把外电场遮住，使其内部不受影响，也使仪器设备不对外界产生影响。空腔导体不接地的屏蔽为外屏蔽，空腔导体接地的屏蔽为内屏蔽。在静电平衡状态下，不论是空心导体还是实心导体，导体本身带电多少，或者导体是否处于外电场中，必定为等势体，其内部场强为零。法拉第曾经冒着被电击的危险做了一个闻名于世的实验——法拉第笼实验。他把自己关在金属笼内，当笼外发生强大的静电放电时，人体由于静电屏蔽效应而不会发生被电击的危险。静电屏蔽策略在储存和运输电子元件或装载线路板时也经常被采用，可使其从静电释放击伤当中隔离出来而不被损坏。一般情况下，用接地的金属线或金属网等将带电的物体表面进行包覆，也可以将静电危害限制到不致发生的程度，此类屏蔽措施还可防止电子设施受到静电的干扰。

3. 静电消除器

中和消除静电是一种普遍适用的静电防护技术，该方法可以利用空气电离发生器将空气电离出正负离子对，并将其吹在物体表面，以中和带电物体上的电荷。该方法具有使用方便、不影响产品质量等优点。静电消除器是一种为消除带电体上的电荷而产生相应正负离子的设备，主要用于消除绝缘体上的电荷。带电体表面的离子与静电消除器产生的带相反电荷的离子相互吸引，直到带电体表面的电荷被中和掉，静电场消失。使用静电消除器是防止静电在表面集聚的方法之一，是静电接地的一种补充方法，也是消除绝缘体上静电电荷积累的有效手段，主要是

通过残余电压和衰减时间两个技术指标来评价静电消除器的静电消散性能。与此类似的空气离子发生器也可以达到相同效果。离子发生器利用高电压产生一个平衡的混合带电离子，并且可以用风扇帮助离子漂移到物体上或区域里中和带电表面的电荷，其中和速度相当快，离子发生器可以在 8s 内中和在绝缘体上的静电荷，因此可以减少静电荷引起的潜在伤害。

4. 抗静电剂

除了减少摩擦电荷的产生、增大电荷耗散速率，让已经产生的摩擦电荷在材料表面快速耗散，同样能够达到良好的防静电效果。在塑料、橡胶等静电非导体材料中掺入金属粉、导电纤维和抗静电剂等导电材料，能够增大材料的体积电导率，加速摩擦电荷的消散，从而达到静电防护的目的。抗静电剂一般是添加在绝缘材料（塑料）之中或涂敷于模塑制品的表面，以达到减少静电积累目的的一类添加剂。抗静电剂一般具有表面活性剂的特征，结构上带有极性基团和非极性基团。抗静电剂可在物体表面自发组装，使极性基团有序排列，用来吸附空气中的水形成水汽膜，加速表面静电向空气中耗散。常用的极性基团（即亲水基）有羧酸、磺酸、硫酸、磷酸的阴离子，铵盐、季铵盐的阳离子，以及羟基、醚等基团。这种类型的抗静电剂是通过吸收环境水分，降低材料表面电阻率来达到抗静电目的，因此对环境湿度的依赖性较大。环境湿度越大，抗静电剂分子的吸水性就越强，抗静电效果就越显著。

5. 其他方法

除了上述防静电的方法外，还有一些其他防静电的有效方法。对固-固界面摩擦起电，静电防护除降低速度、压力、减少摩擦及接触频率，还要选用适当材料及形状，增大电导率等抑制措施。对固-液界面摩擦起电，采取限制流速、减少管道的弯曲、增大直径、避免振动等措施减少摩擦起电的发生。此外，利用搭接或跨接将两个以上独立的金属导体进行电气上的连接，使其相互间处于大致相同的电位，也可以减少静电放电的概率。增大环境相对湿度能够有效地降低摩擦电荷，这是因为增大湿度能够降低大多数材料的表面电阻率。例如，采用喷雾、洒水等方法，使环境相对湿度提高到 60%~70%，以抑制静电的产生并加快静电耗散，可解决纺织厂等生产中静电的问题。通过摩擦电序列选择电极性相近的材料，使用放射线和通过表面的亲水化处理等策略，也可以用来进行静电防护。

随着生产生活中自动化技术的不断进步，对减小表面摩擦静电作用的要求场景也越来越多，对防静电领域及防静电效果的要求越来越高，迫切需要发展新的防静电技术。

7.3　新型防静电技术

近年来，国内外学者不断在寻找并设计新的防静电策略。我国的刘尚合院士
等[2]在聚合物材料防静电改性研究领域开展了大量研究，引起了国内外同行的
关注，多种聚合物防静电材料已获得工程化应用。在静电防护新方法探索方面，
Baytekin 等[3]发现，通过去除与静电荷共定位的自由基可以消除聚合物表面上
的电荷，研究工作发表在《科学》杂志上；Zhang 等[4]提出了一种添加共聚物策
略，这些含有不同比例极性的聚合物可以通过接触或摩擦来抵抗电荷，并防止微
观粒子的黏附。随着科技的不断进步，一些苛刻环境对材料表面的静电防护提出
了更高的要求，如在航空航天领域（航天员太空行走、飞机空中加油、火箭发射、
太空舱返航等），一些传统的防静电技术已不再适用。这是因为空间环境中的航天
器是孤立的，表面静电无法通过接地或放电刷安全泄放，而自由基清除剂或特定
共聚物策略也因其不能在空间辐照的环境下稳定存在而难以使用。因此，通过实
验探索，研究特殊环境下摩擦起电的影响因素及其与摩擦运动过程的关系，并从
宏观和微观尺度揭示摩擦起电的本质，进而以界面摩擦起电与静电耗散微观机制
为理论指导，设计开发新型防静电材料与防静电技术，从根本上抑制或降低材料
摩擦起电和表面静电积累，意义重大。下面主要介绍基于摩擦起电界面原位中和
技术、结构防静电技术、表面组成调控技术、多功能助剂技术和摩擦电原位利用
技术等几种新型防静电技术。

7.3.1　基于摩擦起电界面原位中和技术

当两个不同的表面接触并分离时，会发生电荷转移现象。尽管静电已广泛使
用，但绝缘体表面上静电荷的累积通常会在许多活动中造成一些负面的结果，如
灰尘颗粒在表面上的黏附。此外，由电荷累积产生的放电可能带来巨大的安全隐
患，甚至引发严重的火灾和爆炸。为了解决这些问题，研究人员不断寻求新颖且具
有成本效益的抗静电技术，希望这些技术可以消除接触起电产生的摩擦电荷，或
者快速将电荷从绝缘体表面消散，包括在聚合物复合材料中添加抗静电剂。这类
措施是当前工业中广泛使用的方法，但它们大多存在一些局限性，如制备过程复
杂、成本高，并且掺杂其他材料可能会影响材料原有的性能。开发一种无须接地
或导电，且廉价、可行、非破坏性的抗静电技术仍然是一个巨大的挑战。

此外，绝缘材料接触带电过程中电荷的分离机制目前仍然比较模糊，这将极
大地限制抗静电材料的进一步探索。摩擦起电发生在摩擦副材料的摩擦表面和界
面处，通过设计并控制摩擦表面的结构和组成来实现摩擦界面处的摩擦电荷转移
与中和，进而设计一种从摩擦起电源头机制控制的防静电新方法，可能是一种可
行策略。基于此，Zheng 等[5]提出了一种新的通过物理或化学拼接的方法实现摩

擦起电界面原位中和的防静电策略。该策略与以往常用的方法不同，具有工艺简单、成本低等优点（图 7.1）。首先，将尼龙（NY）与聚酰亚胺（PI）按一定面积比拼接为一个摩擦电极，并与金属铝电极复配组成摩擦副进行摩擦起电实验。根据摩擦电序列，NY 与金属铝摩擦后带正电，PI 与铝摩擦后带负电；在此过程中与两种材料对摩的铝电极在相应的对摩区域分别带负电和正电，从而在摩擦界面发生电荷中和，达到电荷原位消除的目的。研究发现，随着 PI 与 NY 面积比的改变，其累积净电荷也发生变化。当 PI 与 NY 的面积比约为 1∶2 时，接触带电产生的短路电流和摩擦电荷密度分别降低了 96.03％和 92.98％。此外，研究还发现在同一种材料表面，通过化学修饰其他物质的办法，也可以实现对其表面摩擦起电性能的控制。例如，在 NY 材料表面通过氟化修饰的方法化学沉积含氟分子，可使其与金属铝电极摩擦时在纯 NY 区域表面带正电，而在其氟化区域（NY-F）则带负电，从而形成摩擦电荷的原位界面中和，可显著消除聚合物上静电的累积，制备出抗静电材料，其摩擦电荷密度降低了 99.53％。

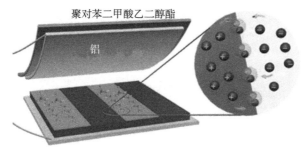

图 7.1　摩擦起电界面原位中和防静电策略材料设计示意图 [5]

　　因此，基于材料的摩擦起电性质，通过控制摩擦得电子和摩擦失电子材料的空间分布，可以实现材料的防静电特性，而不需要导电喷涂或接地，可在航空航天工业和电子工业等涉及的一些极端环境中使用。得益于静电荷密度的降低和电荷衰减的增加，这种基于摩擦起电界面原位中和技术设计的表面具有良好的防静电性能，因此这种可控的表面工程方法可能成为未来开发高性能防静电表面的一种新策略，使得一些在特殊环境下不能利用接地或导电防静电技术的防静电聚合物的广泛应用成为可能。通过黏附实验来证明这一表面工程策略在抗静电方面的效果。如图 7.2（a）所示，对于未处理的表面，有许多聚苯乙烯泡沫球黏附在上面；对防静电处理后的表面，几乎没有聚苯乙烯泡沫球黏附在表面上，表现出良好的防静电性能，如图 7.2（c）所示。这种策略还具有普适性，许多其他成品材料也可以通过使用这种后处理策略改造成抗静电材料，这将为防静电聚合物的在特殊服役环境下的实际应用开辟新路径。

　　除了物理方法，在分子水平利用基团设计和化学合成，通过对摩擦表面化学

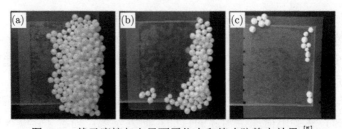

图 7.2　基于摩擦起电界面原位中和策略防静电效果 [5]

(a) NY-F 材料表面吸附聚苯乙烯泡沫球；(b) NY 材料表面吸附聚苯乙烯泡沫球；(c) NY-F / NY 材料表面
吸附聚苯乙烯泡沫球

组分的排布，在分子链端分别引入极性相反的基团，可在分子水平实现摩擦起电的原位中和，进而几乎完全抑制表面带电 [6,7]。此方法对各种基底材料都适用，通过简单的表面处理方法（如浸渍涂层），将所设计合成的具有强吸引电子和排斥电子功能基团的材料涂覆在基底材料的表面，形成自组装的单分子层。虽然这两种基团都具有很强的产生正电荷和负电荷的能力，但它们通过化学键连接在一起，在与其他材料进行摩擦时表面产生的正电荷和负电荷会瞬间结合，静电相互抵消，在整体效果上显示优异的防静电性。

7.3.2　结构防静电技术

通常，摩擦副的成分和结构是影响摩擦起电性能的关键因素，通过在接触面上制备纳米线结构可增加有效接触面积，使界面摩擦起电增强，而通过减少有效接触面积可降低摩擦静电的积累。Feng 等 [8] 报道了一种通过结构控制制备均匀聚丙烯纳米线阵列结构的方法，该方法可提高摩擦起电输出性能。反之，通过构筑一些特殊空洞结构来减小其有效接触面积则可能降低材料的摩擦起电，如通过铝的电化学阳极氧化制备表面多孔结构的阳极氧化铝（anodic aluminum oxide，AAO），则可在刚性金属材料表面降低界面实际接触面积，达到降低摩擦电荷密度的目的。

基于化学蚀刻和阳极氧化技术，Feng 等 [9] 在光滑金属铝表面制备了纳米孔平面结构、微米台阶状结构和三维微纳米复合结构（台阶状结构表面继续生长纳米孔平面结构），研究表面微结构对摩擦起电的影响。将四种不同结构的轻金属材料放到马弗炉里，高温加热，在没有破坏微纳米复合结构的基础上使四种结构的表面都生成致密的氧化铝膜，以保证其表面组成相同，再与 PTFE 组装，测量其摩擦电荷输出。如图 7.3 所示，以金属铝和非弹性的 PTFE 表面组成摩擦副，摩擦起电短路电流从光滑表面到微米台阶状结构、纳米孔平面结构、微纳米复合结构依次减小，这是因为其与 PTFE 表面摩擦时，实际有效的接触面积依次减小。例如，在刚性铝表面增加微米台阶状结构，由于粗糙度增大，在与平面结构接触时有效接触面积变小；在微米台阶状结构上继续生长纳米孔，则使其与 PTFE 平面结构接触时的有效面积比微米台阶状结构进一步减小，因此具有最小的摩擦电荷输出。

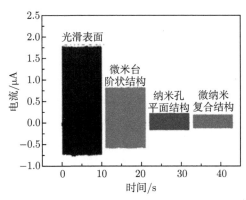

图 7.3　四种不同结构的氧化铝表面与 PTFE 的摩擦起电电流 [9]

　　因此，可以通过化学刻蚀和阳极氧化方法调控刚性轻金属的表面微纳米结构，进而调节摩擦副界面有效接触面积，最终实现摩擦电荷的有效调控与防静电设计。此外，孔径和壁厚对具有多孔结构的阳极氧化铝（AAO）表面的摩擦起电性能也具有重要影响。随着扩孔时间的延长，孔径增大，壁厚减小，其摩擦起电短路电流与电荷密度逐渐减小，这可归因于孔径与 PTFE 的有效接触面积逐渐减小。因此，通过在刚性轻金属表面构建纳米孔结构，可以实现对其表面摩擦起电的调控，达到降低静电危害的目的。摩擦材料的厚度也能影响摩擦电的输出。随着 AAO 层厚度的增加，其背面电极上感应的电荷减少，电荷密度也逐渐降低。基于此，对于一些阳极氧化处理的铝材表面，可以通过控制阳极氧化铝的孔径和壁厚实现对其表面摩擦起电能力的控制，进而实现防静电的目的。

　　在固–液界面摩擦起电体系中，同样可以通过固体表面结构的改变来调控固–液界面摩擦电输出，从而实现防静电的效果。以工业级的聚丙烯（PP）膜与去离子水组成的固–液界面摩擦起电器件为例，通过模板热压法将 PP 膜与 AAO 模板物理热压得到 AAO 与 PP 纳米线的复合物，再用热的 NaOH 溶液脱去 AAO 模板即可得到形貌良好的 PP 纳米线阵列。摩擦起电性能测试表明，I_{sc} 随着 PP 纳米线的增长呈现先增大后减小的趋势。当 PP 纳米线的长度为 6.1μm 时，I_{sc} 达到最大值 170 nA，输出电压和摩擦电荷密度也具有类似的变化趋势 [10]。随着 PP 纳米线长度的增加，引起 PP 膜表面的接触角变大直至超疏水，导致固–液界面接触面积在增加的同时，固–液界面接触–分离速度变快，电输出进而增大。然而，随着 PP 纳米线的不断增长，纳米线团聚现象加剧，其表面接触角变小。当水和 PP 纳米线摩擦时，由于纳米簇间隙过大，水会不断地渗入间隙，引起固–液摩擦界面不能迅速分离，导致电输出不断降低。

与水–固界面接触带电相比，油–固界面摩擦起电过程更为复杂，引起的后果也更严重。现实中，大多数材料表面都是亲油的，但是只要油–固界面存在对流摩擦，油中的电荷就会不断地产生和累积，这是因为油的电导率极低，其储存电荷的能力更强。在石油工业中，石油和石油基产品主要由碳氢化合物和烷烃组成，它们容易挥发形成爆炸性的燃料/空气混合物。当油中的电荷累积到一定程度，达到很高的表面电势，就容易引起静电危害。如果静电放电能量超过爆炸性混合物的最小点火能量，就会发生可怕的着火或爆炸事故。因此，防止油–固界面摩擦起电对确保工业生产安全是非常重要的。Li 等 [11] 使用铝金属板作为固体摩擦壁，液体石蜡作为另一种摩擦材料，设计了一种新的油–固界面摩擦带电模型，并通过调整表面结构研究了界面性质对油–固界面摩擦的影响（图 7.4）。

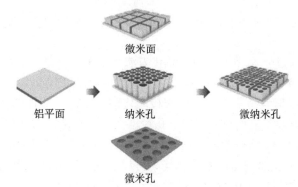

图 7.4   电化学法和激光蚀刻法制备各种形貌表面结构示意图 [11]

对于油–固界面摩擦起电，当为亲油壁面时，固体壁表面越粗糙，油液接触面积越大，电输出越大，但此时的油液会润湿这些亲油的固体壁面，整体上不利于摩擦电荷的产生和累积，可以据此设计粗糙表面来防静电。将此表面用氟化物修饰处理后，因为氟基团具有非常低的表面能，修饰后的基底也具有较低的表面能，其疏油性能增强，经过连续的油–固界面接触–分离后，表面只有很少部分区域有油滴黏附，与修饰前的表面相比，其摩擦起电性能大大增强。随着表面粗糙度的降低，I_{sc} 逐渐降低，V_{oc} 和 Q_{sc} 具有相同的趋势，即微–纳米复合织构化表面 > 微米织构化表面 > 纳米织构表面，表明结构对摩擦电输出有显著的影响。

7.3.3   表面组成调控技术

固体摩擦层的表面组成也是其影响摩擦起电性能的一个关键因素，可以通过选择合适的供电子基团和吸电子基团来调控材料表面摩擦起电性能。以平滑的聚丙烯材料表面为例，用十八烷基三氯硅烷 (octadecyltrichlorosilane，OTS)、全氟辛基三氯硅烷（1H,1H,2H,2H-perfluorooctyl trichlorosilane，PFTS）、3-氨丙基
三乙氧基硅烷（3-aminopropyl triethoxysilane，APTES）等硅烷偶联剂进行改性
修饰，得到具有不同化学基团的表面材料[10]。将改性后的 PP 膜分别组装成固–
液界面摩擦纳米发电机，其固–液界面摩擦起电的短路电流和开路电压的输出具
有随表面基团极性依次变化的规律：APTES-PP < PP < OTS-PP < PFTS-PP
（图 7.5）。具有氟基团的 PP 薄膜有最大的摩擦电输出，这是因为氟原子电负性较
大，在与电正性的水摩擦过程中可以得到更多的电子，增大电输出。此外，氟化
合物具有低表面能，使 PP 膜的疏水效果更好，提高了固–液界面接触分离效率，
进一步增大了摩擦电输出。

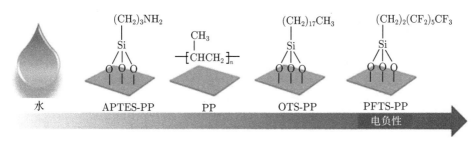

图 7.5　不同材料的摩擦电负性排序[10]

固体摩擦层表面成分的变化影响油–固界面摩擦起电行为，具有普遍性。以氧
化铝表面为例，与未修饰及长链烷烃修饰的表面相比，氟化修饰后的氧化铝表面
具有较大的摩擦电输出，这是因为氟原子具有较大的电负性，更容易在摩擦中得
到电子，有利于油–固界面摩擦电荷的产生。含氟基团具有低表面能的特性可以有
效降低表面的黏附力，提高油–固界面接触–分离效率，同时含氟材料也是一种驻
极体材料，具有较好的电荷存储能力和稳定性，会进一步增强其摩擦起电性能。在
石油工业的油品流动、装卸、运输、过滤过程中，由于油品自身的大电阻率，电荷
不断积累，油中的静电积累达到一定程度后，会严重影响石油产品储运安全。据
此可设计一种无线报警设备，当油中的电荷积累到一定程度时，设备会发出无线
信号，触发报警器，实现实时监测[10]。

除了利用小分子修饰改变材料表面摩擦起电性能外，合适的涂层材料改性也
能起到防静电效果。Jin 等[12] 开发了一种新的分子工程涂层，它可以防止静电电
荷在任何空间位置的产生和转移，克服了传统涂层中遇到的一些问题。这一策略
主要依赖于通过分子工程方法设计两个具有强大起电能力的化学非均相基团，以
调节表面电势，从而实现静电均匀的抗静电表面，完全防止接触带电过程中产生
电荷。与传统的防静电表面相比，这种分子工程防静电涂层在防静电性能方面具
有很大的优势。这种新的、通用的防静电表面工程方法，通过对表面电势进行分

子修饰，可以完全防止静电电荷的产生。虽然防静电涂层在化学上是不均匀的，但在静电上是均匀的，具有较多的优点，如简单方便的制造、坚固性强、透明度高，以及广泛的基材和形态选择。此外，这一方法还具有通用性，也可以基于其他分子构建防静电表面，从而扩展了化学组分的选择，这在基础科学研究和实际应用中非常重要。

7.3.4　多功能助剂技术

随着生产技术的进步和人们生活水平的提高，人们对防静电的要求也越来越高。不仅对防静电性能有要求，还要求其能与其他的功能复合，表现出多功能的特点。例如，在生物医药领域，淀粉胶囊是明胶胶囊的最佳替代品之一，这是因为淀粉对环境无害，能够自然降解，可用范围广且价格低廉。然而，当淀粉与其他材料接触时，淀粉膜容易产生摩擦电荷累积，从而在淀粉相关领域的生产中带来一些问题。例如，由于静电的存在，空气中的灰尘和其他小颗粒很容易被淀粉膜吸附，从而增加了产品的不合格率。类似地，淀粉胶囊在填充过程中会吸附药粉，而被吸附的药粉通常需要通过机械力才能刷除，因此解决淀粉填充过程中的静电吸附问题是淀粉胶囊生产环节的关键步骤。同时，由于耐磨性差，淀粉胶囊在操作过程中会产生磨损痕迹，导致其透明度降低，淀粉胶囊的水润滑性差也会造成患者难以吞咽。寻找一种多功能助剂，一次性解决上述这些问题就成为关键。

当淀粉膜与其他聚合物或金属接触并与之分离时极易在表面累积静电。淀粉膜具有很强的摩擦电正性，因此整个淀粉膜在接触-分离过程中带正电。此外，当环境湿度增加时，淀粉膜的摩擦电正性会变得更强。发生这种情况是因为环境中的水分子与淀粉膜表面的羟基形成氢键，从而固定了水分子，使摩擦电性能增强[13,14]。因此，在高湿度环境下淀粉胶囊的接触带电更加严重。通过添加多功能助剂的办法可使上述问题得到解决。通过在淀粉中引入一定质量的甘油，制备一种新型的淀粉胶囊，可同时兼具改善的防静电性、耐磨性和水润滑性等功能[15]（图 7.6）。由于甘油具有无毒无害的特性，是生物基膜材料制备行业中最常用的小分子增塑剂之一。当淀粉在高温下以水为溶剂凝胶化时，添加的小分子多元醇由于极性强，会加速淀粉分子的溶胀过程，并与淀粉分子链上的羟基形成氢键，稳定地存在于淀粉膜的表面和内部。其中，淀粉膜表面与淀粉分子形成氢键的甘油分子将占据部分羟基。因此，淀粉膜表面上的结合水含量将减少，从而减少参与接触带电结合水的量，以降低摩擦电性能（图 7.7）。淀粉膜内部的甘油分子与进入淀粉膜的水分子形成氢键进行固定，从而防止水分子迁移到淀粉膜的表面，并使其不可能与淀粉膜表面的淀粉分子上的羟基形成氢键。与传统的淀粉胶囊制备方法相比，这种新的淀粉胶囊制备方法在降低生产过程中的次品率和提高实际应用中的润滑性能方面具有广阔的应用前景。

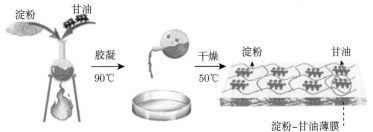

图 7.6　淀粉–甘油薄膜的制备过程 [15]

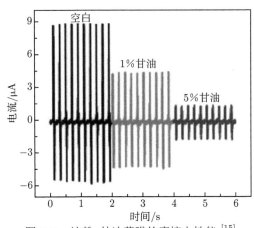

图 7.7　淀粉–甘油薄膜的摩擦电性能 [15]
1% 和 5% 均为甘油质量分数

　　淀粉–甘油薄膜除了具有抗摩擦起电性能外，其摩擦学性能也得到了改善。空白淀粉膜的干摩擦系数为 0.32，而甘油质量分数为 1% 和 5% 的淀粉膜的干摩擦系数分别为 0.20 和 0.13。随着甘油质量分数的增大，淀粉膜的干摩擦系数逐渐减小。仅添加质量分数为 1% 的甘油与空白淀粉薄膜相比，磨损量减少了 76% 以上，而通过添加质量分数为 5% 的甘油，磨损量减少了约 89%。因此，淀粉–甘油薄膜显示出比空白淀粉膜更好的润滑性能。添加甘油后，磨损痕迹明显变少且变浅。同样，在水存在下，随着甘油质量分数的增加，淀粉膜的摩擦系数会降低，而当添加质量分数 5% 甘油时，淀粉–甘油薄膜的摩擦系数会降低至 0.005，达到超润滑水平。由于水的润滑性，甘油层上方的黏合水膜将导致淀粉–甘油薄膜的摩擦系数明显降低。降低淀粉–甘油薄膜的摩擦系数的另一个原因是甘油本身具有优异的润滑性。与不存在甘油的情况相比，存在甘油的情况下淀粉–甘油薄膜的摩擦系数降低了 90%。

7.3.5　摩擦电原位利用技术

　　利用 TENG 技术，将摩擦电原位导出或收集，可直接作为小型器件的能量源，用于能量供应、传感检测、功能防护等，这样就将可能会产生静电破坏的能量转化为可以利用的有效能源。基于摩擦副摩擦起电原位利用的防静电策略，其原理就是利用摩擦起电和静电感应耦合原理，将材料表面摩擦电荷导走或加以利用，阻止摩擦电荷在摩擦副表面的进一步累积，达到防静电与利用摩擦电的双重目的。这里的电荷利用可以有多种方式，利用 TENG 技术对摩擦电进行收集利用只是其中的一类方式，前面章节已有详细讲解，此处不再赘述。

摩擦过程中包含多种能量转化和电荷转移过程，如摩擦起电、摩擦生热、摩擦发光、摩擦化学反应等，从本质上讲，它们都是由能量转化或电荷流动引起的，如果能实现这些过程和能量状态的转移，可能会为摩擦电的抑制或利用找到新出路。Wang 等 [16] 利用摩擦发光，使摩擦电子以光的形式耗散掉，实现了界面摩擦起电的调控，并为揭示摩擦过程中的能量转化、转移机理提供了重要途径。同时，利用近红外光激发掺杂光热材料四氧化三铁的摩擦副产生热电子发射，再与摩擦电荷中和或叠加，实现了对静电累积的主动调控，为利用摩擦过程中的能量实现其摩擦学行为控制提供了新途径 [17]。

摩擦起电对摩擦副摩擦学行为的影响也验证了可以通过原位利用的办法减少静电累积。Luo 等 [18] 研究了自然消散、导体接地和离子风机三种电荷消散方式对尼龙盘和铜球摩擦副的摩擦磨损行为产生不同的影响。未经电荷消散处理的摩擦副，会在尼龙盘和铜球界面分别累积正负电荷。尼龙盘上的正电荷和铜球上的负电荷之间会产生库仑力，发生吸附作用，从而影响界面摩擦系数和摩擦状态。同时，静电力的吸附作用会增大界面的摩擦力并加剧摩擦副在摩擦过程中的磨损。当铜球接地时，由于电势差的作用，铜球上的负电荷会通过导线流向大地。因此，铜球上的电势在摩擦过程中很难达到饱和，会导致界面处中和电荷的减少。在不断摩擦的过程中，少部分暂时停留在铜球上的电荷，与尼龙盘之间产生的库仑力较弱。由于铜球接地使部分的电荷消散，可以减少摩擦磨损行为。当使用离子风机时，摩擦副之间的摩擦电荷可以在短时间内完全被消除，界面的静电吸附力也可以被完全消除。因此，将静电原位导走的便捷接地方法可降低摩擦界面的磨损程度，其效果仅次于离子风机静电消除方法所产生的降低界面磨损的效果，最终达到减摩与防静电的双重效果 [19,20]。

7.4　防静电技术发展趋势

由摩擦引起的表面静电是一种普遍存在的自然现象，影响着人们的生活和生产。随着科学技术的发展和人们对静电危害认识的不断提高，对防静电新技术和系统化方案的需求也越来越迫切，并对不同领域显现出不同的需求。

在现代电子行业，随着微电子技术发展的突飞猛进，大规模集成电路和超大规模集成电路被广泛应用于航天、航空、计算机等领域。随着电子器件的内部结构尺寸变得越来越小，其所能承受的静电放电阈值也越来越小，5V 左右的静电放电就足以引起一些器件结构和功能发生不利变化。通常已知人体能感知的静电电压阈值在 2kV 以上，远远大于电子器件承受的阈值范围。如今，随着芯片等高新技术的极限性进步，其电子器件的尺寸趋于小于 10nm，这意味着 0.1nC 的静电荷或 1000V/m 的静电场足以对这些敏感器件造成永久性的损毁，这对其防静电设计提出了极大的挑战，迫切需要发展新的静电防护技术。

此外，油品等化工行业产品在储运过程中可能产生静电积聚，油气站场存在油气泄漏可能性，易发生火灾或爆炸事故。这类由静电问题引发的事故时有发生，因此无论从安全角度还是从经济角度出发，都需要采取更加科学可靠的防止电荷产生的措施、防止静电积聚的措施、避免可燃性放电的措施和避免形成易燃气体的措施，以提高静电防护措施的适用性和可操作性。在火工品行业也存在类似的问题，静电危害日益突出，电磁环境日益恶劣，这在一定程度上会造成火工品的爆炸或性能改变（如钝感、迟发火等），任何一个火工品的误爆和失效可能导致整个实验失败，或引发不可估量的损失，必须采取更先进的措施进一步增强其防静电能力。在日常生活与健康方面，静电严重时会灼伤人的皮肤，静电过大可能会造成静电电击现象，容易引起电击伤害；影响手术的准确程度；造成照相的感光破坏等。这些问题的解决需要更新的静电防护理念与技术，并发展和制定相应的规范。

因此，针对不同的应用场景，需要通过合理设计来调控表面摩擦电荷的生成，以满足不同的要求，通过控制各种因素来降低摩擦起电，减少静电累积，抑制摩擦电荷的原位产生，加速摩擦电荷的耗散，达到防静电的目的。为了深入了解摩擦起电行为，需要加强摩擦起电的基础理论和计算分析。摩擦起电的基本规律还取决于从微观角度对摩擦起电理论的深入研究，这也是未来静电防护技术取得突破性进展的基础。

摩擦起电调节方法大都是在室温和大气压下进行的，但在一些特殊环境下摩擦电荷的产生及调控需要进一步研究。在太空环境中，传统的接地等防静电方法已不再适用，需要进一步深入研究静电的产生机制并寻找新的防静电方法，发展空间环境中的防静电理论和技术。此外，在生物医药等领域，对摩擦起电的利用和研究也变得越来越重要。虽然对摩擦起电的研究和利用已取得快速的发展，但在高效摩擦发电材料的设计、开发、制备技术以及有效的防静电装置设计方面需要更多关注。

参 考 文 献

[1] 易旺民, 李琦, 刘宏阳, 等. 卫星总装过程静电防护研究 [J]. 航天器环境工程, 2008,25(4): 387-390.
[2] 刘尚合, 谭志良, 武占成. 静电防护工程的研究与进展 [J]. 中国工程科学, 2000, 2(11): 17-24.

[3]   BAYTEKIN H T, BAYTEKIN B, HERMANS T M, et al. Control of surface charges by radicals as a principle of antistatic polymers protecting electronic circuitry[J]. Science, 2013, 341: 1368-1371.

[4]   ZHANG X, HUANG X, KWOK S, et al. Designing non-charging surfaces from non-conductive polymers[J]. Advanced Materials, 2016, 28: 3024-3029.

[5]   ZHENG Y B, MA S C, BENASSI E, et al. Surface engineering and on-site charge neutralization for the regulation of contact electrification[J]. Nano Energy, 2022, 91: 106687.

[6]   WANG N N, ZHANG W H, LI Z B, et al. Dual-electric-polarity augmented cyanoethyl cellulose-based triboelectric nanogenerator with ultra-high triboelectric charge density and enhanced electrical output property at high humidity[J]. Nano Energy, 2022, 103: 107748.

[7]   SUN W X, YANG D, LUO N, et al. Influence of surface functionalization on the contact electrification of fabrics[J]. New Journal of Chemistry, 2022, 46: 15645-15656.

[8]   FENG Y G, ZHENG Y B, MA S H, et al. High output polypropylene nanowire array triboelectric nanogenerator through surface structural control and chemical modification[J]. Nano Energy, 2016, 19: 48-57.

[9]   FENG M, MA S C, LIU Y, et al. Control of triboelectrification on Al-metal surfaces through microstructural design[J]. Nanoscale, 2022, 14: 15129-15140.

[10] LI X J, ZHANG L Q, FENG Y G, et al. Solid-liquid triboelectrification control and antistatic materials design based on interface wettability control[J]. Advanced Functional Materials, 2019, 29: 1903587.

[11] LI X J, ZHANG L Q, FENG Y G, et al. Mechanism and control of triboelectrification on oil-solid interface and self-powered early-warning sensor in petroleum industry[J]. Nano Energy, 2022, 104: 107930.

[12] JIN Y K, XU W H, ZHANG H H, et al. Complete prevention of contact electrification by molecular engineering[J]. Matter, 2021, 4: 290-301.

[13] WANG N N, ZHENG Y B, FENG Y G, et al. Biofilm material based triboelectric nanogenerator with high output performance in 95% humidity environment[J]. Nano Energy, 2020, 77: 105088.

[14] WANG N N, LIU Y Z, WU Y, et al. A β-cyclodextrin enhanced polyethylene terephthalate film with improved contact charging ability in a high humidity environment[J]. Nanoscale Advances, 2021, 21: 6063-6073.

[15] WANG N N, FENG Y G, ZHENG Y B, et al. New starch capsules with antistatic, anti-wear and superlubricity properties[J]. Frontiers of Materials Science, 2021, 15: 266.

[16] WANG N N, PU M J, MA Z D, et al. Control of triboelectricity by mechanoluminescence in ZnS/Mn-containing polymer films[J]. Nano Energy, 2021, 90: 106646.

[17] WANG N, FENG Y, ZHENG Y, et al. Triboelectrification of interface controlled by photothermal materials based on electron transfer[J]. Nano Energy, 2021, 89: 106336-1-106336-11.

[18] LUO N, FENG Y G, ZHANG L Q, et al. Controlling the tribological behavior on the friction interface by regulating the triboelectrification[J]. Nano Energy, 2021, 87: 106183.

[19] LUO N, FENG Y G, LI X J, et al. Manipulating electrical properties of silica-based materials via atomic oxygen irradiation[J]. ACS Applied Materials & Interfaces, 2021, 13(13): 15344-15352.

[20] SUN X, LIU Y J, LUO N, et al. Controlling the triboelectric properties and tribological behavior of polyimide materials via plasma treatment[J]. Nano Energy, 2022, 102: 107691.

第 8 章　摩擦起电测试技术

由于摩擦起电发生在固–固界面、固–液界面等不同的接触界面之间，所涉及的材料包括导体、半导体和绝缘体，其摩擦起电的方式也多种多样，因此在摩擦起电的研究历程中开发了各式各样的测试方法与测试仪器。摩擦起电测试，一般是指用相应的仪器来测量摩擦起电的动态参数与表面静电参数。主要的参数有表面静电电势、电流、电阻、电容、放电时间常数、介质的介电常数和电阻率等。随着 TENG 技术的发展，一些摩擦起电的动态参数也可以在动态下获得，如开路电压、短路电流、电荷量和电荷密度等。摩擦起电测试用的主要仪器有验电器、法拉第筒、表面电势仪、示波器、电流放大器和电压放大器等。本章将简单介绍几种常用的与摩擦起电相关的参数、测试方法和测试仪器以及与其他装置联用的实例，并对未来摩擦起电测试技术的趋势进行了展望。

8.1　与摩擦起电相关的参数

1. 表面静电电势

摩擦起电测试中最常见的是测量表面静电电势，基于表面电势测量的方法已在工业中广泛应用。静电电势主要是针对绝缘体进行测试，绝缘体本身的特性导致其表面常会累积巨量的静电电荷，与零电势的大地形成了电势差。表面静电电势反映了摩擦表面的带电程度，是衡量其静电累积危害的一个重要参数，可利用表面电势仪等进行测量，其单位为伏（V），但由于静电电势通常很高，因此常用一个较大的单位千伏 (kV)。值得注意的是，摩擦静电电势所测量的电势通常是表面静电正电势和负电势 "加和" 的结果。在不同湿度条件下，人体活动产生的静电电势有所不同。在干燥的季节，人体静电可达几千伏甚至几万伏。实验证明，静电电势为 50kV 时人体没有不适感觉，120kV 高压静电时也没有生命危险。不过，静电放电也会在放电点周围产生电磁场，虽然持续时间较短，但强度很大。这对一些工艺，如火工品、电子器件等的生产和组装会产生重大影响。火花隙式电雷管就存在一个危险的静电器标准，超过这一标准值可能会引发事故。对这类工艺，通过表面静电电势能直接判断其安全性。对一般工艺来讲，表面静电电势不足以作为判断静电危害的标准，但作为相对值，与零电势点相比较是有效的。

2. 表面电荷量与表面电荷密度

静电的实质是存在剩余电荷，电荷是所有与静电现象相关的物理量的源头。电位、电场、电流等有关的量都是因电荷的存在或电荷的移动而产生。表示静电电荷量用电量 Q 表示，其单位是库仑（C），由于库仑的单位太大，通常使用微库仑（μC）或纳库仑（nC）作为物体静电荷量的物理单位。电荷密度是每单位长度、表面积或体积的电荷量。体积电荷密度（ρ）是单位体积内所带有的整体电荷量，以库仑每立方米（C/m^3）为单位。表面电荷密度（σ）是单位面积上的电荷量，以库仑每平方米（C/m^2）为单位。线性电荷密度（λ）是在线电荷分布上任意点处每单位长度的电荷量，以库仑每米（C/m）为单位。电荷密度可以是正的也可以是负的，这是因为电荷有正有负。静电荷多分布在物体表面，因此在表达静电电荷密度时，多采用表面电荷密度。电荷密度由电荷量除以表面积计算得来，因此测量物体表面的电荷量可通过换算得到电荷量相关的参数。

3. 表面电阻率与体积电阻率

静电防护材料和防静电地面、桌面、防静电服装的检测均采用电阻测量仪器，由于材料电阻特性稳定、复现性较好，大部分静电防护标准以电阻作为技术指标 [1]。

表面电阻率是指沿试样表面电流方向的直流电场强度与单位长度的表面传导电流之比，以符号 ρ_s 表示。板状试样的表面电阻率为

$$\rho_s = R_s \left[2\pi / \ln(d_2/d_1) \right] \tag{8.1}$$

式中，R_s 为试样表面电阻（Ω），即施加在试样上的直流电压与电极间表面传导电流之比；d_1 为平板测量电极直径（m）；d_2 为平板保护电极内径 (m)。表面电阻率单位为 Ω，表面电阻率是材料的固有特性，为了与电阻单位区别，读数一般用 Ωsqrt（称为欧姆方）作单位 [1]。

体积电阻率是指沿试样体积电流方向的直流电场强度与电流密度之比，以符号 ρ_v 表示。板状试样的体积电阻率为

$$\rho_v = R_v A_e / t \tag{8.2}$$

式中，R_v 为试样体积电阻（Ω），即施加在试样上的直流电压与电极间的体积传导电流之比；A_e 为平板测量电极的有效面积（m^2）；t 为试样厚度（m）。体积电阻率单位为 $\Omega \cdot m$。

4. 短路电流

摩擦发电机的性能参数决定了摩擦发电机的应用领域。短路电流（short-circuit current）是摩擦发电机的一个重要参数，用 I_{sc} 表示。短路电流是摩擦发电机在

负载为零时测得的电流值，即将电流表的测试端直接与摩擦发电机两个电极相连时测试得到的电流值。当外部电路负载为零时，测试得到的电流值最大，因此摩擦发电机的短路电流也被认为是摩擦发电机的最大输出电流。

5. 开路电压

摩擦发电机的另一个重要的参数就是开路电压（open-circuit voltage），用 V_{oc} 表示。开路电压由电压表直接测量获得，当电压表内阻无穷大时，认为外电路为开路，此时得到的电压值为开路电压。目前，测试摩擦发电机开路电压的方法很多，如采用分压电路、示波器、静电计等。由于不同的仪器其内阻不同，且摩擦发电机的内阻较大，在测试开路电压时多数情况下并不是绝对开路的状态，使用不同的方法测试得到的输出电压也会有所区别。因此，在非严格意义的开路状态下，多使用标明测试条件的输出电压（output voltage）来替代开路电压，输出电压用 V_o 表示。目前，用于测试摩擦发电机输出电压的仪器主要有示波器和静电计。

8.2　摩擦起电测试方法与测试仪器

摩擦起电作为一种古老的现象，其测试方法多种多样，如利用验电器就可以简单地定性测试一个材料所带的电是正电还是负电。随着仪器测试技术的发展，定量、精准、在线地测试摩擦起电已经成为重要需求。但是，界面摩擦起电存在一些与常规电学测试不同的地方，使得摩擦起电测试方法受限，其主要局限性如下：

（1）摩擦起电的幅值一般很大。由于摩擦起电产生的电压通常在上千伏至上万伏的水平，所以最开始摩擦电也被用于静电加速器，如此高的电压极易引起电子元器件的失效，限制了其测试仪器的范围。

（2）"静电"测试困难。绝缘体之间发生的摩擦起电测试困难主要是因为其表面电荷很难耗散，会停留在材料表面相当长的时间，这也限制了摩擦起电测试方法的应用范围。

（3）摩擦起电测试环境的控制比较困难。摩擦起电的测试很容易受到外界环境的影响，如温度、湿度、光、磁场和环境噪声等。例如，在干燥的北方和潮湿的南方测试的摩擦电就存在很大差别，因此有必要对环境进行精确控制。

（4）实际摩擦界面的局限性。目前，可以通过界面接触–分离时的感应电势实现摩擦起电的表征，但是在实际的摩擦过程中，两个摩擦副往往是紧密接触的，在设备运行过程中难以产生有效的电势差，导致界面摩擦电难以表征。

（5）线路连接困难。对于一些需要连接导线进行测试的摩擦起电界面，不适合连接导线，致使界面摩擦电信息难以表征。

虽然表征界面的摩擦起电仍然很困难，但是近年来摩擦起电的表征手段也取得了一些进展，一些常见的表征仪器和测试方法介绍如下。

1. 电荷测试仪器

　　法拉第筒，又称法拉第杯、法拉第桶，是测量一个物体净电荷量的仪器（图 8.1）。物体表面所带的电荷量可以通过法拉第筒和静电计进行测试。法拉第筒有金属内筒和外筒两层结构，外筒作为屏蔽接地，内筒与外筒绝缘，绝缘电阻大于 $10^{12}\Omega$，内外筒之间的电容为固定值 C，当内筒有电荷量变化 Q，则电容的电压也相应变化 U，二者存在的关系：

$$Q = U \cdot C \tag{8.3}$$

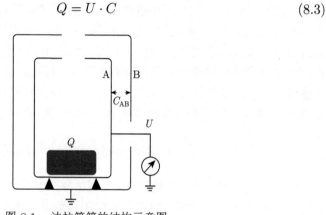

图 8.1　法拉第筒的结构示意图

　　如图 8.2 所示，使用专用同轴测试线将法拉第筒连接在静电计输入端，同时调整静电计量程以满足测试需求。在静电计面板点击 "Zero Check"，对法拉第筒内电荷进行归零操作。点击运行按钮后，静电计显示屏会实时显示法拉第筒内的净电荷量。将待测物体投入法拉第筒内，此时静电计显示的电荷量即为待测物体的表面净电荷量。将测试得到的电荷量除以待测物体的面积即可得到待测物体的表面电荷密度。

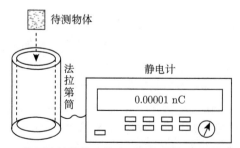

图 8.2　使用法拉第筒和静电计测试物体表面电荷示意图

　　除此之外，对于无法直接测量电荷的系统，还可以依据式 (8.4)，对采集到的单位时间内的电流进行积分，得到单位时间内产生的电荷量，来反映实际的摩擦电荷量。

$$Q = \int I \mathrm{d}t \tag{8.4}$$

式中，Q 为积分电荷量，C；I 为摩擦电流，A；t 为摩擦电流持续的时间，s。

2. 表面电势仪

表面电势仪是一种非接触式检测表面电势的仪器。利用表面电势仪可以测量绝缘体的表面电势，判断物体所携带的静电电势。由于表面电势仪是非接触式的，避免了与材料直接接触，因此几乎可以对所有表面带电情况进行表征。此外，利用表面电势仪还可以对材料表面的静电耗散性质进行表征。在工业上多使用静电传感器测试物体表面的静电电势，如 KEYENCE SK-050 静电探头及 SKH-050 手持式静电传感器。如图 8.3 所示，首先将静电传感探头置于被测物体上方 25mm 左右的位置，然后在探头主机上设置距离为 25mm，随后将接地的金属板作为零电势点置于静电探头下，对静电探头进行校准归零；将金属板移除并将被测物体放置在静电传感探头下方距离约 25mm 的位置，此时静电探头主机显示的电压值即为待测物体表面的静电电势。此方法在工业除静电中应用较为广泛，设备成本低，安装方便，但在精确度上仍存在一定不足。在高精度模式下，KEYENCE SK-050 的误差范围在 ±10V，而在大量程范围下误差范围则高达 ±100V。

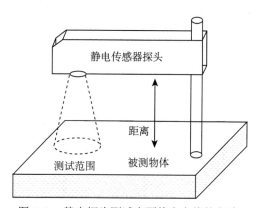

图 8.3 静电探头测试表面静电电势的方法

图 8.4 展示了一种商用的手持式静电检测仪（探头型号为 KEYENCE SK-050 系列），分为 "far" 和 "near" 两种模式，通过红外标距控制距离可以较精准地测试样品的表面电势。另外，将静电电势探头的电压以模拟输出的方式收集起来，就可以在 PC 端得到表面电势的实时变化曲线。

在科学研究中，为了获取更精确的表面电势数据，可以使用开尔文探针力显微镜（KPFM）来对物体表面的静电势进行定量表征。KPFM 可提供有关样品表

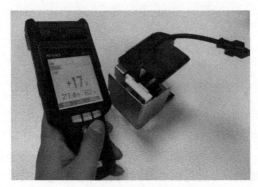

图 8.4　一种商用的手持式静电检测仪

面的接触电势或功函数的信息，从而提供与样品电学特性相关的对比机制。图 8.5 是一种可以进行单点小范围扫描的开尔文探针力显微镜，具有 −5 ∼ 5V 的表面电势扫描范围，可以对于金属和部分半导体材料的表面电势进行定量表征。

图 8.5　一种商用单点小范围扫描的开尔文探针力显微镜

3. 电流放大器与电压放大器

摩擦产生的电流通常较小，因此必须要求测量仪器具有较高的测试精度。图 8.6 所示为 Stanford SR570 低噪声电流放大器，该设备具有前置放大模块，可以有效地将微弱电流信号进行放大处理，从而得到更精确的电流数值。此外，该设备还内置了硬件滤波模块，可以有效地消除环境噪声、工频噪声及其他设备噪声产生的高频干扰信号，从而获得精确的摩擦电流信号。该设备在屏蔽效果良好的情况下可以对皮安级的电流进行准确测量。由于该设备具有精度高、噪声低等特点，目前已被广泛用于摩擦电流的测试。

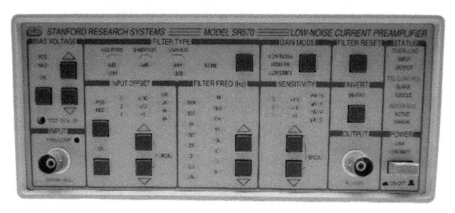

图 8.6　Stanford SR570 低噪声电流放大器

　　摩擦发电机短路电流测试方法如图 8.7 所示。将摩擦发电机的两个电极接入电流放大器的 INPUT 端，调整 SENSITIVITY 使量程满足测试要求，将 OUTPUT 端与数据采集卡相连，通过电脑上位机软件实现对电流数据的实时采集。

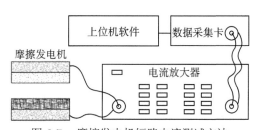

图 8.7　摩擦发电机短路电流测试方法

　　对于微弱的电压信号，可通过如图 8.8 所示的 Stanford SR560 低噪声电压放大器进行测试。与电流放大器相同，该设备也具有硬件滤波功能，可以有效地消除环境噪声、工频噪声及其他设备噪声产生的高频干扰信号，从而获得精确的电压信号。同时，在内部前置放大器的作用下，可以将微伏级别的电压信号进行放大处理，从而获得精确的微弱电压值。具体的测试方法与电流放大器类似，将摩擦发电机的两个电极接入电压放大器的 INPUT 端，调整 GAIN 值使量程满足测试要求，将 OUTPUT 端与数据采集卡相连，通过电脑上位机软件实现对电压数据的实时采集。需要注意的是，电压放大器仅仅适合微弱电压信号的测试，对于较大的电压信号，则需使用示波器或静电计进行测试。

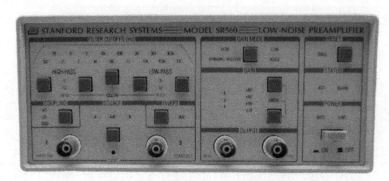

图 8.8　　Stanford SR560 低噪声电压放大器

4. 数字示波器

　　数字示波器是一种用途十分广泛的电子测量仪器，它能把肉眼看不见的电信号变换成可视化的图像，便于人们研究各种电现象的变化过程。图 8.9 所示为 Tektronix MDO034 示波器。该示波器测试的电压范围大，配备高压探头的条件下，可测试的电压最大可达 3kV，示波器的采样速率高达 1GS/s，可以快速地对电压信号进行捕获和保存。近年来，数字示波器也被用于检测摩擦发电机产生的电压信号。由于摩擦起电产生的电压信号高达几百伏，有些甚至高达上千伏，示波器可以利用其量程优势给出准确的摩擦电压信号。

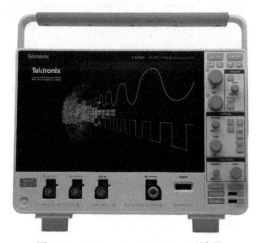

图 8.9　　Tektronix MDO034 示波器

5. 静电计

　　静电计是一种多功能的精密测试仪表，可以用于电流、电压、电荷量等不同参数信号的输出测试。常见的静电计，如美国泰克公司的 Keithley 6514 和 Keithley

6517b 等，均可以实现摩擦电流和开路电位的测试。同时，静电计还可以配合法拉第筒对材料所带电荷量进行精确测量。如图 8.10 所示，Keithley 6517b 还可以与 Keithley 8009 电阻率测试夹具盒配合使用，可以对材料的表面电阻率和体积电阻率进行精确表征。作为一种综合性的电学测试设备，静电计基本可以满足摩擦起电测试的所有需求。虽然静电计可以实现"一表通测"的效果，但是与专一的测试仪表相比，仍然存在一些缺点。例如，Stanford SR570 低噪声电流放大器具有硬件滤波功能，可以有效地减小信号干扰，而静电计则不具备该功能，也使得静电计在测试电流信号时，环境噪声不能得到有效的屏蔽，导致测试噪声相较于 Stanford SR570 偏大。此外静电计测试电压的最高值约为 250V，对于常规的摩擦电压信号可以满足，但对于高电压的摩擦起电器件就不能完全满足需求。静电计独有的功能是可以实现对电荷量的测试，因此在测试摩擦电的电荷量时也是不可或缺的表征设备。

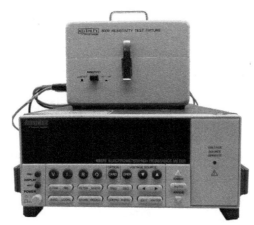

图 8.10　Keithley 6517b 静电计和 Keithley 8009 电阻率测试夹具盒

6. 摩擦起电综合测试装置

一直以来，摩擦起电参数的动态实时测量比较困难。随着摩擦纳米发电机的兴起，中国科学院兰州化学物理研究所的研究人员根据科研需求将摩擦起电与静电感应相结合，开发了一套摩擦起电动态测试系统，如图 8.11 所示。该测试装置包含一个屏蔽箱，屏蔽箱分为三个独立空间，每个独立的空间都设有对应的门，将驱动系统和测试系统分别屏蔽，以达到更好的屏蔽效果，使测试信号更准确。数据测试系统中含有精密电流表与电压表，可以实现对摩擦起电输出电流、输出电压等信号的精确检测，也可以用来间接评估材料防静电性能。另外，由于整体式设计，仪器占用空间小，使设备的安置和转移更加便捷。通过调整线性马达的安放位置，可以实现由水平撞击向垂直撞击的转变，用于测试某些受重力影响较大的固体样品的摩擦起电性能。为了使样品撞击力度更精确，样品台后加装了高精度压力传感器来检测撞击力度，从而实现了对实验的精确控制和可重复性。目前，该装置已获得国家专利授权[2]。

图 8.11   带屏蔽箱的摩擦起电测试装置

7. 低真空气氛摩擦起电测试装置

针对当前对气氛测试的需求，设计了如图 8.12 所示的低真空气氛下的摩擦起电测试装置。该装置包含一个密闭的亚克力箱体，可通过通气阀充入特定气体。同时，该箱体可以实现低真空下的摩擦起电测试。该装置内置一台直线马达，可用于驱动接触式摩擦发电器件。

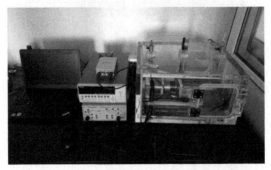

图 8.12   低真空气氛下的摩擦起电测试装置

8. 高真空气氛摩擦起电测试装置

针对高真空气氛下的摩擦起电测试需求，设计了如图 8.13 所示的摩擦起电测试装置。该装置包含一个高真空密闭腔体、气氛控制系统、温度控制系统以及摩擦电器件驱动系统。该装置可以实现 $-30 \sim 100℃$ 的温度控制，真空度可低至 10^{-4}Pa，内置一台直线马达，可用于驱动接触式摩擦发电器件。

图 8.13　高真空气氛下的摩擦起电测试装置

9. 微型化摩擦起电测试装置

常规摩擦起电输出电流多采用 Stanford SR570 进行测试表征，但 Stanford SR570 体积较为庞大，便携性差，在一些空间尺寸受限的条件下不能顺利开展测试。此外，Stanford SR570 的成本较高，后期维护费用高，增加了使用成本。为了解决上述问题，中国科学院兰州化学物理研究所的研究人员开发了一种如图 8.14 所示的便携式低噪声电流放大器，可以在保证测试精度的前提下，将仪器的体积减小到原有测试设备的 1/4 大小。同时，该设备还集成了硬件滤波模块，可以有效地消除高频噪声的干扰[3]。

图 8.14　两种低噪声电流放大器实物图

10. 摩擦电信号与摩擦学参数的集成测试系统

为了原位研究摩擦过程中摩擦电的生成与耗散机理，中国科学院兰州化学物理研究所的研究人员在摩擦磨损试验机的基础上进行了升级改进，将测试摩擦电所使用的设备整合到摩擦磨损试验机系统中，实现了摩擦过程中摩擦学参数与摩擦电信号的实时同步采集，如图 8.15 所示。通过将表面电势探头、电流放大器与商用摩擦试验机（测量摩擦系数）耦合，实现了在摩擦过程中摩擦学行为与摩擦起电行为的原位检测。通过这个集成测试系统可以同时全方位地接收摩擦副界面的摩擦系数、摩擦过程中的接地电流信号及磨痕处的表面电势的变化，实现了摩擦学–摩擦电信号的集成。将这几种信号通过数据采集卡收集并储存在计算机上，就可以得到摩擦系数、电流、电势的曲线，从而进行摩擦起电性能分析。该联合测试系统为研究摩擦电与摩擦磨损的内在关联提供了硬件支持。

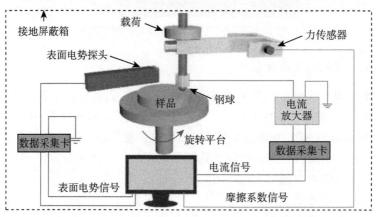

图 8.15   原位检测摩擦系数、接地电流和表面电势的集成测试系统示意图

此外，还可以将其他形式的摩擦试验机与界面摩擦起电系统进行耦合。常用的摩擦试验机包括球–盘式摩擦试验机、销–盘式摩擦试验机、环–块式摩擦试验机、四球摩擦试验机、高频摩擦试验机和真空摩擦试验机等等，通过将这些仪器与摩擦起电测试系统联合起来应用于测试，或可促进对摩擦界面物理演变及摩擦副状态演变的理解。

11. 空间摩擦电及静电耗散测试系统

随着空间科学的发展，航天飞行器与空间站里的摩擦起电和静电产生研究对保障其安全运行起到重要的保障作用。基于此，研究人员开发了一套空间环境下摩擦起电及静电耗散测试系统，如图 8.16 所示。该装置将高真空系统、宇宙射线辐照系统（电子束源、质子束源、原子氧源、紫外辐照源）、交变温度控制系统、滑动摩擦与接触–分离摩擦集成驱动装置和静电探测系统优化集成，建立具备空间环境下材料摩擦过程中摩擦起电及静电耗散的空间摩擦起电测试系统，为研究空间环境下摩擦带电状态及摩擦起电规律提供技术条件[4]。

12. 微观摩擦起电测试技术

前述内容讨论的都是在宏观尺度研究摩擦起电的技术和方法，随着纳米科技的进步，器件尺寸不断缩小，如何从微纳米尺度去观测摩擦起电现象并探究摩擦

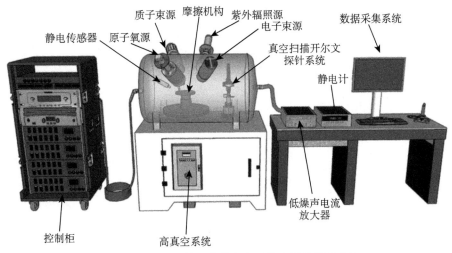

图 8.16　空间环境下摩擦起电及静电耗散测试系统

起电的本质是摆在科研人员面前的一大难题。1986 年，原子力显微镜（AFM）的发明为从微观尺度探究摩擦和摩擦起电提供了有力手段。

1）AFM 的工作原理

将一个对微弱力极敏感的微悬臂一端固定，另一端有一微小的针尖，针尖与样品表面轻轻接触，由于针尖尖端原子与样品表面原子间存在极微弱的排斥力，通过在扫描时控制这种力的恒定，带有针尖的微悬臂将对应于针尖与样品表面原子间作用力的等位面而在垂直于样品的表面方向起伏运动。利用光学检测法或隧道电流检测法，可测得微悬臂对应于扫描各点的位置变化，从而可以获得样品表面形貌的信息。此外，原子力显微镜还衍生出导电原子力显微镜、开尔文探针力显微镜、压电力显微镜等用于微观电学测试相关的模块。

2）导电原子力显微镜

导电原子力显微镜（conductive atomic force microscope, CAFM）一般被用来测试样品的局部电导率，其工作原理如图 8.17 所示。在针尖扫描样品表面的过程中，通过对样品或者针尖施加一定的电压，使得电流在样品与针尖之间流动，然后在回路上连接放大器将电流放大。同时，在样品上选定点，将针尖在此处下压，施加扫描电压测量电流随电压的变化情况，做出 I-V 曲线图。

3）开尔文探针力显微镜

开尔文探针力显微镜（KPFM）通过探测电容静电力来对 AFM 探针与样品表面之间的局部接触电势差（CPD）进行量化。KPFM 提供有关样品表面接触电位或功函数的信息，从而提供与样品摩擦起电性能相关的对比机制。利用 KPFM 可以对物体表面的静电电势进行定量表征。图 8.18 是一种集成 CAFM、KPFM

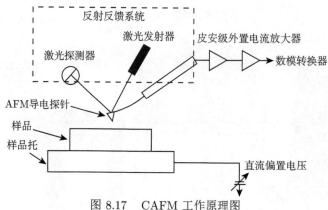

图 8.17　CAFM 工作原理图

模块的原子力显微镜，可以对金属、半导体、绝缘材料等进行表面电视的定量测试。该 KPFM 模块具有 $-200 \sim 200\mathrm{V}$ 的量程范围。

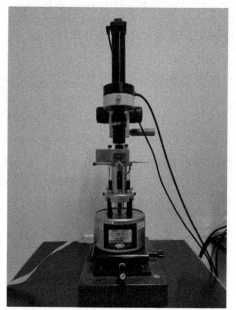

图 8.18　集成 CAFM、KPFM 模块的原子力显微镜

8.3　摩擦起电测试技术的趋势

随着仪器技术的发展，摩擦起电的测试技术也在不断地完善。在未来，摩擦起电测试技术及分析方法可能有以下几个发展方向。

（1）从测试的时间尺度上讲，摩擦起电测试技术呈现出从静态测试到动态测试的特点。例如，从物体静电荷的电荷量测量向电荷量随时间的变化的动态测量转变，测量在摩擦过程中的实时摩擦起电信号等。未来，设计响应时间更灵敏的高采样率实时摩擦起电测试技术是其发展的趋势。

（2）仪器测试精度、灵敏度及尺度。从测试物体的空间尺度讲，人们极大地拓宽了摩擦起电的尺度范围。例如，最初因为测量精度限制，仅能测量表面的整体电荷量。随着仪器科学技术的进步，测试精度和灵敏度逐渐提高。例如，目前利用低噪声的电流放大器能够测试皮安甚至飞安级别的电流信号。从样品的尺度来讲，目前的测试技术已基本覆盖宏观尺度和微观尺度的摩擦起电信号测试，但是其测试精度、速度等仍然需要提高。

（3）摩擦起电与其他性质同步测试技术。摩擦起电信号与很多因素有关，如温度、接触压力、湿度等条件，将这些因素与摩擦起电信号进行同步采集及分析也是摩擦起电测试技术的发展趋势之一。

（4）摩擦起电的测试参数多种多样，如电流、电压、表面电势、电荷等，在合适的条件下将这些参数同步收集并进行对比分析，也会促进对界面摩擦起电性能的理解。

（5）摩擦起电测试既可以收集界面的摩擦起电信号对其进行分析，也可以将其作为一种探针技术定量地测量表界面行为的某些性质，如润湿性、等电点等。

参 考 文 献

[1] 刘民, 冯文武, 袁亚飞. 静电防护测量仪器综述[J]. 电子测量与仪器学报, 2011, 25(11): 925-934.
[2] 王道爱, 冯雁歌, 周峰, 等. 一种摩擦发电机测试系统: ZL201910675383.5[P]. 2020-07-24.
[3] 王道爱, 郑有斌, 周峰, 等. 一种低噪声电流放大器: ZL202022372085.X[P]. 2021-04-29.
[4] 王道爱, 郑有斌, 周峰, 等. 空间环境摩擦起电及静电耗散探测分析装置: ZL201810757320.X[P]. 2021-06-11.

第 9 章 展　　望

摩擦起电广泛存在于各种接触、黏附、摩擦等过程中，在人们的生活和生产活动中扮演着重要的角色。摩擦起电是摩擦学及表界面科学的一种重要的界面物理行为，其实质可解释为电磁作用。摩擦与摩擦起电之间相互影响，揭示了摩擦起电的深层机制，一方面促进了表界面科学基础理论的发展，另一方面也拓展了与其相关技术的应用范畴。本章将对摩擦起电的发展趋势进行展望。

1. 摩擦起电

自从 2600 多年前人类发现和记载了摩擦起电这一现象，围绕摩擦起电的三个基础科学问题，即电荷的来源、电荷的流动、电荷的量化，开展对其研究和认识活动并形成了一些共识。人类认识摩擦起电原理的过程，就是对上述三个基本科学问题回答的过程。近年来，关于摩擦起电的研究逐年增多，界面摩擦起电的机理研究也取得了巨大进展，发展出一系列基于界面摩擦起电的技术和应用手段，也促进了表界面科学的发展。在摩擦起电原理的指导下，一方面，可以通过调控技术手段获得更大或更小的摩擦电输出，从而实现对摩擦电能的收集、利用或有目的性的消除；另一方面，可以实现利用摩擦电信号对机械信号、光学信号、化学信号、气氛信号等的反馈，实现基于摩擦电的传感检测设计。摩擦起电的研究展现出巨大的活力并且呈现出新的研究态势，现总结如下。

（1）摩擦起电机制的深入研究。近年来的研究证明了电子转移在摩擦起电过程中占据主导地位，表面残余电荷、离子转移及材料转移同样在摩擦起电中起到不可忽视的作用。随着技术进步，越来越多先进的设备将应用于科学研究中，利用先进的仪器设备进行量化表征，其中可能包括摩擦起源、材料转移的贡献、电荷耗散的机制、摩擦起电的能量耗散机制、不同尺度下摩擦起电的机制等，这些都将促进人们对摩擦起电机制的深入认识。

（2）微观尺度的摩擦起电研究。目前，关于摩擦电荷产生及转移机制的研究，多数还停留在通过宏观尺度的现象来分析推测微观尺度的电荷行为。宏观上的材料接触及摩擦都可以看作是多尺度粗糙度的表面之间的接触与摩擦。随着技术进步与先进设备的应用，科研人员亟须更多地从电子尺度和离子尺度去直观观测摩擦电荷的产生及转移过程，从微观尺度、纳观尺度乃至更小的尺度去探究摩擦起电的原理。例如，利用原子力显微镜、开尔文探针力显微镜、静电力显微镜、表面力仪等设备研究微观尺度的表界面行为性质与摩擦起电之间的联系，揭示摩擦起电的机制，通过超高真空系统、超低温的控制探究声子对界面摩擦起电的影响等。

（3）跨尺度、多场耦合条件下的摩擦起电研究。很多情况下，摩擦起电既来源于宏观尺度界面性质的贡献，也来源于介观尺度、纳观尺度的贡献。多尺度的摩擦起电机制研究相对比较复杂，如何将其有机地结合起来在未来也是一个重要的研究方向。为了探究摩擦起电原理，往往会采用原子力显微镜等仪器模拟单一尺度粗糙度界面的接触或摩擦进行研究。但是，实际的摩擦环境非常复杂，包含了多重粗糙度之间的接触、摩擦，同时还伴随着氧气、二氧化碳、水分子、有机污染物等杂质在表面的吸附，这些杂质在很大程度上影响界面摩擦起电的性质，因此开展跨尺度、多场耦合条件下的摩擦起电研究在未来是非常有必要的。

（4）摩擦起电学科交叉的特点将更加突出。摩擦起电作为一种界面普遍存在的现象在各个领域中被广泛研究和应用，如摩擦学领域、传感领域、能源利用领域、机械化学领域等，涉及数学、物理学、化学、力学、材料学、电磁学、摩擦学等不同学科。未来，摩擦起电学科交叉的特点会更加突出。

（5）摩擦起电与摩擦（机械）化学的结合会更加密切。摩擦起电过程十分复杂，甚至能够引发一些化学反应或机械界面的摩擦化学反应。但是，目前基于摩擦起电引发的反应大部分还比较微弱，难以定性，特别是定量地进行表征，其机制目前研究得也不透彻，需进一步借助更加灵敏的仪器设备进行研究。

（6）特殊环境下的摩擦起电。随着科学家对"深海""深地""深空""深蓝"的探索以及对极端苛刻工况下的摩擦运动研究的深入，很多特殊环境中的摩擦起电需要被重点关注。例如，高速运动的飞行器的界面摩擦起电与电离问题，高速运动界面与大气中的水滴、冰粒摩擦起电问题及对其对飞行器的通信精度的影响等问题。另外，由于太空中微重力的存在，静电力的作用也可能会影响轻微物体的运动状态，给航天员的生活造成影响，太空中静电零点的确定、界面起电机制亟须在未来几年中被研究。

2. 摩擦起电与表界面行为的联系

摩擦起电的产生与表界面行为息息相关，同时摩擦起电也会对表界面行为的变化产生影响。未来与摩擦起电的相关研究会可能会与表界面行为的关联更加密切，包括接触界面的接触性质、黏附、摩擦、磨损、润滑、密封、润湿性、界面结构的动态演化、表界面组成的变化、界面断裂、材料转移等，对摩擦起电相关研究的深入也会加深对表界面性质的理解与应用。

（1）表界面行为的在线监测。摩擦起电是发生在接触界面的一种现象，作为表界面性质的一个基本的物理行为，利用摩擦起电的信号波动有可能会揭示表界面行为的深层性质，反映接触界面的实时状态。由于摩擦起电对接触界面性质引起的变化具有很高的灵敏性，并且摩擦起电能够通过仪器及器件进行可视化监测，因此摩擦起电在摩擦学界面性质的反映以及摩擦学的在线监测中越来越重要，对表界面性质进行定量监测必将促进表界面科学的发展。

（2）重视对存在磨损过程摩擦起电的分析。通常，接触界面的直接分离可能与界面的接触程度、接触状态、表面组分、界面黏附等因素有比较密切的联系，而摩擦过程中除了克服界面粗糙峰接点间的作用之外，还要克服使材料发生磨损的作用力，即材料本身的"共聚"（cohesion）。材料在磨损时往往产生强烈的电信号，从磨损过程的角度分析界面的摩擦起电将是摩擦起电研究框架的重要补充。

（3）特殊条件的摩擦起电行为研究。摩擦起电行为及表界面行为与其运动条件、工作环境息息相关，而目前大部分摩擦起电的研究工作条件比较单一。未来，针对高/低真空、高/低载荷、高/低速、高/低温等特殊工况下的摩擦起电行为将是一个重要的研究方向。

3. 材料设计

根据摩擦起电的应用领域和目标，在材料设计方面可能存在如下研究趋势。

（1）高输出、功能性的摩擦起电材料设计。摩擦起电可作为能量收集器件的一种能量方式和输出信号，在能量收集、机械运动传感、环境感知、化学物质检测等领域中存在巨大的应用空间，因此有必要开发和利用新型的具备高输出、功能性的材料，拓宽摩擦起电器件的应用范围和灵敏性。

（2）减摩和耐磨材料。摩擦起电所涉及的材料实际上也可归类于摩擦学中所涉及的材料。目前，基于摩擦起电研究的材料对其摩擦学的研究较少，而为了保障设备的长期使役性能，必须重视具备优异减摩和耐磨材料的开发。

（3）异质结材料。目前，摩擦起电研究所涉及的材料大部分是基于简单接触界面的构筑，具备两相或多相异质结界面的材料性能有可能表现出新的性质，可能是未来发展的新方向。

（4）高性能防静电材料。由于静电释放和静电力的作用，摩擦起电在生活和生产中可能会带来安全隐患和经济损失。虽然已经存在大量商用的防静电材料，但是仍然还存在着防静电材料种类单一、性能单一的缺点，开发新型的防静电材料以及开发防静电、耐磨、耐候等优点于一体的防静电材料是未来发展的趋势。

由于摩擦起电设计的材料十分广泛，上述材料仅是作为例子来说明。除了上述几类材料外，柔性材料、二维材料、量子点材料、拓扑材料、软物质材料等也与摩擦起电的研究密切联系，这些材料的设计在未来也会得到更深入的研究和应用。

4. 摩擦起电的应用

（1）促进界面科学发展。从基础研究的角度来说，摩擦起电可以作为一个"探针"，从电学性质反映一些界面的性质，如固–液界面的双电层理论、界面的润湿性等，未来利用摩擦起电可以更好地服务于表界面行为的研究。

（2）基于摩擦起电的能量收集。摩擦起电可以被看作是一种能源产生方式，无论是早年研究人员制作的各式各样的传统模式的摩擦起电机，还是近十年来被广泛研究的摩擦纳米发电机，都具备其他能源收集方式不具备的特点，即可以收集低频、方向和频率随机变化能源的等特点，如服务于物联网的分布式能源策略、蓝色能源策略等。基于摩擦起电的能量收集利用，在未来如何更有效地服务于人们的生活和生产活动将成为未来研究的重要发展方向。

（3）基于摩擦起电的传感。基本上，所有存在接触的界面都会发生摩擦起电的行为，摩擦起电对于表面组分、环境、运动状态等因素十分敏感，因此非常适合作为一种传感信号来反映界面的状态，但如何设计开发高精度、高灵敏度、重复性良好、超远距离感知的传感器还存在挑战。

（4）机械化学研究。根据摩擦起电的机制可知，摩擦起电可能在机械化学（或称为摩擦化学、表面化学、摩擦电催化）等领域中发挥重要作用，界面的摩擦起电可以原位形成自由基诱导化学反应发生，有可能基于此产生一些新的技术。

5. 摩擦起电测试技术

虽然近期关于摩擦起电的测试技术已经取得了很大发展，出现了一批有关摩擦起电的新型测试手段，但是有关于摩擦起电的测试技术仍然存在很大的发展空间，具体可表现在以下几个方面。

（1）无损化的微观摩擦起电测试技术。目前，绝大多数微观摩擦起电测试技术均为基于原子力显微镜及原子力显微镜的开尔文探针力显微镜模块、导电原子力显微镜模块等。但常规的原子力显微镜存在着探针针尖和样品表面易磨损的问题，这为真实的单一尺度摩擦起电的分析带来了困难。另外，基于表面力仪设计的测试技术也可能是未来的重要研究方向。

（2）新型微观摩擦学–摩擦起电测试技术。目前，单一尺度的摩擦起电测试可通过原子力显微镜等仪器进行测试，但其他纳米级、微米级的摩擦测试技术与摩擦起电技术的耦合应用较少，如纳米划痕、微米划痕测试等。如何构建宽负载范围、高摩擦灵敏度、磨损深度感知、环境控制的摩擦学–摩擦起电测试系统也是未来的挑战。在摩擦学领域中，将摩擦起电的测试仪器与常规的摩擦测试仪器进行集成也是未来的一个重要发展方向，对于揭示摩擦界面状态及接触状态具有重要意义。

（3）智能化的摩擦起电的监测手段。摩擦起电的测试方法逐渐呈现出从静态检测到动态监测的趋势。例如，利用摩擦起电产生的信号进行传感，并将信息通过云端传递是可行的。未来，摩擦起电的监测手段将会更加智能化、模块化、集成化，能够满足不同的测试需求并应用于更多的场景中。

（4）多场耦合的摩擦起电测试技术。摩擦起电实际上是一种电磁作用，受到如温度场、磁场、电场、光等诸多物理因素的影响，开展多场耦合的摩擦起电测试技术已经成为未来摩擦起电及摩擦学的研究方向。

关于摩擦起电的原理，目前的认知只是冰山之一角，还有很多的未知等待着科研人员去探索。万物皆摩擦，人们生活在摩擦的世界中，摩擦起电与人类生活和生产息息相关，相信未来与摩擦起电相关的研究将会进一步促进摩擦学和表界面科学的发展。